环境检测实训教程

Environmental Detection Training Course

崔玉波　刘丽敏　主编　　　邹学军　王　泓　副主编

化学工业出版社

·北　京·

本书是高校和第三方检测机构合作编写的本科生实训教程，以第三方环境检测技术人员能力培养为核心，在完成本科教学过程中学习职业岗位所需的环境检测知识和技能，培养职业素质，着重突出基础性、实用性和创新性。本书内容包括环境检测实训教程基础、实验室安全、质量保证与质量控制、质量管理体系、基础实训项目和综合实训项目等内容。

本书可作为各类院校环境类专业的教学用书，也可用于中、高级环境检测职业技能培训和职业技能鉴定培训。

图书在版编目（CIP）数据

环境检测实训教程/崔玉波，刘丽敏主编. —北京：化学工业出版社，2017.9（2022.2 重印）
ISBN 978-7-122-29652-8

Ⅰ.①环… Ⅱ.①崔…②刘… Ⅲ.①环境监测-高等学校-教材 Ⅳ.①X83

中国版本图书馆 CIP 数据核字（2017）第 102280 号

责任编辑：董 琳　　文字编辑：汲永臻
责任校对：王素芹　　装帧设计：史利平

出版发行：化学工业出版社（北京市东城区青年湖南街 13 号 邮政编码 100011）
印 装：北京虎彩文化传播有限公司
787mm×1092mm 1/16 印张 15½ 字数 376 千字 2022 年 2 月北京第 1 版第 6 次印刷

购书咨询：010-64518888　　售后服务：010-64518899
网 址：http://www.cip.com.cn
凡购买本书，如有缺损质量问题，本社销售中心负责调换。

定 价：58.00 元

版权所有 违者必究

前言
Preface

近年来，国家开始鼓励环境检测的第三方运营。2015 年 1 月，国务院发文首次表态鼓励环境污染的第三方治理。2015 年 2 月，环保部发布《关于推进环境监测服务社会化的指导意见》，鼓励社会环境检测机构参与到排污单位污染源检测的各个过程，全面放开服务性检测市场。总体上，我国环境检测基本可以分为环境质量检测和污染源检测两大类。环境质量检测又分为空气质量检测、水质量检测、噪声质量检测、土壤质量检测。污染源的检测主要是对工业企业和污水处理厂等排污设施的检测，主要分为废水检测、污水检测、废气检测和重金属检测。全国环境保护检测在向完全放开的趋势发展。

根据国务院下发的《关于整合检验检测认证机构实施意见的通知》要求，到 2015 年年底，事业单位性质的检验检测机构将基本完成转企改制工作，市场竞争格局初步形成，这给中国的分析检测行业带来了机遇。随着《中国质量发展纲要》的印发以及《中国制造 2025》的提出，中国的检验检测机构必须寻找新的发展机会，这将激发分析检测技术人才需求。这种变化促使分析检测技术人才需求量增加，以及分析检测技术人才的质量提高。而现行的高校教学体系无法满足环境检测人才的实际需求，目前国内的环境检测教材总体尚有局限性，在实验室安全、实验室认证等方面很少涉及，亟须顺应环境检测市场变化，系统地培养环境检测应用型人才。

本书是高校和第三方检测机构合作编写的本科生实训教程，以第三方环境检测技术人员能力培养为核心，在完成本科教学过程中学习职业岗位所需的环境检测知识和技能，培养职业素质，着重突出基础性、实用性和创新性。本书是理论和实践一体化的综合实践教程，符合应用型人才培养目标和第三方环境检测岗位的任职要求，能够有效提升学生在校期间的职业能力和职业素质，为毕业后快速适应工作岗位提供有力保障。本书可作为各类院校环境类专业的教学用书，也可用于中、高级环境检测职业技能培训和职业技能鉴定培训。

本书由大连民族大学崔玉波教授和大连华信理化检测中心刘丽敏总经理联合主编，邹学军、王泓副主编。具体编写分工如下：张万筠、崔玉波（第 1 章）；刘丽敏、刘烨华、王泓、安晓雯（第 2 章至第 4 章）；邹学军、刘丽敏、金馥、佟乃兴、孙秀芬、高峰、洪利平（第 5 章）；崔玉波、张凤杰、王冰、仉春华、葛辉、宋彦涛（第 6 章）；崔玉波（附录）。

本书编写过程中，张书畅、王世全、张明月等参与了部分内容的整理工作，在此表示感谢。本书参考了部分同行的著作，在此向相关作者表示感谢！

由于编者水平有限，不足之处在所难免，恳请读者批评指正。

编者

2017 年 4 月

目录
Contents

第1章 环境检测实训教程基础

Chapter 01

1.1 环境检测市场分析与实训要求

1.1.1 环境检测市场分析

(1) 环境检测市场现状

在“十二五”期间，政府着力打造以空气环境检测、水质检测、污染源检测为主体的国家环境检测网络，形成了我国环境检测的基本框架。“十三五”规划建议中已经明确“以提高环境质量为核心”，从目前环保部力推的“气、水、土三大战役”的初步效果来看，下一步对于环境质量的改善是对于现有治理设施和治理手段的检验。

对于“气、水、土”三个领域治理效果的检验，依赖于全面有效的环境检测网络。因此在“十二五”期间，政府多方面的政策推动环境检测的发展。同时，新环保法，大气十条、水十条和土十条，提高了治理标准，释放了下游气、水、土等领域的市场需求，也增加了对环境检测的需求。

2011年9月发布的《国家环境监测“十二五”规划》中提出“完善环境检测法规制度，提升环境检测基础能力，完善环境检测技术支撑体系，加强环境检测人才队伍建设，规范环境检测信息发布”。这标志着我国环境检测体系建设的序幕的拉开。2012年3月发布《环境空气质量标准》(GB 3095—2012)，代替1996年的标准，确立了二氧化硫(SO_2)、二氧化氮(NO_2)、一氧化碳(CO)、臭氧(O_3)、PM_{10}、$PM_{2.5}$ 6个基本项目和总悬浮颗粒物(TSP)等4个其他项目，确立了空气环境质量建设的基本内容。按照空气质量新标准实施“三步走”战略，建设空气环境质量检测网络：2012年，京津冀、长三角、珠三角等重点区域以及直辖市和省会城市；2013年，113个环境保护重点城市和国家环保模范城市；2015年，所有地级以上城市。2016年1月1日，全国开始实施新标准。目前配合“三步走”战略的检测网络已经分别于2012年、2013年、2014年分三批实施，实现了地级市以上的覆盖。国家空气环境质量检测网络蓝图基本确定。

国家最终决定环境质量检测事权回收。2015年8月环保部网站披露，环保部已经就国家环境质量检测事权上收事宜与财政部达成一致，将分三步完成国家大气、水、土壤环境质量检测事权的上收，真正实现“国家考核，国家检测”。上收检测事权也是将环境指标纳入地方考核的前奏。

国家开始鼓励环境检测的第三方运营。2015 年 1 月，国务院发文首次表态鼓励环境污染的第三方治理。2015 年 2 月，环保部发布《关于推进环境监测服务社会化的指导意见》，鼓励社会环境检测机构参与到排污单位污染源检测的各个过程，全面放开服务性检测市场。

目前总体上，我国环境检测基本可以分为环境质量检测和污染源检测两大类（图 1-1）。环境质量检测中又分为空气质量检测、水质量检测、噪声质量检测、土壤质量检测；污染源的检测主要是对工业企业和污水处理厂等排污设施的检测，主要分为废水检测、污水检测、废气检测和重金属检测。

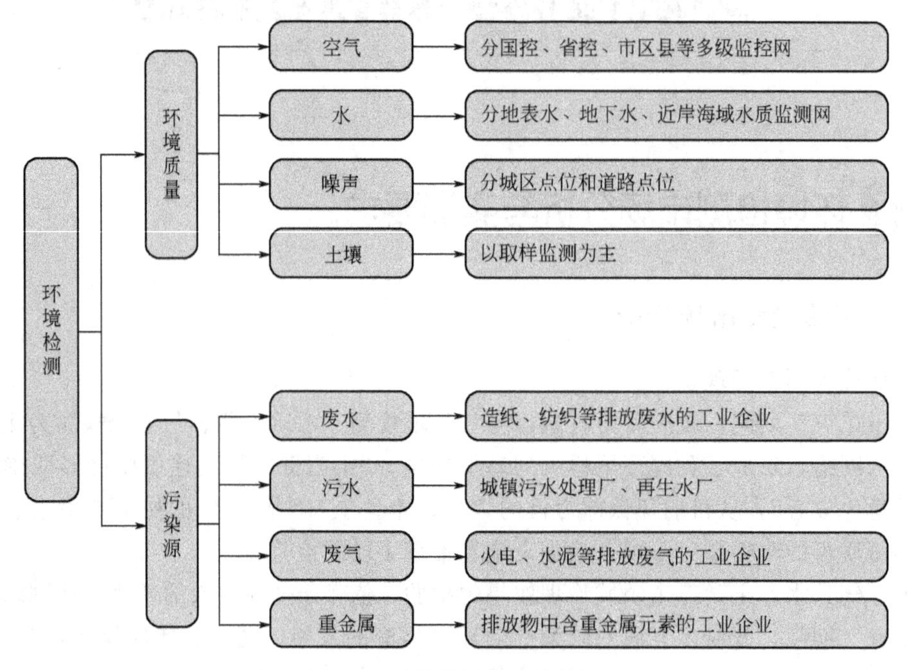

图 1-1　环境检测产业结构图

由于政策红利的不断加码，我国环境检测仪器产业的发展可谓是顺风顺水，一步跨入黄金时代。新《环保法》规定：重点排污单位应当按照国家有关规定和检测规范安装使用检测设备，保证检测设备正常运行，保存原始检测记录。严禁通过暗管、渗井、渗坑、灌注或者篡改、伪造检测数据，或者不正常运行防治污染设施等逃避监管的方式违法排放污染物。

在政府力推“依法治国”的背景下，环保依法监管已经成为大势所趋，并成为环保行业未来几年发展的重要驱动力。环保行业将从“重投资、轻监管”进入建立“长效监管”时期，此次新《环保法》的核心为提高环境违法成本，相关细分领域监管政策将陆续出台，而完备准确的检测数据成为依法从严监管的基础，对环保检测设备需求和第三方运维需求都将大幅提升。环境监测专用仪器仪表制造行业将呈现快速增长趋势。据前瞻产业研究院《2015—2020 年中国智慧环保行业趋势前瞻与投资战略规划分析报告》显示，至 2014 年中国环境监测专用仪器仪表制造规模以上企业为 93 家，行业销售收入为 196.44 亿元，同比增长 21.86%。随着环境监测系统领域的布局，环境监测仪器将迎来快速增长，未来前景看好。

环境监测系统从各政府部门到重点污染物排放单位，从基本的大气、水等常规监测源到重点自然保护区等均有监测需求及信息联网共享要求，由此来看基于大数据分析和实时在线监测的环境监测系统需求仍然较大。在“十三五”期间，重点在于环境监测系统的全方位布局，从基础设施到信息联动共享，实现全国信息联动共享，打破原来的信息不对称或信息隔离局面，为环境保护的具体决策、管理、执法提供支持。

（2）环境检测行业发展趋势

环境检测仪器的主要产品是各种水污染和大气污染检测仪器、噪声与振动检测仪器、放射性和电磁波检测仪器。我国生产的烟尘采样器、烟气采样器、总悬浮微粒采样器、油分测定仪、污水流量计等环境检测仪器已接近或达到国际先进水平，在国内市场上占有很大比例。

（3）环境检测及检测仪器发展趋势

第一，由较窄领域检测向全方位领域检测的方向发展。第二，由劳动密集型向技术密集型方向发展。第三，环境检测仪器将向高质量、多功能、集成化、自动化、系统化和智能化的方向发展。环境检测仪器是环境管理的基础和技术支持，随着我国环境保护工作的发展，我国环境检测技术也取得了较大的进步，环境检测仪器生产形成了一定的规模。第四，由单纯的地面环境检测向与遥感环境检测相结合的方向发展。

（4）人才更新落后于检测设备更新

我国近几年对检测设备资金投入非常大，但是相应的人力资源投入却跟不上。原来只是化学操作，现在需要用仪器操作，但是国家并没有支持人员培训的相应费用投资。另外仪器设备买来以后，理论上员工可以通过学习来掌握仪器的使用方法，但是，有人由于年龄等原因无法再学习，但又不能辞退，由于编制等问题掌握专业技术的人员无法加入，设备只能束之高阁。因此理论上新进设备需要很多技术人员来充实检测岗位，实际上很少，设备的使用效果极差。

（5）市场化改变对专业技术人才的需求

就目前而言，全国环境保护检测在向完全放开的趋势发展。2005 年 8 月 1 日，新版《检验检测机构资质认定管理办法》正式实施；根据国务院下发的《关于整合检验检测认证机构实施意见的通知》要求，到 2015 年年底，事业单位性质的检验检测机构将基本完成转企改制工作，市场竞争格局初步形成——这两方面都给中国的分析检测行业带来了变数。随着《中国质量发展纲要》的印发以及《中国制造 2025》的提出，中国的检验检测机构必须寻找新的发展机会。无论通过何种形式来放开分析检测市场，该行业的竞争格局都会形成，这将大大刺激分析检测技术人才需求的变化。这种变化包括两个方面：一是，分析检测技术人才需求量将会大大增加；二是，分析检测技术人才的质量也将会大大提高，人员的培训会得到保障，仪器设备的利用率会大大增加。而现行的高校教学体系无法满足环境检测人才的实际需求，国内目前的环境检测教材总体局限，在实验室安全、实验室认证等方面很少涉及，因此亟须顺应环境检测市场变化，系统地培养环境检测应用型人才。

1.1.2 环境检测实训的任务和要求

① 了解环境检测工作的性质，以及在环境保护中所处的位置。

② 正确使用环境检测工作中常用的采样、分析仪器，掌握常规检测项目的采样与分析测定方法。

③ 对实训过程获得的各种资料进行整理、概括和总结。特别注重对图、表资料的整理与分析。对感性获得的知识或提问获得的解答加以整理和总结。

④ 通过实训，将理论和实际相结合，进一步巩固和深入理解已学的理论知识。将课堂上学到的知识运用到实际工作当中，加深对理论知识的理解与认识。

⑤ 熟悉实验室认证体系。

⑥ 了解企业文化。

⑦ 熟悉实验室安全与管理的各项规定。

1.2 环境检测实训基础知识

1.2.1 电子分析天平的使用与维护

分析天平是定量分析工作中不可缺少的重要仪器，一般是指能精确称量 0.0001g（0.1mg）的天平。分析天平的种类较多，有机械式、电子式、手动式、半自动式、全自动式等。电子分析天平因操作简单、称量精度高、显示速度快等特点，被广泛应用在生产和科研领域。

（1）电子分析天平的使用环境

电子分析天平对工作环境有严格的要求。

首先，放置天平的工作台应稳定牢固，远离振动源，如喧嚣马路、工厂车间等；周围没有高强电磁场，如变压器和高压线路等；也没有排放有毒有腐蚀性气体的污染源；尽可能远离门、窗、散热器以及空调装置的出风口。

其次，天平室温度和湿度应保持恒定，温度控制在 20～28℃，相对湿度在 40%～70%之间。在南方地区，潮湿阴雨天气较多，更要做好除湿工作，否则电路板容易受潮短路，显示屏容易霉变。

再次，放置天平的实验室应保持干净整洁，禁止在天平室内洗涤、吸烟、就餐。

做好上述工作是电子分析天平获得精确称量结果的关键所在。

（2）注意事项

为保障电子分析天平称量的准确性，还应注意如下事项。首先，应使用自带的电源适配器，并按说明书选择适当的电压（220V 或 110V）。如果天平室在工厂辖区内，由于工厂用电，电压波动较为频繁，建议配备一台小型电源稳压器。其次，当称量易挥发和具有腐蚀性的物品时，要将物品盛放在密闭的容器内，以免称量不准和腐蚀天平。再次在称重过程中，一定要避免用尖锐的物品接触天平的操作键盘。尽量避免裸指直接接触按键，否则日久天长，手指上的汗渍会侵蚀按键保护层。

（3）操作步骤

尽管电子分析天平的种类很多，但它们的操作都有许多共性。下面就以梅特勒-托利多 AL204/01 型电子分析天平为例进行阐述。

① 调整　开机前，首先检查天平是否处于水平状态，即天平水平仪中水平泡是否处于中心位置，如果天平未处于水平状态，则调节天平底脚两个水平旋钮加以校正。如果在称重过程中不可避免地要移动天平，则每次移动后，都要重新调整。

② 开机预热　连接电源，让秤盘空载，按“On/Off”按钮。天平开启并进行自检，自检通过显示 0.0000g，进入预热。为保证获得精确的称量结果，必须至少在校准前 60min 开机，以达到工作温度。但在一般情况下，天平开机后，让其保持在待机状态下，预热

20min，即可称量。

③ 校准　在开机状态下，将天平秤盘上的被称量物清除，按“>O/T<”（清零/去皮）键，待显示器稳定显示。接着按住“Cal”键不放，直到显示“Cal 200.0000g”字样，放入标值200g的校准砝码在秤盘中心位置，天平自动进行校准，当“Cal 0.0000g”闪烁时，移去砝码，随后显示屏上短时间出现“CALdone”信息，紧接着又出现“0.0000g”时，天平校准结束。天平进入称量工作状态，等待称量。

④ 称量　打开玻璃防风罩密封门，将待测物轻轻放在秤盘中心，关上密封门，待示值稳定后，记录下待测物的质量，再将被测物轻轻取出，关紧密封门；当称量过程中需要去皮，按去皮按钮，此时示值为“0.0000g”。

⑤ 关机　称量完毕，确定天平秤盘上清洁无物后，按住“On/Of”按钮直至关机（屏幕上无显示）。如还需要继续使用，可以不关闭天平。

（4）电子分析天平的维护保养

为确保天平的称量精确性和延长其使用寿命，日常的维护保养是必不可少的。

① 注意事项与校验　当把天平置于工作台上时，要保障其稳定，避免大幅度的晃动，以此保障称重时能达到规定的准确度要求。同时经常对电子天平进行自校或定期外校，使其处于最佳工作状态。从仪器管理角度出发，对于频繁使用的仪器设备，一般都要求进行期间核查，即在两次正式计量校准/检定的期间，至少进行一次量值准确性的确认。对电子天平而言，简便的方法是，可采用一个具有稳定质量的物体，定期称量验证，看其是否一致、处于称量可靠的状态。在使用中绝不能用手压称盘或使天平跌落地上，以免损坏天平或使重力传感器的性能发生变化。如果需要搬动和运输电子天平，应将秤盘和托盘取下。

② 称量特殊物品时保护好天平　当称量易挥发和具有腐蚀性的物品时，要将物品盛放在密闭的容器内，以免腐蚀和损坏电子天平。一般情况下，不要将过热或过冷的物体放在天平内称量，宜在物体的温度与天平室的温度达到一致后，方可进行称量。

③ 杜绝超载　在称重时，电子天平严禁超载，因此在称重时要事先对被称重对象的质量进行预估（可用台秤预称），做到被称重对象的质量小于天平的最大承载量，因为严重的超载会对天平产生严重的损坏，甚至缩短天平的使用寿命。且称量较重物品时，称量时间应尽可能短。

④ 做好日常保养　要保持好电子分析天平的洁净度，在对秤盘和外壳擦拭时，可以用一块柔软、没有绒毛的织物来轻轻擦拭，严禁使用具有强溶性的清洁剂清洗。对称量时撒落在称量室的物品要及时清理干净。如果电子分析天平长时间搁置不用，应定期对其进行通电检查，确保电子元器件的干燥。

1.2.2 常见玻璃仪器

（1）玻璃仪器分类

化学实验常用的仪器中，大部分为玻璃制品和一些瓷质类仪器。玻璃仪器种类很多，按用途大体可分为容器类、量器类和其他仪器类。

容器类包括试剂瓶、烧杯、烧瓶等。根据它们能否受热又可分为可加热的仪器和不宜加热的仪器。

量器类有量筒、移液管、滴定管、容量瓶等。量器类一律不能受热。

其他仪器包括具有特殊用途的玻璃仪器，如冷凝管、分液漏斗、干燥器、分馏柱、砂芯漏斗、标准磨口玻璃仪器等。标准磨口玻璃仪器，是具有标准内磨口和外磨口的玻璃仪器。标准磨口是根据国际通用技术标准制造的，国内已经普遍生产和使用。使用时根据实验的需要选择合适的容量和口径。相同编号的磨口仪器，它们的口径是统一的，连接是紧密的，使用时可以互换，用少量的仪器可以组装多种不同的实验装置，通常应用在有机化学实验中。目前常用的是锥形标准磨口，其锥度为1∶10，即锥体大端直径与锥体小端直径之差；磨面锥体的轴向长度为1∶10。根据需要，可将标准磨口制作成不同的大小。通常以整数数字表示标准磨口的系列编号，这个数字是锥体大端直径（以 mm 为单位）最接近的整数。常用标准磨口系列见表 1-1。

表 1-1　常用标准磨口系列

编号	10	12	14	19	24	29	34
口径(大端)/mm	10.0	12.5	14.5	18.8	24.0	29.2	34.5

有时也用 D/H 两个数字表示标准磨口的规格，如 14/23，即大端直径为 14.5mm，锥体长度为 23mm。

（2）玻璃仪器的洗涤

洗涤玻璃仪器时，应根据实验要求、污物的性质及玷污程度，合理选用洗涤液。实验室常用的洗涤液有以下几种。

① 水　水是最普通、最廉价、最方便的洗涤液，可用来洗涤水溶性污物。

② 热肥皂液和合成洗涤剂　是实验室常用的洗涤液，洗涤油脂类污垢效果较好。

③ 铬酸洗涤液　铬酸洗涤液具有强酸性和强氧化性，适用于洗涤有无机物玷污和器壁残留少量油污的玻璃仪器。用洗液浸泡被玷污仪器一段时间，洗涤效果更好。洗涤完毕后，用过的洗涤液要回收在指定的容器中，不可随意乱倒。此洗液可重复使用，当其颜色变绿时即为失效。该洗液要密闭保存，以防吸水失效。

④ 碱性 $KMnO_4$ 溶液　该洗液能除去油污和其他有机污垢。使用时倒入欲洗仪器，浸泡一会儿后再倒出，但会留下褐色 MnO_2 痕迹，须用盐酸或草酸洗涤液洗去。

⑤ 有机溶剂　乙醇、乙醚、丙酮、汽油、石油醚等有机溶剂均可用来洗涤各种油污。但有机溶剂易着火，有的甚至有毒，使用时应注意安全。

⑥ 特殊洗涤液　一些污物用一般的洗涤液不能除去，可根据污物的性质，采用适当的试剂进行处理。如：硫化物玷污可用王水溶解；沾有硫黄时可用 Na_2S 处理；AgCl 玷污可用氨水或 $Na_2S_2O_3$ 处理。一般方法很难洗净的有机污垢，可用乙醇-浓硝酸溶液洗涤。先用乙醇润湿器壁并留下约 2mL，再向容器内加入 10mL 浓硝酸静置片刻，立即发生剧烈反应并放出大量的热，反应停止后用水冲洗干净。此过程会产生红棕色的 NO_2 有毒气体，必须在通风橱内进行。注意，绝不可事先将乙醇和浓硝酸混合。

洗涤玻璃仪器时，通常先用自来水洗涤，不能奏效时再用肥皂液、合成洗涤剂等刷洗，仍不能除去的污物，应采用其他洗涤液洗涤。洗涤完毕后，都要用自来水冲洗干净，此时仪器内壁应不挂水珠，这是玻璃仪器洗净的标志。必要时再用少量蒸馏水淋洗 2～3 次。洗涤玻璃仪器时，可采用下列几种方法。

振荡洗涤又叫冲洗法，是利用水把可溶性污物溶解而除去。往仪器中注入少量水，用力振荡后倒掉，依此连洗数次。试管和烧瓶的振荡洗涤如图 1-2～图 1-4 所示。

（3）玻璃仪器的干燥

实验室中往往需要洁净干燥的玻璃仪器，将玻璃仪器洗涤干净后，要采取合适的方法对

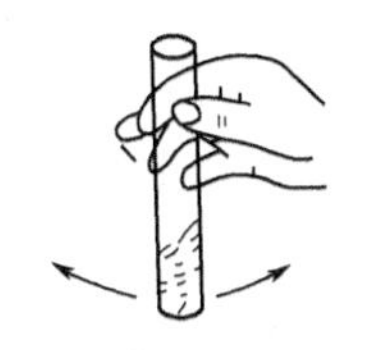

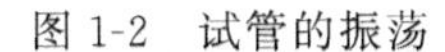

图 1-2 试管的振荡

图 1-3 烧瓶的振荡

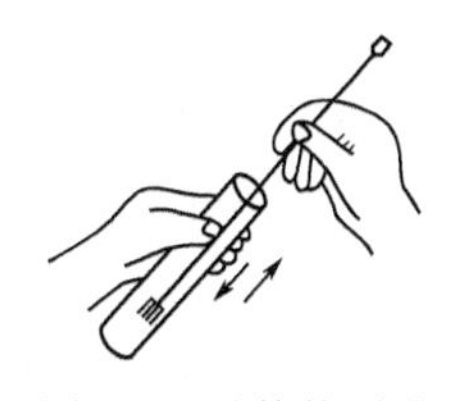

图 1-4 试管的刷洗

玻璃仪器进行干燥，玻璃仪器的干燥一般采取下列几种方法。

① 晾干　对不急于使用的仪器，洗净后将仪器倒置在格栅板上或实验室的干燥架上，让其自然干燥。

② 烤干　是通过加热使仪器中的水分迅速蒸发而干燥的方法。加热前先将仪器外壁擦干，然后用小火烘烤。烧杯等放在石棉网上加热；试管用试管夹夹住，在火焰上来回移动，试管口略向下倾斜，直至除去水珠后再将管口向上赶尽水汽。

③ 吹干　将仪器倒置沥去水分，用电吹风的热风或气流烘干玻璃仪器。

④ 快干（有机溶剂法）　在洗净的仪器内加入少量易挥发且能与水互溶的有机溶剂（如丙酮、乙醇等），转动仪器使仪器内壁湿润后，倒出混合液（回收），然后晾干或吹干。一些不能加热的仪器（如比色皿等）或急需使用的仪器可用此法干燥。

⑤ 烘干　将洗净的仪器控去水分，放在电烘箱的搁板上，温度控制在 105～110℃左右烘干。烘箱又叫电热恒温干燥箱，它是干燥玻璃仪器常用的设备，也可用于干燥化学药品。带有精密刻度的计量容器不能用加热方法干燥，否则会影响仪器的精度，可采用晾干或冷风吹干的方法干燥。

1.2.3 实验用水的制备与检验

水是最常用的溶剂，配制试剂、标准物质、洗涤均需大量使用。它对分析质量有着广泛和根本的影响，对于不同用途需要不同质量的水。市售蒸馏水或去离子水必须经检验合格才能使用。实验室中应配备相应的提纯装置。纯水的分级见表 1-2。

表 1-2 纯水分级表

级别	电阻率(25℃)/MΩ·cm	制水设备	用　途
特	＞16	混合床离子交换柱，0.45μm 滤膜，亚沸蒸馏器	配制标准水样
1 2	10～16 2～10	混合床离子交换柱，石英蒸馏器，双级复合床或混合床离子交换柱	配制分析超痕量(10^{-9})级物质用的试液，配制分析痕量(10^{-9}～10^{-6})级物质用的试液
3	0.5～2	单级复合床离子交换柱	配制分析 10^{-6}级以上含量物质用的试液
4	＜0.5	金属或玻璃蒸馏器	配制测定有机物(如 COD、BOD_5 等)用的试液

（1）蒸馏水

蒸馏水的质量因蒸馏器的材料与结构而异，水中常含有可溶性气体和挥发性物质。下面分别介绍几种不同蒸馏器及其所得蒸馏水的质量。

① 金属蒸馏器　金属蒸馏器内壁为纯铜、黄铜、青铜，也有镀纯锡的。用这种蒸馏器所获得的蒸馏水含有微量金属杂质，如含 Cu^{2+} 约 10～200mg/L，电阻率小于 0.1MΩ·cm（25℃），只适用于清洗容器和配制一般试液。

② 玻璃蒸馏器　玻璃蒸馏器由含低碱高硅硼酸盐的“硬质玻璃”制成，二氧化硅约占80%。经蒸馏所得的水中含痕量金属，如含 5μg/L Cu^{2+}，还可能有微量玻璃溶出物如硼、砷等。其电阻率约 0.5MΩ·cm。适用于配制一般定量分析试液，不宜用于配制分析重金属或痕量非金属试液。

③ 石英蒸馏器　石英蒸馏器含二氧化硅 99.9%以上。所得蒸馏水仅含痕量金属杂质，不含玻璃溶出物。电阻率约为 2^{-3}MΩ·cm。特别适用于配制对痕量非金属进行分析的试液。

④ 亚沸蒸馏器　它是由石英制成的自动补液蒸馏装置。其热源功率很小，使水在沸点以下缓慢蒸发，故而不存在雾滴污染问题。所得蒸馏水几乎不含金属杂质（超痕量）。适用于配制除可溶性气体和挥发性物质以外的各种物质的痕量分析用试液。亚沸蒸馏器常作为最终的纯水器与其他纯水装置（如离子交换纯水器等）联用，所得纯水的电阻率高达 16MΩ·cm 以上。但应注意保存，一旦接触空气，在不到 5min 内可迅速降至 2MΩ·cm。

（2）去离子水

去离子水是用阳离子交换树脂和阴离子交换树脂以一定形式组合进行水处理得到的。去离子水含金属杂质极少，适于配制痕量金属分析用的试液，因它含有微量树脂浸出物和树脂崩解微粒，所以不适于配制有机分析试液。通常用自来水作为原水时，由于自来水含有一定余氯，能氧化破坏树脂使之很难再生，因此进入交换器前必须充分曝气。自然曝气夏季约需 1 天，冬季需 3 天以上，如急用可煮沸、搅拌、充气，并冷却后使用。湖水、河水和塘水作为原水应仿照自来水先作沉淀、过滤等净化处理。含有大量矿物质，硬度很高的井水应先经蒸馏或电渗析等步骤去除大量无机盐，以延长树脂使用周期。

（3）特殊要求的纯水

在分析某些指标时，对分析过程中所用的纯水这些指标的含量应越低越好，这就提出某些特殊要求的纯水以及制取方法。

① 无氯水　加入亚硫酸钠等还原剂将水中余氯还原为氯离子，以联邻甲苯胺检查不显黄色。用附有缓冲球的全玻璃蒸馏器（以下各项的蒸馏同此）进行蒸馏制得。

② 无氨水　加入硫酸至 pH<2，使水中各种形态的氨或胺均转变成不挥发的盐类，收集馏出液即得，但应注意避免实验室空气中存在的氨重新污染。

③ 无二氧化碳水

a. 煮沸法。将蒸馏水或去离子水煮沸至少 10min（水多时），或使水量蒸发 10%以上（水少时），加盖放冷即得。

b. 曝气法。用惰性气体或纯氮通入蒸馏水或去离子水至饱和即得。制得的无二氧化碳水应贮于以附有碱石灰管的橡皮塞盖严的瓶中。

④ 无铅（重金属）水　用氢型强酸性阳离子交换树脂处理原水即得。所用贮水器事先应用 6mol/L 硝酸溶液浸泡过夜，再用无铅水洗净。

⑤ 无砷水　一般蒸馏水和去离子水均能达到基本无砷的要求。应避免使用软质玻璃制成的蒸馏器、贮水瓶和树脂管。进行痕量砷分析时，必须使用石英蒸馏器、石英贮水瓶、聚乙烯树脂管。

⑥ 无酚水

a. 加碱蒸馏法。加氢氧化钠至水的 pH>11，使水中的酚生成不挥发的酚钠后蒸馏即得；也可同时加入少量高锰酸钾溶液至水呈深红色后进行蒸馏。

b. 活性炭吸附法。将粒状活性炭在 150～170℃烘烤 2h 以上进行活化，放在干燥器内冷至室温。装入预先盛有少量水（避免炭粒间存留气泡）的色谱柱中，使蒸馏水或去离子水缓慢通过柱床。其流速视柱容大小而定，一般每分钟以不超过 100mL 为宜。开始流出的水（略多于装柱时预先加入的水量）需再次返回柱中，然后正式收集。此柱所能净化的水量，一般约为所用炭粒表观容积的 1000 倍。

⑦ 不含有机物的蒸馏水　加入少量高锰酸钾碱性溶液，使水呈紫红色，进行蒸馏即得。若蒸馏过程中红色褪去应补加高锰酸钾。

1.2.4　试剂与试液

实验室中所用试剂、试液应根据实际需要，合理选用相应的规格，按规定浓度和需要量正确配制。试剂和配好的试液需按规定要求妥善保存，注意空气、温度、光、杂质等影响。另外要注意保存时间，一般浓溶液稳定性较好，稀溶液稳定性较差。通常，较稳定的试剂，其 10^{-3}mol/L 溶液可贮存一个月以上，10^{-4}mol/L 溶液只能贮存一周，而 10^{-5}mol/L 溶液需当日配制，故许多试液常配成浓的贮存液，临用时稀释成所需浓度。配制溶液均需注明配制日期和配制人员，以备查核追溯。由于各种原因，有时需对试剂进行提纯和精制，以保证分析质量。一般化学试剂分为三级，其规格见表 1-3。

表 1-3　化学试剂的规格

级别	名称	代号	标志颜色	某些国家通用等级和符号	俄罗斯的等级和符号
一级品	保证试剂、优级纯	G・R	绿色	G・R	化学纯 x・ч
二级品	分析试剂、分析纯	A・R	红色	A・R	分析纯 Ч・Д・A
三级品	化学纯	C・P	蓝色	C・P	纯 Ч

一级试剂用于精密的分析工作，在环境分析中用于配制标准溶液。二级试剂常用于配制定量分析中普通试液。如无注明，环境检测所用试剂均应为二级或二级以上。三级试剂只能用于配制半定量、定性分析中试液和清洁液等。

质量高于一级品的高纯试剂（超纯试剂）目前国际上也无统一的规格，常以“9”的数目表示产品的纯度。在规格栏中标以 4 个 9，5 个 9，6 个 9……。

4 个 9 表示纯度为 99.99%，杂质总含量不大于 1×10^{-2}%。

5 个 9 表示纯度为 99.999%，杂质总含量不大于 1×10^{-3}%。

6 个 9 表示纯度为 99.9999%，杂质总含量不大于 1×10^{-4}%，依此类推。

其他表示方法有：高纯物质（E・P）；基准试剂；pH 基准缓冲物质；色谱纯试剂（G・C）；实验试剂（L・R）；指示剂（Ind）；生化试剂（B・R）；生物染色剂（B・S）和特殊专用试剂等。

1.3 样品采集与常用采样仪器

1.3.1　水样的采集与常用水样采集器

（1）水样的类型

① 瞬时水样　瞬时水样是指在某一时间和地点从水体中随机采集的分散水样。当水体

水质稳定，或其组分在相当长的时间或相当大的空间范围内变化不大时，瞬时水样具有很好的代表性；当水体组分及含量随时间和空间变化时，就应隔时、多点采集瞬时水样，分别进行分析，摸清水质的变化规律。

② 混合水样　混合水样是指在同一采样点于不同时间所采集的瞬时水样的混合水样，有时称“时间混合水样”，以与其他混合水样相区别。这种水样在观察平均浓度时非常有用，但不适用于被测组分在贮存过程中发生明显变化的水样。如果水的流量随时间变化，必须采集流量比例混合样，即在不同时间依照流量大小按比例采集的混合样。可使用专用流量比例采样器采集这种水样。

③ 综合水样　把不同采样点同时采集的各个瞬时水样混合后所得到的样品称综合水样。这种水样在某些情况下更具有实际意义。例如，当为几条排污河、渠建立综合处理厂时，以综合水样取得的水质参数作为设计的依据更为合理。

（2）地表水样的采集

① 采样前的准备　采样前，要根据检测项目的性质和采样方法的要求，选择适宜材质的盛水容器和采样器，并清洗干净。此外，还需准备好交通工具。交通工具常使用船只。对采样器具的材质要求化学性能稳定，大小和形状适宜，不吸附欲测组分，容易清洗并可反复使用。

② 采样方法和采样器（或采水器）　在河流、湖泊、水库、海洋中采样，常乘检测船或采样船、手划船等交通工具到采样点采集，也可涉水或在桥上采集。采集表层水水样时，可用适当的容器如塑料筒等直接采取。采集深层水水样时，可用简易采水器、深层采水器、采水泵、自动采水器等。

（3）地下水样的采集

① 井水　从检测井中采集水样常利用抽水机设备。启动后，先放水数分钟，将积留在管道内的陈旧水排出，然后用采样容器（已预先洗净）接取水样。对于无抽水设备的水井，可选择适合的采水器采集水样，如深层采水器、自动采水器等。

② 泉水、自来水　对于自喷泉水，在涌水口处直接采样。对于不自喷泉水，用采集井水水样的方法采样。对于自来水，先将水龙头完全打开，将积存在管道中的陈旧水排出后再采样。地下水的水质比较稳定，一般采集瞬时水样即能有较好的代表性。

（4）废（污）水样的采集

① 浅层废（污）水　从浅埋排水管、沟道中采样，用采样容器直接采集，也可用长把塑料勺采集。

② 深层废（污）水　对埋层较深的排水管、沟道，可用深层采水器或固定在负重架内的采样容器，沉入检测井内采样。

③ 自动采样　采用自动采水器可自动采集瞬时水样和混合水样。当废（污）水排放量和水质较稳定时，可采集瞬时水样；当排放量较稳定，水质不稳定时，可采集时间等比例水样；当二者都不稳定时，必须采集流量等比例水样。

（5）采集水样注意事项

① 测定悬浮物、pH、溶解氧、生化需氧量、油类、硫化物、余氯、放射性、微生物等项目需要单独采样。其中，测定溶解氧、生化需氧量和有机污染物等项目的水样必须充满容器；pH、电导率、溶解氧等项目宜在现场测定。另外，采样时还需同步测量水文参数和气象参数。

② 采样时必须认真填写采样登记表；每个水样瓶都应贴上标签（填写采样点编号、采样日期和时间、测定项目等）；要塞紧瓶塞，必要时还要密封。

（6）水样的运输与保存

水样采集后，必须尽快送回实验室。根据采样点的地理位置和测定项目最长可保存时间，选用适当的运输方式，并做到以下两点：为避免水样在运输过程中震动、碰撞导致损失或沾污，将其装箱，并用泡沫塑料或纸条挤紧，在箱顶贴上标记；需冷藏的样品，应采取制冷保存措施；冬季应采取保温措施，以免冻裂样品瓶。

各种水质的水样，从采集到分析测定这段时间内，由于环境条件的改变，微生物新陈代谢活动和化学作用的影响，会引起水样某些物理参数及化学组分的变化，不能及时运输或尽快分析时，则应根据不同检测项目的要求，放在性能稳定的材料制作的容器中，采取适宜的保存措施。

① 冷藏或冷冻法　冷藏或冷冻的作用是抑制微生物活动，减缓物理挥发和化学反应速率。

② 加入化学试剂保存法

a. 加入生物抑制剂。如在测定氨氮、硝酸盐氮、化学需氧量的水样中加入 $HgCl_2$，可抑制生物的氧化还原作用；对测定酚的水样，用 H_3PO_4 调至 pH 为 4 时，加入适量 $CuSO_4$，即可抑制苯酚菌的分解活动。

b. 调节 pH 值。测定金属离子的水样常用 HNO_3 酸化至 pH 为 1～2，既可防止重金属离子水解沉淀，又可避免金属被器壁吸附；测定氰化物或挥发性酚的水样加入 NaOH 调至 pH 为 12 时，可使之生成稳定的酚盐等。

c. 加入氧化剂或还原剂。测定汞的水样需加入 HNO_3（至 pH＜1）和 $K_2Cr_2O_7$（0.05%），使汞保持高价态；测定硫化物的水样，加入抗坏血酸，可以防止被氧化；测定溶解氧的水样则需加入少量硫酸锰和碘化钾固定溶解氧（还原）等。

应当注意，加入的保存剂不能干扰以后的测定；保存剂的纯度最好是优级纯的，还应作相应的空白试验，对测定结果进行校正。水样的保存期限与多种因素有关，如组分的稳定性、浓度、水样的污染程度等。表 1-4 列出了我国现行水样保存方法和保存期。

表 1-4　水样保存方法和保存期

测定项目	容器材质	保存方法	保存期	备注
浊度	P 或 G	4℃，暗处	24h	尽量现场测定
色度	P 或 G	4℃	48h	尽量现场测定
pH	P 或 G	4℃	12h	尽量现场测定
电导	P 或 G	4℃	24h	尽量现场测定
悬浮物	P 或 G	4℃，避光	7d	
碱度	P 或 G	4℃	24h	
酸度	P 或 G	4℃	24h	
高锰酸盐指数	G	加 H_2SO_4，使 pH＜2，4℃	48h	
COD	G	加 H_2SO_4，使 pH＜2，4℃	48h	
BOD_5	溶解氧瓶(G)	4℃，避光	6h	最长不超过 24h
DO	溶解氧瓶(G)	加 $MnSO_4$、碱性 KI-NaN_3 溶液固定，4℃，暗处	24	尽量现场测定

续表

测定项目	容器材质	保存方法	保存期	备注
TOC	G	加硫酸，使 pH<2，4℃	7d	常温下保存 24h
氟化物	P	4℃，避光	14d	
氯化物	P 或 G	4℃，避光	30d	
氰化物	P	加 NaOH，使 pH>12，4℃，暗处	24h	
硫化物	P 或 G	加 NaOH 和 $Zn(Ac)_2$ 溶液固定，避光	24h	
硫酸盐	P 或 G	4℃，避光	7d	
正磷酸盐	P 或 G	4℃	24h	
总磷	P 或 G	加 H_2SO_4，使 pH≤2	24h	
氨氮	P 或 G	加 H_2SO_4，使 pH<2，4℃	24h	
亚硝酸盐	P 或 G	4℃，避光	24h	尽快测定
硝酸盐	P 或 G	4℃，避光	24h	
总氮	P 或 G	加 H_2SO_4，使 pH<2，4℃	24h	
铍	P 或 G	加 HNO_3，使 pH<2；污水加至 1%	14d	
铜、锌、铅、镉	P 或 G	加 HNO_3，使 pH<2；污水加至 1%	14d	
铬(六价)	P 或 G	加 NaOH 溶液，使 pH8～9	24h	尽快测定
砷	P 或 G	加 H_2SO_4 使 pH<2；污水加至 1%	14d	
汞	P 或 G	加 HNO_3，使 pH≤1；污水加至 1%	14d	
硒	P 或 G	4℃	24h	尽快测定
油类	G	加 HCl，使 pH<2，4℃	7d	不加酸，24h 内测定
挥发性有机物	G	加 HCl，使 pH<2，4℃，避光	24h	
酚类	G	加 H_3PO_4，使 pH<2，加抗坏血酸，4℃，避光	24h	
硝基苯类	G	加 H_2SO_4，使 pH1～2，4℃	24h	尽快测定
农药类	G	加抗坏血酸除余氯，4℃，避光	24h	
除草剂类	G	加抗坏血酸除余氯，4℃，避光	24h	
阴离子表面活性剂	P 或 G	4℃，避光	24h	
微生物	G	加 $Na_2S_2O_3$ 溶液除余氯，4℃	12h	
生物	G	用甲醛固定，4℃	12h	
微生物	G	加 $Na_2S_2O_3$ 溶液除余氯，4℃	12h	
生物	G	加甲醛固定，4℃	12h	

注：G 为硬质玻璃瓶；P 为聚乙烯瓶（桶）。

③ 水样的过滤或离心分离　如欲测定水样中某组分的含量，采样后立即加入保存剂，分析测定时充分摇匀后再取样。如果测定可滤（溶解）态组分含量，所采水样应用 0.45μm 微孔滤膜过滤，除去藻类和细菌，提高水样的稳定性，有利于保存。如果测定不可过滤的金属时，应保留过滤水样用的滤膜备用。对于泥沙型水样，可用离心方法处理。对含有机质多的水样，可用滤纸或砂芯漏斗过滤。用自然沉降后取上清液测定可滤态组分是不恰当的。

1.3.2 空气样品采集与空气采样器

采集空气样品的方法可归纳为直接采样法和富集（浓缩）采样法两类。

1.3.2.1 直接采样法

当空气中的被测组分浓度较高，或者检测方法灵敏度高时，直接采集少量气样即可满足检测分析要求。例如，用非色散红外吸收法测定空气中的一氧化碳；用紫外荧光法测定空气中的二氧化硫等都用直接采样法。这种方法测得的结果是瞬时浓度或短时间内的平均浓度，能较快地测知结果。常用的采样容器有注射器、塑料袋、真空瓶（管）等。

① 注射器采样　常用 100mL 注射器采集有机蒸气样品。采样时，先用现场气体抽洗 2～3 次，然后抽取 100mL，密封进气口，带回实验室分析。样品存放时间不宜长，一般应当天分析完。

② 塑料袋采样　应选择与气样中污染组分既不发生化学反应，也不吸附、不渗漏的塑料袋。常用的有聚四氟乙烯袋、聚乙烯袋及聚酯袋等。为减小对被测组分的吸附，可在袋的内壁衬银、铝等金属膜。采样时，先用二联球打进现场气体冲洗 2～3 次，再充满气样，夹封进气口，带回尽快分析。

③ 采气管采样　采气管是两端具有旋塞的管式玻璃容器，其容积为 100～500mL。采样时，打开两端旋塞，将二联球或抽气泵接在管的一端，迅速抽进比采气管容积大 6～10 倍的欲采气体，使采气管中原有气体被完全置换出，关上两端旋塞，采气体积即为采气管的容积。

④ 真空瓶采样　真空瓶是一种用耐压玻璃制成的固定容器，容积为 500～1000mL。采样前，先用抽真空装置将采气瓶（瓶外套有安全保护套）内抽至剩余压力达 1.33kPa 左右；如瓶内预先装入吸收液，可抽至溶液冒泡为止，关闭旋塞。采样时，打开旋塞，被采空气即充入瓶内，关闭旋塞，则采样体积为真空采气瓶的容积。如果采气瓶内真空度达不到 1.33kPa，实际采样体积应根据剩余压力进行计算。

1.3.2.2 富集(浓缩)采样法

空气中的污染物质浓度一般都比较低（10^{-9}～10^{-6}数量级），直接采样法往往不能满足分析方法检测限的要求，故需要用富集采样法对空气中的污染物进行浓缩。富集采样时间一般比较长，测得的结果代表采样时段的平均浓度，更能反映空气污染的真实情况。这类采样方法有溶液吸收法、固体阻留法、低温冷凝法、扩散（或渗透）法及自然沉降法等。

(1) 溶液吸收法

该方法是采集空气中气态、蒸气态及某些气溶胶态污染物质的常用方法。采样时，用抽气装置将欲测空气以一定流量抽入装有吸收液的吸收管（瓶）。采样结束后，倒出吸收液进行测定，根据测得结果及采样体积计算空气中污染物的浓度。

溶液吸收法的吸收效率主要决定于吸收速度和样气与吸收液的接触面积。欲提高吸收速度，必须根据被吸收污染物的性质选择效能好的吸收液。常用的吸收液有水、水溶液和有机溶剂等。按照它们的吸收原理可分为两种类型。一种是气体分子溶解于溶液中的物理作用，如用水吸收空气中的氯化氢、甲醛，用 5%的甲醇吸收有机农药，用 10%乙醇吸收硝基苯等。另一种吸收原理是基于发生化学反应，例如，用氢氧化钠溶液吸收空气中的硫化氢基于中和反应，用四氯汞钾溶液吸收 SO_2 基于络合反应等。理论和实践证明，伴有化学反应的吸收液的吸收速度比单靠溶解作用的吸收液吸收速度快得多。因此，除采集溶解度非常大的气态物质外，一般都选用伴有化学反应的吸收液。

吸收液的选择原则是：

① 与被采集的污染物质发生化学反应快或对其溶解度大；

② 污染物质被吸收液吸收后要有足够的稳定时间，以满足分析测定所需时间的要求；

③ 污染物质被吸收后，应有利于下一步分析测定，最好能直接用于测定；

④ 吸收液毒性小、价格低、易于购买，且尽可能回收利用。

增大被采气体与吸收液接触面积的有效措施是选用结构适宜的吸收管（瓶）。常用吸收管（瓶）有：气泡吸收管、冲击式吸收管、多孔筛板吸收管（瓶）等。

（2）填充柱阻留法

填充柱是用一根长 6～10cm、内径 3～5mm 的玻璃管或塑料管，内装颗粒状或纤维状填充剂制成的。采样时，让气样以一定流速通过填充柱，则欲测组分因吸附、溶解或化学反应等作用被阻留在填充剂上，达到浓缩采样的目的。采样后，通过解吸或溶剂洗脱，使被测组分从填充剂上释放出来进行测定。根据填充剂阻留作用的原理，可分为吸附型、分配型和反应型三种类型。

① 吸附型填充柱　这种柱的填充剂是颗粒状固体吸附剂，如活性炭、硅胶、分子筛、高分子多孔微球等。它们都是多孔性物质，比表面积大，对气体和蒸气有较强的吸附能力。有两种表面吸附作用：一种是由于分子间引力引起的物理吸附，吸附力较弱；另一种是由于剩余价键力引起的化学吸附，吸附力较强。极性吸附剂如硅胶等，对极性化合物有较强的吸附能力；非极性吸附剂如活性炭等，对非极性化合物有较强的吸附能力。一般说来，吸附能力越强，采样效率越高，但这往往会给解吸带来困难。因此，在选择吸附剂时，既要考虑吸附效率，又要考虑易于解吸。

② 分配型填充柱　这种填充柱的填充剂是表面涂高沸点有机溶剂（如异十三烷）的惰性多孔颗粒物（如硅藻土），类似于气液色谱柱中的固定相，只是有机溶剂的用量比色谱固定相大。当被采集气样通过填充柱时，在有机溶剂（固定液）中分配系数大的组分保留在填充剂上而被富集。例如，空气中的有机氯农药（六六六、DDT 等）和多氯联苯（PCB）多以蒸气或气溶胶态存在，用溶液吸收法采样效率低，但用涂渍 5%甘油的硅酸铝载体填充剂采样，采集效率可达 90%～100%。

③ 反应型填充柱　这种柱的填充剂是由惰性多孔颗粒物（如石英砂、玻璃微球等）或纤维状物（如滤纸、玻璃棉等）表面涂渍能与被测组分发生化学反应的试剂制成的。也可以用能和被测组分发生化学反应的纯金属（如 Au、Ag、Cu 等）丝毛或细粒作填充剂。气样通过填充柱时，被测组分在填充剂表面因发生化学反应而被阻留。采样后，将反应产物用适宜溶剂洗脱或加热吹气解吸下来进行分析。例如，空气中的微量氨可用装有涂渍硫酸的石英砂填充柱富集。采样后，用水洗脱下来测定即可。反应型填充柱采样量和采样速度都比较大，富集物稳定，对气态、蒸气态和气溶胶态物质都有较高的富集效率。

（3）滤料阻留法

该方法是将过滤材料（滤纸、滤膜等）放在采样夹上，用抽气装置抽气，则空气中的颗粒物被阻留在过滤材料上，称量过滤材料上富集的颗粒物质量，根据采样体积，即可计算出空气中颗粒物的浓度。

滤料采集空气中气溶胶颗粒物基于直接阻截、惯性碰撞、扩散沉降、静电引力和重力沉降等作用。滤料的采集效率除与自身性质有关外，还与采样速度、颗粒物的大小等因素有关。低速采样，以扩散沉降为主，对细小颗粒物的采集效率高；高速采样，以惯性碰撞作用为主，对较大颗粒物的采集效率高。空气中的大小颗粒物是同时并存的，当采样速度一定时，就可能使一部分粒径小的颗粒物采集效率偏低。此外，在采样过程中，还可能发生颗粒物从滤料上弹回或吹走现象，特别是采样速度大的情况下，颗粒大、质量重的粒子易发生弹回现象，颗粒小的粒子易穿过滤料被吹走，这些情况都是造成采集效率偏低的原因。

常用的滤料有：纤维状滤料，如滤纸、玻璃纤维滤膜、过氯乙烯滤膜等；筛孔状滤料，如微孔滤膜、核孔滤膜、银薄膜等。滤纸的孔隙不规则且较少，适用于金属尘粒的采集。因滤纸吸水性较强，不宜用重量法测定颗粒物浓度。玻璃纤维滤膜吸湿性小，耐高温，耐腐蚀，通气阻力小，采集效率高，常用于采集悬浮颗粒物，但其机械强度差，某些元素含量较高。聚氯乙烯或聚苯乙烯等合成纤维膜通气阻力小，并可用有机溶剂溶解成透明溶液，便于进行颗粒物分散度及颗粒物中化学组分的分析。微孔滤膜是由硝酸（或醋酸）纤维素制成的多孔性薄膜，孔径细小、均匀，质量轻，金属杂质含量极微，溶于多种有机溶剂，尤其适用于采集分析金属的气溶胶。核孔滤膜是将聚碳酸酯薄膜覆盖在铀箔上，用中子流轰击，使铀核分裂产生的碎片穿过薄膜形成微孔，再经化学腐蚀处理制成的。这种膜薄而光滑，机械强度好，孔径均匀，不亲水，适用于精密的重量分析，但因微孔呈圆柱状，采样效率较微孔滤膜低。银薄膜由微细的银粒烧结制成，具有与微孔滤膜相似的结构，它能耐400℃高温，抗化学腐蚀性强，适用于采集酸、碱气溶胶及含煤焦油、沥青等挥发性有机物的气样。

（4）低温冷凝法

空气中某些沸点比较低的气态污染物质，如烯烃类、醛类等，在常温下用固体填充剂等方法富集效果不好，而低温冷凝法可提高采集效率。低温冷凝采样法是将U形或蛇形采样管插入冷阱中，当空气流经采样管时，被测组分因冷凝而凝结在采样管底部。如用气相色谱法测定，可将采样管仪器进气口连接，移去冷阱，在常温或加热情况下汽化，进入仪器测定。

制冷的方法有半导体制冷器法和制冷剂法。常用制冷剂有冰（0℃）、冰-盐水（−10℃）、干冰-乙醇（−72℃）、干冰（−78.5℃）、液氧（−183℃）、液氮（−196℃）等。

低温冷凝采样法具有效果好、采样量大、利于组分稳定等优点，但空气中的水蒸气、二氧化碳，甚至氧也会同时冷凝下来，在汽化时，这些组分也会汽化，增大了气体总体积，从而降低浓缩效果，甚至干扰测定。为此，应在采样管的进气端装置选择性过滤器（内装过氯酸镁、碱石棉、氯化钙等），以除去空气中的水蒸气和二氧化碳等。但所用干燥剂和净化剂不能与被测组分发生作用，以免引起被测组分损失。

（5）静电沉降法

空气样品通过12000～20000V电场时，气体分子电离，所产生的离子附着在气溶胶颗粒上，使颗粒带电，并在电场作用下沉降到收集极上，然后将收集极表面的沉降物洗下，供分析用。这种采样方法不能用于易燃、易爆的场合。

（6）扩散法

也叫渗透法，用于在个体采样器中，采集气态和蒸气态有害物质。采样时不需要抽气动力，而是利用被测污染物质分子自身扩散或渗透到达吸收层（吸收剂、吸附剂或反应性材料）被吸附或吸收，又称无动力采样法。这种采样器体积小轻便，可以佩戴在人身上，跟踪人的活动，用作人体接触有害物质量的检测。

(7) 自然积集法

这种方法是利用物质的自然重力、空气动力和浓差扩散作用采集空气中的被测物质，如自然降尘量、硫酸盐化速率、氟化物等空气样品的采集。采样不需动力设备，简单易行，且采样时间长，测定结果能较好地反映空气污染情况。下面举两个实例。

① 降尘试样采集　采集空气中降尘的方法分为湿法和干法两种，其中，湿法应用更为普遍。

湿法采样是在一定大小的圆筒形玻璃（或塑料、瓷、不锈钢）缸中加入一定量的水，放置在距地面 5～12m 高、附近无高大建筑物及局部污染源的地方（如空旷的屋顶上），采样口距基础面 1～1.5m，以避免顶面扬尘的影响。我国集尘缸的尺寸为内径 15cm、高 30cm，一般加水 100～300mL（视蒸发量和降雨量而定）。为防止冰冻和抑制微生物及藻类的生长，保持缸底湿润，需加入适量乙二醇。采样时间为 (30±2)d，多雨季节注意及时更换集尘缸，防止水满溢出。各集尘缸采集的样品合并后测定。干法采样一般使用标准集尘器。夏季也需加除藻剂。

② 硫酸盐化速率试样的采集　硫酸盐化速率常用的采样方法有二氧化铅法和碱片法。二氧化铅采样法是将涂有二氧化铅糊状物的纱布绕贴在素瓷管上，制成二氧化铅采样管，将其放置在采样点上，则空气中的二氧化硫、硫酸雾等与二氧化铅反应生成硫酸铅。碱片法是将用碳酸钾溶液浸渍过的玻璃纤维滤膜置于采样点上，则空气中的二氧化硫、硫酸雾等与碳酸反应生成硫酸盐而被采集。

(8) 综合采样法

空气中的污染物并不是以单一状态存在的，可采用不同采样方法相结合的综合采样法，将不同状态的污染物同时采集下来。例如，在滤料采样夹后接上液体吸收管或填充柱采样管，则颗粒物收集在滤料上，而气体污染物收集在吸收管或填充柱中。又如，无机氟化物以气态（HF、SiF_4）和颗粒态（NaF、CaF_2 等）存在，两种状态毒性差别很大，需分别测定，此时可将两层或三层滤料串联起来采集。第一层用微孔滤膜，采集颗粒态氟化物；第二层用碳酸钠浸渍的滤膜采集气态氟化物。

1.3.2.3　采样仪器

空气污染物检测多采用动力采样法，其采样器主要由收集器、流量计和采样动力三部分组成。

(1) 收集器

收集器是捕集空气中欲测污染物的装置。前面介绍的气体吸收管（瓶）、填充柱、滤料、冷凝采样管等都是收集器，需根据被捕集物质的存在状态、理化性质等选用。

(2) 流量计

流量计是测量气体流量的仪器，而流量是计算采气体积的参数。常用的流量计有皂膜流量计、孔口流量计、转子流量计、临界孔稳流器和湿式流量计。

① 皂膜流量计　一根标有体积刻度的玻璃管，管的下端有一支管和装满肥皂水的橡皮球，当挤压橡皮球时，肥皂水液面上升，由支管进来的气体便吹起皂膜，并在玻璃管内缓慢上升，准确记录通过一定体积气体所需时间，即可得知流量。这种流量计常用于校正其他流量计，在很宽的流量范围内，误差皆小于 1%。

② 孔口流量计　有隔板式和毛细管式两种。当气体通过隔板或毛细管小孔时，因阻力而产生压力差；气体流量越大，阻力越大，产生的压力差也越大，由下部的U形管两侧的液柱差可直接读出气体的流量。

③ 转子流量计　由一个上粗下细的锥形玻璃管和一个金属制转子组成。当气体由玻璃管下端进入时，由于转子下端的环形孔隙截面积大于转子上端的环形孔隙截面积，所以转子下端气体的流速小于上端的流速，下端的压力大于上端的压力，使转子上升，直到上、下两端压力差与转子的重量相等时，转子停止不动。气体流量越大，转子升得越高，可直接从转子上沿位置读出流量。当空气湿度大时，需在进气口前连接一个干燥管，否则，转子吸附水分后重量增加，影响测量结果。

④ 临界孔　是一根长度一定的毛细管，当空气流通过毛细孔时，如果两端维持足够的压力差，则通过小孔的气流就能保持恒定，此时为临界状态流量，其大小取决于毛细管孔径大小。这种流量计使用方便，广泛用于空气采样器和自动检测仪器上控制流量。临界孔可以用注射器针头代替，其前面应加除尘过滤器，防止小孔被堵塞。

(3) 采样动力

采样动力为抽气装置，要根据所需采样流量、收集器类型及采样点的条件进行选择，并要求其抽气流量稳定、连续运行能力强、噪声小且能满足抽气速度要求。

注射器、连续抽气筒、双连球等手动采样动力适用于采气量小、无市电供给的情况。对于采样时间较长和采样速度要求较大的场合，需要使用电动抽气泵，如薄膜泵、电磁泵、刮板泵及真空泵等。

薄膜泵的工作原理是：用微电机通过偏心轮带动夹持在泵体上的橡皮膜进行抽气。当电机转动时，橡皮膜就不断地上下移动；上移时，空气经过进气活门吸入，出气活门关闭；下移时，进气活门关闭，空气由出气活门排出。薄膜泵是一种轻便的抽气泵，采气流量为0.5～3.0L/min，广泛用于空气采样器和空气自动分析仪器上。

电磁泵是一种将电磁能量直接转换成被输送流体能量的小型抽气泵，其工作原理是：由于电磁力的作用，使振动杆带动橡皮泵室作往复振动，不断地开启或关闭泵室内的膜瓣，使泵室内造成一定的真空或压力，从而起到抽吸和压送气体的作用，其抽气流量为0.5～1.0L/min。这种泵不用电机驱动，克服了电机电刷易磨损，线圈发热等缺点，提高了连续运行能力，广泛用于抽气阻力不大的采样器和自动分析仪器上。

刮板泵和真空泵用功率较大的电机驱动，抽气速率大，常作为采集空气中颗粒物的动力。

(4) 专用采样器

将收集器、流量计、抽气泵及气样预处理、流量调节、自动定时控制等部件组装在一起，就构成专用采样装置。有多种型号的商品空气采样器出售，按其用途可分为空气采样器、颗粒物采样器和个体采样器。

① 空气采样器用于采集空气中气态和蒸气态物质，采样流量为0.5～2.0L/min，一般可用交流、直流两种电源供电。

② 颗粒物采样器有总悬浮颗粒物（TSP）采样器和可吸入颗粒物（PM_{10}）采样器。

a. 总悬浮颗粒物采样器。采样器按其采气流量大小分为大流量（1.1～1.7m^3/min）、中流量（50～150L/min）和小流量（10～15L/min）三种类型。

大流量采样器由滤料采样夹、抽气风机、流量记录仪、计时器及控制系统、壳体等组成。滤料夹可安装（20×25）cm^2 的玻璃纤维滤膜，以 1.1～1.7m^3/min 流量采样 8～24h。当采气量达 1500～2000m^3 时，样品滤膜可用于测定颗粒物中的金属、无机盐及有机污染物等组分。

中流量采样器由采样夹、流量计、采样管及采样泵等组成。这种采样器的工作原理与大流量采样器相似，只是采样夹面积和采样流量比大流量采样器小。我国规定采样夹有效直径为 80mm 或 100mm。当用有效直径 80mm 滤膜采样时，采气流量控制在 7.2～9.6m^3/h；用 100mm 滤膜采样时，流量控制在 11.3～15m^3/h。

b. 可吸入颗粒物采样器。采集可吸入颗粒物（PM_{10}）广泛使用大流量采样器。在连续自动检测仪器中，可采用静电捕集法、β 射线吸收法或光散射法直接测定 PM_{10} 浓度。但不论哪种采样器都装有分离粒径大于 10μm 颗粒物的装置（称为分尘器或切割器）。分尘器有旋风式、向心式、撞击式等多种。它们又分为二级式和多级式。前者用于采集粒径 10μm 以下的颗粒物，后者可分级采集不同粒径的颗粒物，用于测定颗粒物的粒度分布。

空气以高速度沿 180°渐开线进入二级旋风分尘器的圆筒内，形成旋转气流，在离心力的作用下，将颗粒物甩到筒壁上并继续向下运动。粗颗粒在不断与筒壁撞击中失去前进的能量而落入大颗粒物收集器内，细颗粒随气流沿气体排出管上升，被过滤器的滤膜捕集，从而将粗、细颗粒物分开。

当气流从小孔高速喷出时，因所携带的颗粒物大小不同，惯性也不同，颗粒物质量越大，惯性越大。不同粒径的颗粒物各有一定的运动轨线，其中，质量较大的颗粒物运动轨线接近中心轴线，最后进入锥形收集器被底部的滤膜收集；小颗粒物惯性小，离中心轴线较远，偏离锥形收集器入口，随气流进入下一级。第二级的喷嘴直径和锥形收集器的入口孔径变小，二者之间距离缩短，使小一些的颗粒物被收集。第三级的喷嘴直径和锥形收集器的入口孔径又比第二级小，其间距离更短，所收集的颗粒物更细。如此经过多级分离，剩下的极细颗粒物到达最底部，被夹持的滤膜收集。

当含颗粒物气体以一定速度由喷嘴喷出后，颗粒获得一定的动能并且有一定的惯性。在同一喷射速度下，粒径越大，惯性越大，因此，气流从第一级喷嘴喷出后，惯性大的大颗粒难于改变运动方向，与第一块捕集板碰撞被沉积下来，而惯性较小的颗粒则随气流绕过第一块捕集板进入第二级喷嘴。因第二级喷嘴较第一级小，故喷出颗粒动能增加，速度增大，其中惯性较大的颗粒与第二块捕集板碰撞而被沉积，而惯性较小的颗粒继续向下级运动。如此一级一级地进行下去，则气流中的颗粒由大到小地被分开，沉积在不同的捕集板上，最末级捕集板用玻璃纤维滤膜代替，捕集更小的颗粒。这种采样器可以设计为 3～6 级，也有 8 级的，称为多级撞击式采样器。单喷嘴多级撞击式采样器采样面积有限，不宜长时间连续采样，否则会因捕集板上堆积颗粒物过多而造成损失。多级多喷嘴撞击式采样器捕集面积大，应用较普遍的一种称为安德森采样器，由八级组成，每级 200～400 个喷嘴，最后一级也是用纤维滤膜代替捕集板捕集小颗粒物。安德森采样器捕集颗粒物粒径范围为 0.34～11μm。

可吸入颗粒物采样器必须用标准粒子发生器制备的标准粒子进行校准，要求在一定采样流量时，采样器的捕集效率在 50%以上，截留点的粒径（D_{50}）为（10±1）μm。

③ 个体剂量器。主要用于研究空气污染物对人体健康的危害。其特点是体积小、重量轻，佩戴在人体上可以随人的活动连续地采样，反映人体实际吸入的污染物量。

扩散法采样剂量器由外壳、扩散层和收集剂三部分组成，其工作原理是空气通过剂量器外壳通气孔进入扩散层，则被收集组分分子也随之通过扩散层到达收集剂表面被吸附或吸收。收集剂为吸附剂、化学试剂浸渍的惰性颗粒物质或滤膜，如用吗啉浸渍的滤膜可采集大气中的 SO_2 等。

渗透法采样剂量器由外壳、渗透膜和收集剂组成。渗透膜为有机合成薄膜，如硅酮膜等；收集剂一般用吸收液或固体吸附剂，装在具有渗透膜的盒内。气体分子通过渗透膜到达收集剂被收集，如空气中的 H_2S 通过二甲基硅酮膜渗透到含有乙二胺四乙酸二钠的0.2mol/L氢氧化钠溶液而被吸收。

1.3.2.4 采样效率

采样方法或采样器的采样效率是指在规定的采样条件（如采样流量、污染物浓度范围、采样时间等）下所采集到的污染物量占其总量的百分比。由于污染物的存在状态不同，评价方法也不同。

① 绝对比较法 精确配制一个已知浓度为 c_0 的标准气体，用所选用的采样方法采集，测定被采集的污染物浓度（c_1），其采样效率（K）为：

$$K=\frac{c_1}{c_0}\times 100\%$$

用这种方法评价采样效率虽然比较理想，但因配制已知浓度的标准气体有一定困难，往往在实际应用时受到限制。

② 相对比较法 配制一个恒定的但不要求知道待测污染物准确浓度的气体样品，用2～3个采样管串联起来，采集所配制的样品。采样结束后，分别测定各采样管中污染物的浓度，其采样效率（K）为：

$$K=\frac{c_1}{c_1+c_2+c_3}\times 100\%$$

式中 c_1，c_2，c_3——分别为第一、第二和第三个采样管中污染物的实测浓度。

用此法计算采样效率时，要求第二管和第三管的浓度之和与第一管比较是极小的，这样三个管浓度之和就近似于所配制的气体浓度。

对颗粒物的采集效率有两种表示方法。一种是用采集颗粒数效率表示，即所采集到的颗粒物粒数占总颗粒物粒数的百分比。另一种是质量采样效率，即所采集到的颗粒物质量占颗粒物总质量的百分比。只有全部颗粒物的大小相同时，这两种采样效率在数值上才相等，但是，实际上这种情况是不存在的，而粒径几微米以下的小颗粒物的颗粒数总是占大部分，而按质量计算却只占很小部分，故质量采样效率总是大于颗粒数采样效率。在空气检测中，评价采集颗粒物方法的采样效率多用质量采样效率表示。

评价采集颗粒物方法的效率与评价采集气态和蒸气态物质采样效率的方法有很大不同。一是配制已知颗粒物浓度的气体在技术上比配制气态和蒸气态物质标准气体要复杂得多，而且颗粒物粒度范围很大，很难在实验室模拟现场存在的气溶胶各种状态。二是滤料采样就像滤筛一样，能漏过第一张滤料的细小颗粒物，也有可能会漏过第二张或第三张滤料，因此用相对比较法评价颗粒物的采样效率就有困难。为此，评价滤纸或滤膜的采样效率一般用另一个已知采样效率高的方法同时采样，或串联在它的后面进行比较得知。

1.3.2.5 采样记录

采样记录与实验室分析测定记录同等重要。不重视采样记录，往往会导致一大批检测数据无法统计而报废。采样记录的内容有：被测污染物的名称及编号；采样地点和采样时间；

采样流量和采样体积；采样时的温度、大气压力和天气情况；采样仪器和所用吸收液；采样者、审核者姓名。

1.3.3 土壤样品采集

1.3.3.1 污染土壤样品采集

(1) 采样布点

在调查研究基础上，选择一定数量能代表被调查地区的地块作为采样单元（0.13～0.2hm^2），在每个采样单元中，布设一定数量的采样点。同时选择对照采样单元布设采样点。

为减少土壤空间分布不均一性的影响，在一个采样单元内，应在不同方位上进行多点采样，并且均匀混合成为具有代表性的土壤样品。

对于大气污染物引起的土壤污染，采样点布设应以污染源为中心，并根据当地的风向、风速及污染强度系数等选择在某一方位或某几个方位上进行。采样点的数量和间距依调查目的和条件而定，通常，在近污染源处采样点间距小些，在远离污染源处间距大些。对照点应设在远离污染源，不受其影响的地方。由城市污水或被污染的河水灌溉农田引起的土壤污染，采样点应根据灌水流的路径和距离等考虑。总之，采样点的布设既应尽量照顾到土壤的全面情况，又要视污染情况和检测目的而定。下面介绍几种常用采样布点方法，见图 1-5。

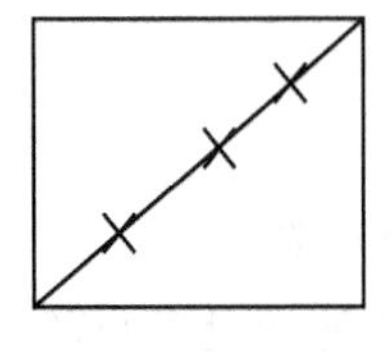

(a) 对角线布点法

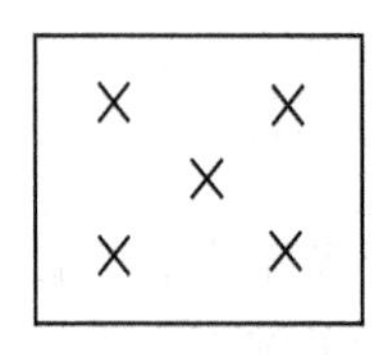

(b) 梅花形布点法

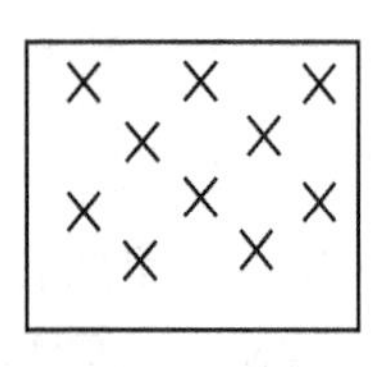

(c) 棋盘式布点法

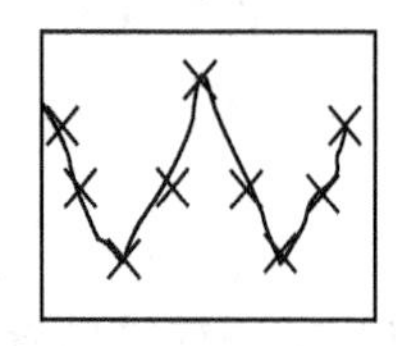

(d) 蛇形布点法

图 1-5 土壤采样点示意图

① 对角线布点法 见图 1-5(a)。该法适用于面积小、地势平坦的污水灌溉或受污染河水灌溉的田块。布点方法是由田块进水口向对角线引一斜线，将此对角线三等分，在每等分的中间设一采样点，即每一田块设三个采样点。根据调查目的、田块面积和地形等条件可做变动，多划分几个等分段，适当增加采样点。图中记号“×”作为采样点。

② 梅花形布点法 见图 1-5(b)。该法适用于面积较小、地势平坦、土壤较均匀的田块，中心点设在两对角线相交处，一般设 5～10 个采样点。

③ 棋盘式布点法 见图 1-5(c)。这种布点方法适用于中等面积、地势平坦、地形完整开阔、但土壤较不均匀的田块，一般设 10 个以上采样点。此法也适用于受固体废物污染的土壤，因为固体废物分布不均匀，应设 20 个以上采样点。

④ 蛇形布点法 见图 1-5(d)。这种布点方法适用于面积较大，地势不很平坦，土壤不够均匀的田块。布设采样点数目较多。

(2) 采样深度

采样深度视检测目的而定。如果只是一般了解土壤污染状况，只需取 0～15cm 或 0～20cm 表层（或耕层）土壤，使用土铲采样。如要了解土壤污染深度，则应按土壤剖面层次分层采样。土壤剖面指地面向下的垂直土体的切面。在垂直切面上可观察到与地面大致平行的若干层具有不同的颜色、性状。典型的自然土壤剖面分为A层（表层，腐殖质淋溶层）、B层（亚层，淀积层）、C层（风化母岩层、母质层）和底岩层，见图1-6。采集土壤剖面样品时，需在特定采样地点挖掘一个1m×1.5m左右的长方形土坑，深度约在2m以内，一般要求达到母质或潜水处即可。根据土壤剖面颜色、结构、质地、松紧度、温度、植物根系分布等划分土层，并进行仔细观察，将剖面形态、特征自上而下逐一记录。随后在各层最典型的中部自下而上逐层采样，在各层内分别用小土铲切取一片片土壤样，每个土壤剖面土层采样点的取土深度和取样量应一致。根据检测目的和要求可获得分层试样或混合样。用于重金属分析的样品，应将和金属采样器接触部分的土样弃去。

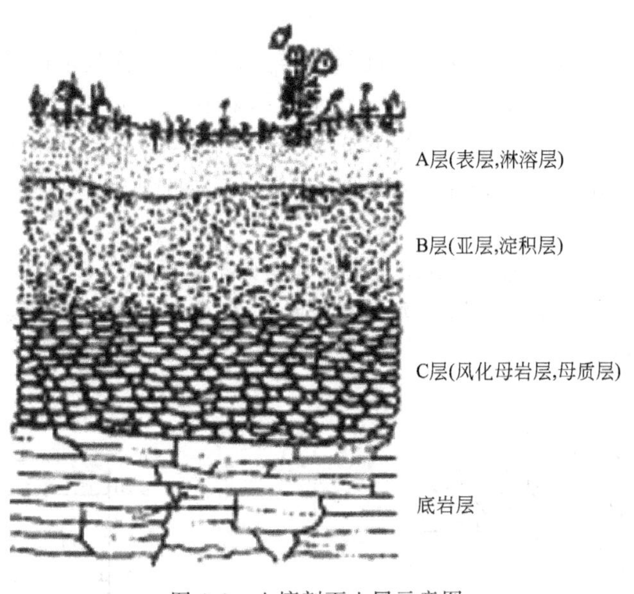

图1-6 土壤剖面土层示意图

（3）采样时间和采样量

① 采样时间　为了解土壤污染状况，可随时采集样品进行测定。如需同时掌握在土壤上生长的作物受污染状况，可依季节变化或作物收获期采集。一年中在同一地点采样两次进行对照。

② 采样量　由上述方法所得土壤样品一般是多样点均量混合而成的，取土量往往较大，而一般只需要1～2kg即可，因此对所得混合样需反复按四分法弃取，最后留下所需的土量，装入塑料袋或布袋内。

（4）采样注意事项

① 采样点不能设在田边、沟边、路边或肥堆边；

② 将现场采样点的具体情况，如土壤剖面形态特征等作详细记录；

③ 现场填写标签两张（地点、土壤深度、日期、采样人姓名），一张放入样品袋内，一张扎在样品口袋上。

1.3.3.2 土壤背景值样品采集

（1）布点原则

① 采集土壤背景值样品时，应首先确定采样单元。采样单元的划分应根据研究目的、

研究范围及实际工作所具有的条件等综合因素确定。我国各省、自治区土壤背景值研究中，采样单元以土类和成土母质类型为主，因为不同类型的土类母质其元素组成和含量相差较大。

② 不在水土流失严重或表土被破坏处设置采样点。

③ 采样点远离铁路、公路至少300m以上。

④ 选择土壤类型特征明显的地点挖掘土壤剖面，要求剖面发育完整、层次较清楚且无侵入体。

⑤ 在耕地上采样，应了解作物种植及农药使用情况，选择不施或少施农药、肥料的地块作为采样单元，以尽量减少人为活动的影响。

（2）样品采集

① 在每个采样点均需挖掘土壤剖面进行采样。我国环境背景值研究协作组推荐，剖面规格一般为长1.5m、宽0.8m、深1.0m，每个剖面采集A、B、C三层土样，过渡层（AB、BC）一般不采样，见图1-7、图1-8。当地下水位较高时，挖至地下水出露。现场记录实际采样深度，如0～20cm、50～65cm、80～100cm。在各层次典型中心部位自下而上采样，切忌混淆层次、混合采样。

② 在山地土壤土层薄的地区，B层发育不完整时，只采A、C层样。

③ 干旱地区剖面发育不完整的土壤，采集表层（0～20cm）、中土层（50cm）和底土层（100cm）附近的样品。

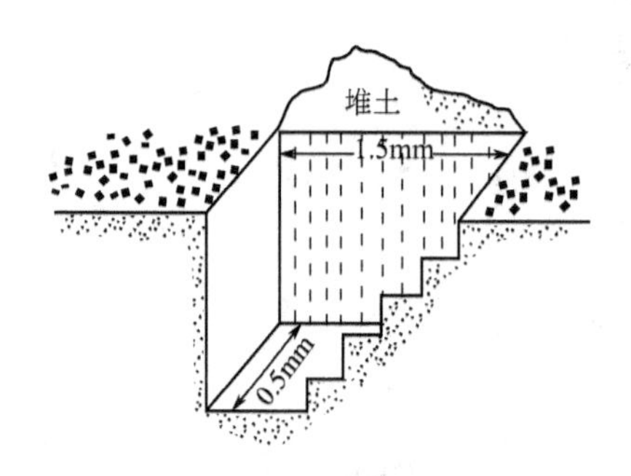

图1-7　土壤剖面挖掘示意图

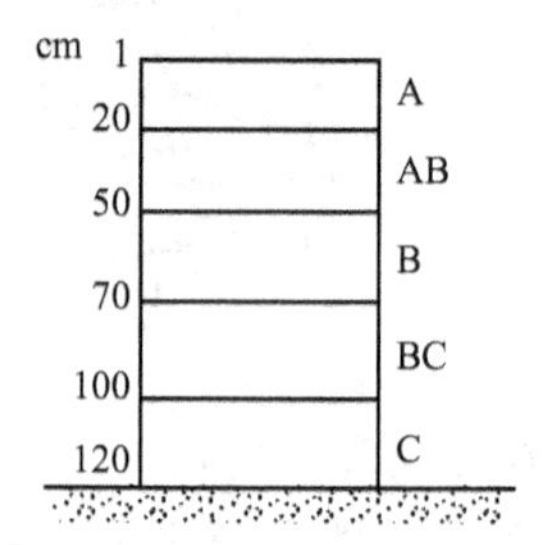

图1-8　土壤剖面A、B、C层示意图

（摘自中国环境检测总站编著《土壤元素的近代分析方法》）

（3）采样点数的确定

通常，采样点的数目与所研究地区范围的大小、研究任务所设定的精密度等因素有关。在全国土壤背景值调查研究中，为使布点更趋合理，采样点数依据统计学原则确定，即在所选定的置信水平下，与所测项目测量值的标准差、要求达到的精度相关。每个采样单元采样点位数可按下式估算：

$$n=\frac{t^2s^2}{d^2}$$

式中　n——每个采样单元中所设最少采样点位数；

t——置信因子（当置信水平95%时，t取值1.96）；

s——样本相对标准差；

d——允许偏差（若抽样精度不低于80%时，d取值0.2）。

1.3.3.3 土壤样品制备与保存

（1）土样的风干

除测定游离挥发酚、铵态氮、硝态氮、低价铁等不稳定项目需要新鲜土样外，多数项目需用风干土样。因为风干土样较易混合均匀，重复性、准确性都比较好。从野外采集的土壤样品运到实验室后，为避免受微生物的作用引起发霉变质，应立即将全部样品倒在塑料薄膜上或瓷盘内进行风干。当达半干状态时把土块压碎，除去石块、残根等杂物后铺成薄层，经常翻动，在阴凉处使其慢慢风干，切忌阳光直接暴晒。样品风干处应防止酸、碱等气体及灰尘的污染。

（2）磨碎与过筛

进行物理分析时，取风干样品100～200g，放在木板上用圆木棍辗碎，经反复处理使土样全部通过2mm孔径的筛子，将土样混匀贮于广口瓶内，用于土壤颗粒分析及物理性质测定。1927年国际土壤学会规定通过2mm孔径的土壤用作物理分析，通过1mm或0.5mm孔径的土壤用作化学分析。

作化学分析时，根据分析项目不同而对土壤颗粒细度有不同要求。土壤检测中，称样误差主要取决于样品混合的均匀程度和样品颗粒的粗细程度，即使对于一个混合均匀的土样，由于土粒的大小不同，其化学成分也不同，因此，称样量会对分析结果的准确与否产生较大影响。一般常根据所测组分及称样量决定样品细度。分析有机质、全氮项目，应取一部分已过2mm筛的土样，用玛瑙研钵继续研细，使其全部通过60号筛（0.25mm）。用原子吸收光度法（AAS法）测Cd、Cu、Ni等重金属时，土样必须全部通过100号筛（尼龙筛）。研磨过筛后的样品混匀、装瓶、贴标签、编号、贮存。

网筛规格有两种表达方法，一种以筛孔直径的大小表示，如孔径为2mm、1mm、0.5mm；另一种以每英寸长度上的孔数来表示，如每英寸长度上有40孔为40目筛（或称40号筛），每英寸有80孔为80号筛等。孔数愈多，孔径愈小。

（3）土样保存

一般土壤样品需保存半年至一年，以备必要时核查之用。环境检测中用以进行质量控制的标准土样或对照土样则需长期妥善保存。贮存样品应尽量避免日光、潮湿、高温和酸碱气体等的影响。

玻璃材质容器是常用的优质贮器，聚乙烯塑料容器也属美国环保局推荐容器之一，该类贮器性能良好、价格便宜且不易破损。

将风干土样、沉积物或标准土样等贮存于洁净的玻璃或聚乙烯容器之内。在常温、阴凉、干燥、避阳光、密封（石蜡涂封）条件下保存30个月是可行的。

1.3.4 噪声测量与噪声测量仪器

1.3.4.1 噪声

声音的本质是波动。受作用的空气发生振动，当振动频率在20～20000Hz时，作用于人的耳鼓膜而产生的感觉称为声音。声源可以是固体的振动，也可以是流体（液体和气体）的振动。声音的传媒介质有空气、水和固体，它们分别称为空气声、水声和固体声等。噪声检测主要讨论空气声。

噪声主要危害是，损伤听力，干扰工作，影响睡眠，诱发疾病，干扰语言交流，强噪声还会影响设备正常运转和损环建筑结构。噪声会使人听力损失，这种损失是累积性的，在强噪声下工作一天，只要噪声不是过强（120dB 以上），事后只产生暂时性的听力损失，经过休息可以恢复；但如果长期在强噪声下工作，每天虽可以恢复，经过一段时间后，就会产生永久性的听力损失。过强的噪声还能杀伤人体。

环境噪声的来源有四种：一是交通噪声，包括汽车、火车和飞机等所产生的噪声；二是工厂噪声，如鼓风机、汽轮机、织布机和冲床等所产生的噪声；三是建筑施工噪声，像打桩机、挖土机和混凝土搅拌机等发出的声音；四是社会生活噪声，例如，高音喇叭、收录机等发出的过强声音。

1.3.4.2 噪声测量仪器

噪声测量仪器的测量内容有噪声的强度，主要是声场中的声压，至于声强、声功率的直接测量较麻烦，故较少直接测量，只在研究中使用；此外还测量噪声的特征，即声压的各种频率组成成分。

噪声测量仪器主要有：声级计、声频频谱仪、记录仪、录音机和实时分析仪器等。

（1）声级计

声级计又叫噪声计，是一种按照一定的频率计权和时间计权测量声音的声压级和声级的仪器，是声学测量中最常用的基本仪器。它是一种电子仪器，但又不同于电压表等客观电子仪表。由于在把声信号转换成电信号时，可以模拟人耳对声波反应速率的时间特性，对高低频有不同灵敏度的频率特性以及不同响度时改变频率特性的强度特性，因此，声级计是一种主观性的电子仪器。

声级计可用于环境噪声、机器噪声、车辆噪声以及其他各种噪声的测量，也可用于电声学、建筑声学等测量。为了使世界各国生产的声级计的测量结果互相可以比较，国际电工委员会（IEC）制定了声级计的有关标准，并推荐各国采用。1979 年 5 月在斯德哥尔摩通过了 IEC 651《声级计》标准，我国有关声级计的国家标准是 GB 3785—83《声级计电、声性能及测试方法》。1984 年 IEC 又通过了 IEC 804《积分平均声级计》国际标准，我国于 1997 年颁布了 GB/T 17181—1997《积分平均声级计》，与 IEC 标准的主要要求是一致的。2002 年国际电工委员会（IEC）发布了 IEC 61672—2002《声级计》新的国际标准，该标准代替原 IEC 651—1979《声级计》和 IEC 804—1983《积分平均声级计》，我国根据该标准制定了 JJG 188—2002《声级计检定规程》。新的声级计国际标准和国家检定规程与老标准比较作了较大的修改。

① 声级计的工作原理　声压由传声器膜片接收后，将声压信号转换成电信号，经前置放大器作阻抗变换后送到输入衰减器，由于表头指示范围一般只有 20dB，而声音范围变化可高达 140dB，甚至更高，所以必须使用衰减器来衰减较强的信号。再由输入放大器进行定量放大。放大后的信号由计权网络进行计权，它的设计模拟人耳对不同频率有不同灵敏度的听觉响应。在计权网络处可外接滤波器，这样可作频谱分析。输出的信号由输出衰减器减到额定值，随即送到输出放大器放大。使信号达到相应的功率输出，输出信号经 RMS 检波后（均方根检波电路）送出有效值电压，推动电表或数字显示器，显示所测的声压级分贝值。

② 声级计的分类　按其精度将声级计分为 1 级和 2 级。两种级别的声级计的各种性能指标具有同样的中心值，仅仅是容许误差不同，而且随着级别数字的增大，容许误差放宽。按体积大小可分为台式声级计、便携式声级计和袖珍式声级计。按其指示方式可分为模拟指

示声级计（电表、声级灯）和数字指示声级计。根据 IEC 651 和国家标准，两种声级计在参考频率、参考人射方向、参考声压级和基准温湿度等条件下，测量的准确度（不考虑测量不确定度）如表 1-5 所示。

表 1-5　两种声级计测量准确度

声级计级别	1	2
准确度/dB	±0.7	±1.0

仪器上有阻尼开关能反映人耳听觉动态特性，快挡“F”用于测量起伏不大的稳定噪声。如噪声起伏超过 4dB 可利用慢挡“S”，有的仪器还有读取脉冲噪声的“脉冲”挡。老式声级计的示值采用表头刻度方式，通常采用由－5（或－10）～0，以及 0～10，跨度共 15dB（或 20dB）。现在使用的声级计一般具有自动加权处理数据的功能。

（2）其他噪声测量仪器

① 声级频谱仪　噪声测量中如需进行频谱分析，通常在精密声级配用倍频程滤波器。根据规定需要使用十挡，即中心频率为 31.5Hz、63Hz、125Hz、250Hz、500Hz、1kHz、2kHz、4kHz、8kHz、16kHz。

② 录音机　有些噪声现场，由于某些原因不能当场进行分析，需要贮备噪声信号，然后带回实验室分析，这就需要录音机。供测量用的录音机不同于家用录音机，其性能要求高得多。它要求频率范围宽（一般为 20～15000Hz），失真小（小于 3%），信噪比大（35dB 以上），此外，还要求频响特性尽可能平直，动态范围大等。

③ 记录仪　记录仪将测量的噪声声频信号随时间变化记录下来，从而对环境噪声作出准确评价，记录仪能将交变的声谱电信号作对数转换，整流后将噪声的峰值、均方根值（有效值）和平均值表示出来。

④ 实时分析仪　实时分析仪是一种数字式谱线显示仪，能把测量范围的输入信号在短时间内同时反映在一系列信号通道显示屏上，通常用于较高要求的研究、测量。目前使用尚不普遍。

1.3.4.3　噪声标准

噪声对人的影响与声源的物理特性、暴露时间和个体差异等因素有关。所以噪声标准的制定是在大量实验基础上进行统计分析的，主要考虑因素是保护听力、噪声对人体健康的影响、人们对噪声的主观烦恼度和目前的经济、技术条件等方面。对不同的场所和时间分别加以限制，即同时考虑标准的科学性、先进性和现实性。

从保护听力而言，一般认为每天 8h 长期工作在 80dB 以下听力不会损失，而在声级分别为 85dB 和 90dB 环境中工作 30 年，根据国际标准化组织（ISO）的调查，耳聋的可能性分别为 8%和 18%。在声级 70dB 环境中，谈话就感到困难。而干扰睡眠和休息的噪声级阈值白天为 50dB，夜间为 45dB，我国环境噪声允许范围见表 1-6。

表 1-6　我国环境噪声允许范围

人的活动	最高值/dB	理想值/dB
体力劳动(保护听力)	90	70
脑力劳动(保证语言清晰度)	60	40
睡眠	50	30

不同地区对基数的修正值见表 1-7。室内噪声受室外噪声影响的修正值见表 1-8。环境噪声等效声级限值见表 1-9。

表 1-7　不同地区对基数的修正值

地区	修正值/dB	地区	修正值/dB
农村、医院、休养区	0	居住、工商业、交通混合区	+15
市郊、交通量很少的地区	+5	城市中心(商业区)	+20
城市居住区	+10	工业区(重工业)	+25

表 1-8　室内噪声受室外噪声影响的修正值

窗户状况	修正值/dB	窗户状况	修正值/dB
开窗	−10	关闭的双层窗或不能开的窗	−20
关闭的单层窗	−15		

表 1-9　环境噪声等效声级限值　　单位：dB（A）

声环境功能区类别	时段		声环境功能区类别		时段	
	昼间	夜间			昼间	夜间
0 类	50	40	3 类		65	55
1 类	55	45	4 类	4a 类	70	55
2 类	60	50		4b 类	70	60

按区域的使用功能特点和环境质量要求，声环境功能区分为以下五种类型。

① 0 类声环境功能区　指康复疗养区等特别需要安静的区域。

② 1 类声环境功能区　指以居民住宅、医疗卫生、文化体育、科研设计、行政办公为主要功能，需要保持安静的区域。

③ 2 类声环境功能区　指以商业金融、集市贸易为主要功能，或者居住、商业、工业混杂，需要维护住宅安静的区域。

④ 3 类声环境功能区　指以工业生产、仓储物流为主要功能，需要防止工业噪声对周围环境产生严重影响的区域。

⑤ 4 类声环境功能区　指交通干线两侧一定区域之内，需要防止交通噪声对周围环境产生严重影响的区域，包括 4a 类和 4b 类两种类型。4a 类为高速公路、一级公路、二级公路、城市快速路、城市主干路、城市次干路、城市轨道交通（地面段）、内河航道两侧区域；4b 类为铁路干线两侧区域。

1.3.4.4　城市环境噪声监测方法

（1）监测目的

评价不同声环境功能区昼间、夜间的声环境质量，了解功能区环境噪声时空分布特征。

（2）定点监测法

① 监测要求　选择能反映各类功能区声环境质量特征的监测点 1 至若干个，进行长期定点监测，每次测量的位置、高度应保持不变。

对于 0 类、1 类、2 类、3 类声环境功能区，该监测点应为户外长期稳定、距地面高度为声场空间垂直分布的可能最大值处，其位置应能避开反射面和附近的固定噪声源；4 类声环境功能区监测点设于 4 类区内第一排敏感建筑物户外交通噪声空间垂直分布的可能最大处。

声环境功能区监测每次至少进行一昼夜 24 小时的连续监测，得出每小时及昼间、夜间的等效声级 L_{eq}、L_d、L_n 和最大声级 L_{max}。用于噪声分析的，可适当增加监测项目，如累积百分声级 L_{10}、L_{50}、L_{90}等。监测应避开节假日和非正常工作日。

② 监测结果评价　各监测点位监测结果独立评价，以昼夜等效声级 L_d 和夜间等效声级 L_n 作为评价各监测点位声环境质量是否达标的基本依据。

一个功能区设有多个测点的，应按点次分别统计昼间、夜间的达标率。

③ 环境噪声自动监测系统　全国重点环保城市以及其他有条件的城市和地区宜设置环境噪声自动监测系统，进行不同声环境功能区监测点的连续自动监测。

环境噪声自动监测系统主要是由自动监测子站和中心站及通信系统组成，其中自动监测子站由全天候户外传声器、智能噪声自动监测仪器、数据传输设备等构成。

（3）普查监测法

① 0～3 类声环境功能区普查监测

a. 监测要求：将要普查监测的某一声环境功能区划分成多个等大的正方格，网格要完全覆盖住被普查的区域，且有效网格总数应多于 100 个。测点应设在每一个网格的中心，测点条件为一般户外条件。

监测分别在昼间工作时间和夜间 22：00～24：00（时间不足可顺延）进行。在前述监测时间内，每次每个测点测量 10min 的等效声级 L_{eq}，同时记录噪声主要来源。监测应避开节假日和非正常工作日。

b. 监测结果评价：将全部网格中心测点测量 10min 的等效声级 L_{eq}做算术平均运算，多得到的平均值代表某一声环境功能区的总体环境噪声水平，并计算标准偏差。根据每个网格中心的噪声值及对应的网格面积，统计不同噪声影响水平下面积百分比，以及昼间、夜间的达标面积比例。有条件可估算受影响人口。

② 4 类声环境功能区普查监测

a. 监测要求：以自然路段、站场、河段等为基础，考虑交通运行特征和两侧噪声敏感建筑物分布情况，划分典型路段（包括河段）。在每个典型路段对应的 4 类区边界上（指 4 类区内无噪声敏感建筑物存在时）或第一排噪声敏感建筑物户外（指 4 类区内有敏感建筑物存在时）选择 1 个测点进行噪声监测。这些测点应与站、场、码头、岔路口、河流汇入口等相隔一定的距离，避开这些地点的噪声干扰。

监测分昼、夜两个时段进行。分别测量如下规定时间内的等效声级 L_{eq}和交通流量，对铁路、城市轨道交通线路（地面段），应同时测量最大声级 L_{max}，对道路交通噪声应同时测量累积百分声级 L_{10}、L_{50}、L_{90}。

根据交通类型的差异，规定的测量时间为：

铁路、城市轨道交通（地面段）、内河航道两侧：昼、夜间各测量不低于平均运行密度的 1 小时值，若城市轨道交通（地面段）的运行车次密集，测量时间可缩短至 20min。

高速公路、一级公路、二级公路、城市快速路、城市主干路、城市次干路两侧：昼、夜间各测量不低于平均运行密度的 20min 值。

监测应避开节假日和非正常工作日。

b. 监测结果评价：将某条交通干线各典型路段测得的噪声值，按路段长度进行加权算术平均，以此得出某条交通干线两侧 4 类声环境功能区的环境噪声平均值。

也可以对某一区域内的所有铁路、确定为交通干线的道路、城市轨道交通（地面段）、内河航道按前述方法进行长度加权统计，得出针对某一区域某一交通类型的环境噪声平均值。

根据每个典型路段的噪声值及对应的路段长度，统计不同噪声影响水平下的路段百分比，以及昼间、夜间的达标路段比例。有条件的可估算受影响人口。

对某条交通干线或某一区域某一交通类型采取抽样测量的，应统计抽样路段比例。

1.4 数据记录与数据处理

1.4.1 数据记录要求

原始记录是指在实验室中进行科学研究过程中，应用实验、观察、调查或资料分析等方法，根据实际情况直接记录或统计形成的各种数据、文字、图表、图片、照片、声像等原始资料，是进行科学实验过程中对所获得的原始资料的直接记录，可作为不同时期深入进行该课题研究的基础资料。实验原始记录应该能反映实验中最真实最原始的情况。原始记录的准确真实性程度直接关系到检验报告的质量，为此检验人员要获得正确的检验报告必须做到认真记录仪器设备、试剂药品等的使用情况、检验环境情况、检验过程中出现的异常情况等。准确读取和正确记录有效数字，记录时应依所使用仪器精度而定，不能随意增减位数，要反应实际情况。有效数字要进行正确的修约和运算。准确的原始记录是检验过程的真实记录，是检验复查的可靠依据，一份完整的检验报告一定要包括该份样品检验过程的原始记录。

（1）原始记录基本内容

① 与检测有关的全部数据和现象，以及记录数据和现象的一切资料，如表格、图、简图、照片、磁盘等。

② 唯一的识别标记。

③ 编页号。

④ 检测项目名称、计量单位、检测条件。

⑤ 检测依据。

⑥ 检测环境要求。

⑦ 环境设施与实际条件。

⑧ 检测用仪器设备名称、规格型号、分辨率、编号。

⑨ 样品编号、样品名称、样品数量、规格型号、生产批号、收样日期。

⑩ 样品状况描述。

⑪ 检测时间。

⑫ 样品、试样的制备、检测条件。

⑬ 检测结果的测定值、计量单位、检测次数。

⑭ 计算公式、计算结果、最终检测值。

⑮ 检测人员、校核人员签字及日期。

（2）原始记录内容要求

① 记录内容应具有原始性、真实性、可溯源性。

② 记录之间应具有唯一识别性。

③ 标准、仪器设备、环境条件、检测方法、计量、术语、符号具有正确性、完整性。

④ 测量位置、次数符合标准（技术规范）规定的要求。

⑤ 数据处理（计量单位、计算、有效数字位数、有效数字修约）具有正确性、准确性。

⑥ 记录内容和格式及其填写应完整、正确，表达准确、规范。

⑦ 原始记录材料具有可保存性，满足检测的复现性要求。

⑧ 原始记录表格应满足检测部门的检测需要，依据相应的检测标准制订，由部门技术/质量负责人审核，技术负责人批准。

（3）实验原始记录的书写规范要求

每项检测都应按照产品标准（检验细则）选用相应的原始记录格式文件，保证原始记录符合产品标准（检验细则）规定，并满足复现性要求和质量统计与分析要求。

每个产品的检测项目必须记录在相应的原始记录上，不得将不同产品的同一检测项目和检测结果填写在一份原始记录上，保证原始记录对检测样品的唯一识别性。

1.4.2 数据的处理

检测中所得到的许多物理、化学和生物学数据，是描述和评价环境质量的基本依据。由于检测系统的条件限制以及操作人员的技术水平，测试值与真值之间常存在差异；环境污染的流动性、变异性以及与时空因素关系，使某一区域的环境质量由许多因素综合所决定；描述某一河流的环境质量，必须对整条河流按规定布点，以一定频率测定，根据大量数据综合才能表述它的环境质量，所有这一切均需通过统计处理。

① 数据修约规则　各种测量、计算的数据需要修约时，应遵守下列规则：四舍六入五考虑，五后非零则进一，五后皆零视奇偶，五前为偶应舍去，五前为奇则进一。

② 可疑数据的取舍　与正常数据不是来自同一分布总体，明显歪曲试验结果的测量数据，称为离群数据。可能会歪曲试验结果，但尚未经检验断定其是离群数据的测量数据，称为可疑数据。

在数据处理时，必须剔除离群数据以使测定结果更符合客观实际。正确数据总有一定分散性，如果人为地删去一些误差较大但并非离群的测量数据，由此得到精密度很高的测量结果并不符合客观实际。因此对可疑数据的取舍必须遵循一定的原则：狄克逊（Dixon）检验法、格鲁布斯（Grubbs）检验法等。

③ 整理归类数据　环境检测人员在采集数据时，要用专业化的表格，用标准化的格式和符号，清晰完整地记录下检测获得的各项数据。为了筛选出无用的或者不实的检测情况，在整理过程中，对一些原始数据和图表，还要一一加以验证，确保记录真实、简明。

④ 建立数据库　利用电子计算机系统，建立一个环境检测数据库，可以随时对环境检测对象进行线性比较，为分析不同时期环境质量变化提供依据；也可以对不同的环境检测项目，进行横向比较，获得环境质量高低差异的认识。

1.4.3 检测结果的表示方法

环境检测数据以统计学为基础，是环境管理技术执法的主要依据，在环境管理工作中具有重要的作用。环境检测数据的建立，目的是协调企业发展和环境保护之间的关系，为经济社会发展保驾护航。国家环境保护部早就明确要求，环境检测部门必须建立一套较为完善的环境质量检测保障体系，在对环境检测数据的采集和处理过程中，排除一切主观和客观的影响因素，获取可靠的检测数据，做到准确评价，使环境保护措施落实到位。

① 检测结果的表述　对一个试样某一指标的测定，其结果表达方式一般有如下几种：用算术均数（$\overline{x}$）代表集中趋势，用算术均数和标准偏差表示测定结果的精密度（$\overline{x}\pm S$），用（$\overline{x}\pm S$，CV）表示结果。

② 均数置信区间和"t"值　均数置信区间用于考察样本均数（$\overline{x}$）与总体均数（μ）之间的关系，即以样本均数代表总体均数的可靠程度。从正态分布曲线可知，68.26%的数据在 $\mu\pm\sigma$ 区间之中，95.44%的数据在 $\mu\pm2\sigma$ 区间之间……正态分布理论是从大量数据中列出的。当从同一总体中随机抽取足够量的大小相同的样本，并对它们测定得到一批样本均数，如果原总体是正态分布，则这些样本均数的分布将随样本容量（n）的增大而趋向正态。

第 2 章 实验室安全

Chapter 02

2.1 术语和定义

① 安全（safety） 免除了不可接受的损害风险的状态。

② 危险源（hazard） 可能导致人身伤害和（或）健康损伤的根源、状态或行为，或其组合。

③ 风险（risk） 发生危险事件或有害暴露的可能性，与随之引发的人身伤害或健康损害严重性的组合。

④ 风险评价（risk assessment） 对危险源导致的风险进行评估，对现有控制措施的充分性加以考虑以及对风险是否可接受予以确定的过程。

⑤ 安全绩效（safety performance） 组织对其安全风险进行管理所取得的可测量的结果。

⑥ 安全设备（safety equipment） 保障人类生产、生活活动中的人身或设施免于各种自然、人为侵害的设备。

⑦ 个体防护装备（personal protective equipment，PPE） 从业人员为防御物理、化学、生物等外界因素伤害所穿戴、配备和使用的各种护品的总称。在生产作业场所穿戴、配备和使用的劳动防护用品也称“个体防护装备”。

⑧ 有害物质（harmful substances） 化学的、物理的、生物的等能损害职工健康的所有物质的总称。

⑨ 有害过程（harmful processes） 产生能量或使用有害物质或产生有害物质的过程，并且一旦泄漏或不受控制排放，会导致人员伤害或人员疾病或财产损失。

⑩ 危险货物（dangerous goods） 具有爆炸、易燃、毒害、感染、腐蚀、放射性等危险特性，在运输、贮存、生产、经营、使用和处置中，容易造成人身伤亡、财产损毁或环境污染而需要特别防护的物质和物品。

⑪ 易燃（flammable） 在空气中能被点燃或有燃烧的特性。

⑫ 易燃液体（flammable liquids） 指闪点不大于93℃的液体。

⑬ 腐蚀性物质（corrosive substances） 通过化学作用使生物组织接触时会造成严重损伤，或在渗漏时会严重损害甚至损坏其他货物或运输工具的物质。

⑭ 实验室废弃物（laboratory waste） 实验室运作过程中产生并需要处理的任何液体、固体或气态物质或物品。

⑮ 化学品安全技术说明书（safety data sheet for chemical products，SDS） 化学品的供应商向下游用户、公共机构、服务机构和其他涉及该化学品的相关方传递化学品基本危害信息（包括运输、操作处置、贮存和应急行动信息）的一种载体。

⑯ 职业接触限值（occupational exposure limits，OELs） 职业性有害物质的接触限量值。指劳动者在职业活动过程中长期反复接触，对绝大多数接触者的健康不引起有害作用的容许接触水平。化学有害因素的职业接触限值包括时间加权平均允许浓度、短时间接触允许浓度和最高允许浓度三类：

a. 时间加权平均允许浓度（PC-TWA）：以时间为权数规定的 8h 工作日、40h 工作周的平均允许接触浓度；

b. 短时间接触允许浓度（PC-STEL）：在遵守 PC-TWA 前提下允许短时间（15min）接触的浓度；

c. 最高允许浓度（MAC）：工作地点、在一个工作日内、任何时间有毒化学物质均不应该超过的浓度。

⑰ 隔离状态下工作（working in isolation） 这个场所工作的人与其他员工不能通过普通的方式（如言语、视觉）接触，因此应警惕已存在的危险源所导致的潜在风险。包括工作时间以内或工作时间以外在隔离区域或远场所工作。

⑱ 安全责任人（safety responsible person） 实验室最高管理者，或经授权对实验室安全全面负责的个人或一组人。有时也称安全主管、安全负责人或管理者代表。

⑲ 安全监督人员（safety supervisor） 经授权且具备所需的经历和能力，对实验室安全实施监督的个人或一组人。

2.2 安全管理要求

2.2.1 组织结构和职责

① 实验室应确保所从事检测及相关活动符合使用的安全法律法规和标准要求。

② 实验室的安全管理体系应覆盖实验室在固定场所内进行的工作。

③ 实验室应：

a. 有专职或兼职的安全管理人员，他们应具有所需的权利和资源来履行包括实施、保持和改进安全管理体系的职责，识别对安全管理体系的偏离，以及采取预防或减少这些偏离的措施；

b. 固定对安全有影响的所有管理、操作和监督人员的职责、权利和相互关系；

c. 由熟悉实验室活动和安全要求的安全监督人员对实验室开展的各项工作进行安全监督。赋予安全监督人员所需权利和资源来履行包括评估和报告风险、制订和实施安全保障及应急措施、阻止不安全行为或活动的职责；

d. 确保实验室人员理解他们活动的安全要求和安全风险，以及如何为实现安全目标作出贡献。确保人员在其能控制的领域承担安全方面的责任和义务，包括遵守适用的安全要求，避免因个人原因造成安全事件。

④ 实验室最高管理者对实验室安全和安全管理体系负最终责任。

最高安全管理者应通过以下方式证实其承诺：

a. 为安全管理体系建立并保持提供必要的资源，包括人力资源、设施和设备资源、技能和技术、医疗保障、财力资源；

b. 明确作用、分配职责和责任、授予权利，提供有效的安全管理，并形成文件和予以沟通。

⑤ 实验室应在最高管理层中指定人员作为安全负责人，并赋予其以下职责和权限：

a. 建立、实施和保障安全管理体系；

b. 向最高管理者提交安全绩效报告，以供评审，并为改进体系提供依据。

⑥ 实验室应建立内外部的沟通和报告机制。包括：

a. 在实验室内部不同层次和职能间进行内部沟通；

b. 与进入工作场所的外来人员进行沟通；

c. 接受、记录和回应来自外部相关方的沟通；

d. 安全事件的报告机制。

⑦ 实验室应建立实验室安全的全员参与机制。可通过以下多种方式参与实验室安全相关的活动：

a. 危险源辨识、风险评价和确定风险控制措施；

b. 安全事件的调查；

c. 安全方针目标的制订和评审；

d. 商讨影响安全的任何变化；

e. 担任员工安全事务代表；

f. 安全演练；

g. 对外来人员进行安全培训和指导等。

2.2.2 安全管理体系

① 实验室应根据业务性质、活动特点等建立、实施、保持和持续改进与其规模及活动性质相适应的安全管理体系，确定如何满足所有安全要求，并形成文件。安全管理体系应覆盖实验室人员、维护人员、分包方、参观者和其他被授权进入的人员，包括使用和进入实验室的学生、清洁工和保安人员（对于特定的实验室，可能需要附加程序以覆盖实验室的特定功能）。

安全管理体系应包括：

a. 安全方针目标；

b. 安全管理体系覆盖范围的描述；

c. 安全管理体系主要要素和其相互作用描述，及文件的查询途径；

d. 实验室为确保对涉及安全风险管理过程进行有效策划、运行和控制所需的文件和记录。

② 最高管理者应确定和批准实验室的安全方针，并确保安全方针在界定的安全管理体系范围内：

a. 适合实验室的安全风险的性质和规模；

b. 包含防止受伤与健康损害及持续改进安全管理与安全绩效的承诺；

c. 包含遵守安全有关的适用法规要求和实验室接受的其他要求的承诺；

d. 为确定和评审安全目标提供框架；

e. 形成文件，付诸实施，并予以保持；

f. 传达到所有人员，使其认识各自的安全义务；

g. 可为相关方所获取；

h. 定期评审，确保与实验室运行保持相关和适宜。

③ 实验室应在相关职能和层次建立、实施和保持形成文件的安全目标。可行时，目标应可测量。目标应符合安全方针。建立和评审目标时，应考虑法规要求及安全风险，也应考虑可选的技术方案，财务、运行和经营要求。

④ 实验室应制订、实施和保持实现安全目标的方案，至少包括：

a. 有关职能和层次为实现安全目标的职责和权限的指定；

b. 实现目标和方法的时间表。

应定期和按计划的时间间隔对方案进行评审，必要时进行调整，确保目标得以实现。

⑤ 最高管理者应提供建立和实施安全管理体系以及持续改进其有效性承诺的证据。

⑥ 最高管理者应将满足安全法定要求的重要性传达到本实验室。

a. 文件控制。实验室应对安全管理体系所要求的文件进行控制，应建立、实施和保持程序，规定：

发布前审批，确保充分性和适宜性；

必要时，对文件进行修订，并重新审批；

对文件更改和现行修订状态作出标识；

确保在使用处能得到适用文件；

确保文件字迹清楚，易于识别；

对策划、运行所需的外来文件作出标识，并对发放予以控制；

防止对过期文件的非预期使用。如需保留，应作出适当标识。

b. 采购。实验室应识别所购买的供应品、试剂、消耗材料、设施和设备、服务的安全风险，采购文件应明确相关安全要求。必要时，要求供应商提供与风险控制相关的数据、信息、作用指引或技术支持。

若某些实验室活动，如设备维护、清洁、保安等工作需签订服务协议，宜包含健康与安全的期望、监视与责任条款。

c. 安全检查和不符合的控制

(a) 安全检查。实验室应开展对实验室工作的安全检查，安全检查应包括对危险源辨识、风险评估和风险控制措施、人员能力与健康状况、环境、设施和设备、物料、工作流程等的安全检查。

为改进和保持实验室安全而对工作流程或设备等做重大改变时，也应进行安全检查。检查宜由无直接责任人员组成。

安全检查时的发现和建议应向安全管理人员报告，如果安全检查查出有重大安全隐患的状况，应立即采取措施补救。

实验室应建立、实施和保持程序，对安全绩效进行例行监测和测量，程序应规定：

适应实验室需要的定性和定量测量；

对安全目标的满足程度监测；

监测控制措施有效性；

主动性的绩效测量，即监测是否符合管理方案、控制措施和运行准则；

被动性测量，即监测损害、事件（包括事故、未遂事故等）和其他不良安全绩效的历史证据；

记录充分的监测和测量的数据和结果，以便于后面的纠正和预防措施的分析。

（b）不符合的控制。

实验室应记录、调查和分析事件，以便：

确定根本的、可能导致或促使不符合发生的安全缺陷和其他因素；

识别纠正措施要求；

识别采取预防措施的机会；

识别持续改进的机会；

沟通调查结果。

调查应及时完成。结果应形成文件并予以保持。

实验室应识别和纠正不符合，采取措施减少安全后果。必要时，立即暂停工作。

d. 应急准备和响应

（a）应急程序。实验室应建立并保持程序，用于识别和预防紧急情况的潜在后果和对紧急情况做出响应。

为了预防伤害和限制危险源扩散，基本应急程序至少应包括如下：

潜在的时间和紧急情况的识别。

外部的应急服务机构和人员。

如果可行且不会对员工有危害，限制火势或其他危险源，以便为疏散赢取时间和限制毁坏扩大。

寻求必需的其他帮助。

如有必要，撤离建筑物对伤员提供救治。

应急程序应确保实验室所有参观者和员工安全疏散，在疏散过程中，人员宜疏散到远离建筑物并不阻挡救援路边的指定集合区域。

注：如突发暴力冲突、供电设备故障、化学品大量溢出、火灾和有毒或腐蚀性气体的气瓶泄漏等紧急情况，需要将人员从建筑物内快速疏散。

宜建立实验设备的应急关机程序。

所有员工应能方便获得安全信息和应急程序。应急程序宜粘贴在每个实验室并提供一下电话号码：消防队、急救车、安全官员、医院、公安局等。宜提供一份清单，包括当地医院、毒物信息中心和其他应急服务机构名称、地址和电话号码。

实验室应定期评审应急程序，当发生紧急情况后，应重新评价应急程序，必要时修订。

（b）应急演练。实验室应定期组织演练，并使用应急设备。

实验室应配备充足的应急设备，例如，警报系统，应急照明和动力，逃生工具，消防设备，急救设备，通信设备，应急的隔离阀、开关和断流器等。

宜与应急服务机构保持定期联络，并告诉他们实验室内危险源的性质以及应急要求。如果可行，宜鼓励外部应急服务机构及相关方参与应急演练。

（c）应急响应。实验室内发生火灾、爆炸、化学品泄漏、辐射、触电等紧急情况时应立即作出响应。实验室在策划应急响应时，应考虑相关方的需求。

应组织适合实验室需求的急救准备。

撤离时，安全监督人员宜注意其区域内员工和参观者的位置及移动方向。

宜建立实验室设备的应急关机程序

(d) 改进、纠正措施、预防措施。实验室应建立、实施和保持程序，以处理实际和潜在的不符合，采取纠正措施和预防措施，程序应明确下述要求：

调查不符合，确定产生的原因，采取措施避免再发生；

评价预防不符合措施的需求，并实施适当措施，以避免不符合发生；

记录和沟通所采取的纠正措施和预防措施结果；

评审所采取纠正措施和预防措施的有效性。

如果在纠正措施或预防措施中识别出新的或变化的危险源，或者对新的或变化的控制措施需求，应要求对拟订的措施在其实施前先进行风险评价。

为消除实际和潜在不符合的原因而采取的任何纠正或预防措施，应与问题的严重性相适应，并与面临的安全风险相匹配。

(e) 记录的控制。实验室应建立用于识别、检索、贮存、保护和处置记录的程序。

实验室应建立和保持必要的记录，用于证实符合安全管理体系要求和安全标准要求，以及所实现的结果。记录应字迹清楚、标识明确，并可追溯。

应采取预防措施以确保读写的材料不被玷污、损坏或丢失。

记录的存储区域应与使用有害材料或承担有害过程的区域隔离。

应规定记录的保存期。

e. 内部审核

(a) 实验室应建立、实施和保持审核程序，以确定：

关于策划和实施审核、报告审核结果的职责、能力和要求；

审核准则、范围、频次和方法：安全负责人负责策划和组织内部审核。审核人员的选择和实施应确保审核过程的客观性和公正性。

(b) 实验室应确保按计划时间间隔对安全管理体系进行内部审核，以便：

确定安全管理体系是否：

符合对安全管理的策划安排和本标准的要求；

得到正确实施和保持；

有效满足方针和目标。

向管理者报告审核结果的信息：

实验室应基于风险评价结果和以往的审核结果，策划、制订、实施和保持审核方案。

(c) 当审核中发现存在重大安全隐患的状况，应立即采取纠正措施。应验证和记录纠正措施的实施情况及有效性。

(d) 内审的记录应予以保存。

f. 管理评审

(a) 最高管理者应按计划的时间间隔对安全管理体系及其活动进行评审，确保其持续适宜性、充分性和有效性。评审应包括评价改进机会和对安全管理体系进行修改的需求，包括安全方针、目标的修改，应保存管理评审记录。

管理评审的输入应包括：

内部审核和外部审核的结果；

参与和协商结果；

来自外部相关方的相关沟通信息；
实验室的安全绩效；
安全事件统计；
安全目标的实现程度；
不符合控制、纠正措施和预防措施的情况；
以往管理评审的后续纠正措施；
安全监察报告和应急情况报告（包括安全演练）；
对有关安全法律法规的适用性和遵守情况的定期评价结果；
危险源辨识、风险评价和风险控制的情况报告；
改进建议。

(b) 管理评审的输出应符合实验室持续改进的承诺，并包括与以下更改有关的决策和措施：
安全绩效；
安全方针和目标；
资源；
其他安全管理体系要求。
管理评审的相关输出应可用于沟通和协商。

2.3 安全技术要求

2.3.1 危险源辨识和风险评价

(1) 总则

实验室应建立、实施和保持程序，以持续进行危险源辨识、风险评价和确定必要的控制措施。应对实验室的所有工作进行危险源辨识和风险评价。在确定控制措施时，应考虑评价的结果。

危险源辨识、风险评价和确定的控制措施应形成文件，并及时更新。

应定期评价适用法律法规和其他要求的遵守情况。

(2) 危险源辨识

应系统识别实验室活动所有阶段可预见的危险源，应识别所有与各类任务相关的可预见的危险，如机械、电器、高低温、火灾爆炸、噪声、震动、呼吸危害、毒物、辐射、化学等危险；或与任务不直接相关的可预见的危险，如实验室突然停电、停水、地震、火灾、台风等特殊状态下的安全。

进行危险源辨识时，宜根据检测实验室的专业分工、实验室设立、区域划分管理特点和运作惯例，可按照检测产品或项目以及按区域场所/管理类别识别评价单元，以方便识别危险源和评价风险。

危险源识别宜采用系统识别危险源的方法，宜从人员、设备、物品、检测方法及环境和设施等方面对评价单元进行危险源辨识。

(3) 风险评价

① 应对实验室的所有工作、设施和场所进行风险评价。

风险评价应考虑（但不限于）以下内容：

a. 常规和非常规活动；

b. 正常工作时间和正常工作时间之外所进行的活动；

c. 所有进入实验室的人员活动；

d. 人员因素，包括行为、能力、身体状况、可能影响工作的压力等；

e. 源自工作场所外的活动，对实验室内人员的健康产生的不利影响；

f. 工作场所附近，相邻区域的实验室相关活动对其产生的风险；

g. 工作场所的设施、设备和材料，无论是本实验室还是外界提供的；

h. 实验室功能、活动、材料、设备、环境、人员、相关要求等发生变化；

i. 安全管理体系的更改，涉及对运行、过程和活动的影响；

j. 任何与风险评价和必要的控制措施实施相关的法定要求；

k. 实验室结构和布局、区域功能、设备安装、运行程序和组织结构，以及人员的适应性；

l. 本实验室或相关实验室已发生的安全事故。

② 发生以下情况时，应重新进行风险评价：

a. 采用新的设备、材料、方法、环境、人员发生变化或改变实验室结构的功能时；

b. 包括物质存储或使用的实验室分区执行任务发生改变之前；

c. 变更检验工作流程时；

d. 发生安全事故或事件后；

e. 使用的法律法规和标准等发生改变。

（4）控制措施

在控制风险时，宜按有效性顺序选择可获得的最有效的控制措施，控制的顺序如下：

① 消除来自实验室的危险源；

② 采用替代物或替代方法来减少风险；

③ 隔离危险源来控制风险；

④ 应用工程控制抑制或减少接触，例如局部排风通风；

⑤ 采用安全工作行为最小化接触，包括改变工作方法；

⑥ 在采用其他的有效控制危险源的方法不可行时，使用合适的个体防护装备。

简化实验规模是一个重要而有效的控制手段。若以上措施仍无法将风险降低到可接受的水平，应停止工作。

2.3.2 人员

（1）安全意识、能力和资格

实验室应配备足够的人员确保安全工作的开展。实验室应确保其工作对安全有影响的人员具备从事相关工作的能力。从事特殊岗位工作的人员，应具备相应的资格。

人员的健康状况应与岗位要求相适应，对自身身体状况，可能不适合从事特定岗位工作的员工，宜主动报告监督人员。实验室应定期对员工开展健康检查，并保留员工的健康监督记录。

实验室应确保工作人员清楚所从事的工作可能遇到的危险，包括：

① 危险源的种类和性质；

② 工作时用到的材料和设备的危险特性；

③ 可能导致的危害；

④ 应采取的防护措施；

⑤ 紧急情况下的应急措施。

（2）培训和指导

① 应对进入实验室的所有人员实施入门培训，确保他们清楚实验室安全规定、风险和程序，并确保他们经过适用的个体防护装备的使用和维护培训（包括相关法律知识）。

② 实验室制订的培训计划应包含安全设备的使用和安全处理培训；

③ 实验室相关人员应经过危险物品和安全设备的使用和安全处理培训；

④ 实验室人员应经过应急程序的培训，包括确保所有员工和参观者安全撤离实验室；

⑤ 当使用在培人员时，因对其安排适当的监督；

⑥ 实验室应保留培训记录，并对培训有效性进行评价。

2.3.3 设施和环境

（1）实验室结构和布局

规划建造实验室或改造实验室时，尤其应关注实验室安全。在规划阶段，实验室的设计和结构应考虑消除或减少实验室的风险，对通道、出口的安全应给予特别关注，同时也要对试验区域和设施的设计和结构给予特别关注。实验室结构和布局的要求如下。

① 一般规定

a. 结构、荷载。实验室的结构、荷载考虑的因素如下。

实验室结构选型及荷载确定时建议考虑建筑物使用的适应性；

实验室尽量采用标准单元组合设计，标准单元柱间距考虑实验台及仪器设备尺寸、安装及维护检修的要求；

实验室建筑层高包含实验室最小净高、所需设备管道夹层高、结构梁高三者，其中实验室最小净高参见《科学实验建筑设计规范》（JGJ 91—1993），设备管道夹层高根据夹层内各专业设备管道综合布设后确定；

实验室楼层的活荷载及其组合值、频遇值和准永久值系数选取参见 GB 50009—2012 的 5.2，如果有特殊仪器和设备，则据实核算。

b. 门窗、走道。实验室门窗、走道考虑的因素如下。

实验室门洞最小宽度、走道最小净宽的设置参见《科学实验建筑设计规范》（JGJ 91—1993）；

有大型仪器设备进出或工作人员密集的实验室建议根据大型仪器设备尺寸、样品和工作人数增加门洞宽度、走道净宽；

底层、半地下室及地下室的外窗建议采取防虫及防啮齿动物的措施，外门采取防虫及防啮齿动物的措施。

c. 楼梯、电梯。实验室的楼梯、电梯考虑的因素如下。

楼梯、电梯的防火设计参见 GB 50016—2006；

实验室人员经常通行的楼梯，其踏步宽度和高度的设置参见《科学实验建筑设计规范》（JGJ 91—1993）；

多层实验建筑建议设物流电梯，电梯位置和数量考虑能分离人流、物流。

d. 防盗与报警。实验室的防盗与报警考虑的因素如下。

放射性物质贮存场所，需设置防盗门窗、防盗摄像头及报警装置等设施；

集中放置易燃、易爆气瓶的房间，需设置泄漏报警装置，气体管道需设置低压报警装置；

对限制人员进入的实验区或室需在其明显部位或门上设置警告装置或标志；

建议设置专用房间对防盗与报警进行监控。

e. 防火与疏散。实验室的防火与疏散考虑的因素如下：

实验室建筑的防火设计参见 GB 50016—2006；

有贵重仪器设备的实验室的隔墙需采用耐火极限不低于 1h 的非燃烧体；

由一个以上标准单元组成的通用实验室的安全出口一般不少于 2 个；

易发生火灾、爆炸、化学品伤害等事故的实验室的门建议向疏散方向开启；

大型电子机房、重要资料、记录贮存区域尽量不使用传统水喷淋。

f. 实验室辅助设施。实验辅助设施考虑的因素如下：

用于食品和饮料的存储、准备和食用的设施尽量放在试验区域外，以防止交叉污染，并方便实验室员使用；

实验室内需提供与员工人数和承担任务相适应的充足的洗手设施；

实验室可根据任务和化学品的使用量，在实验区外配置使用人员便于达到的喷淋设施；

建议实验室配置更衣设施，包括贮存衣物的设施；

使用强酸、强碱的实验室地面应具有耐酸、碱腐蚀的性能；用水量较多的实验室地面设地漏。

② 实验室特殊要求

a. 实验室内设备、家具的布局要求。实验室内设备、家具的布局考虑因素如下。

在实验室设计阶段，要注意人工操作和工作流程，包括交通路线、交通流量和反复操作。

工作台之间或工作台与放置在地板上的设备之间的工作区域的最小宽度建议满足如下要求。

试验人员在过道一侧工作，无他人经过时，至少 1000mm；

试验人员在过道一侧工作，并有他人经过时，至少 1200mm；

试验人员在过道两侧工作，无他人经过时，至少 1350mm；

试验人员在过道两侧工作，并有他人经过时，至少 1800mm。

注：有他人经过的情况是指在过道一侧或两侧有试验人员工作的同时，其他人需要通过过道。

工作台和其他大型设备的布置尽量使得试验人员能不被妨碍地工作或避免遭受来自实验室其他工作人员的危险。未经过相应的风险评价，实验室布局完成后工作台和其他大件设备尽量不再移动。工作台的高度和宽度的设计需考虑工作类型。

绝大部分实验操作都是在工作台的正上方进行的。为了使该空间最大化，工作台高度尽量设置为使用者感觉方便的最低高度。坐着进行实验操作时，建议工作台的高度为 700～750mm。

若实验员站立进行实验操作，建议工作台的高度设为 800mm。

整个实验室内，不同的工作台和写字台采用的高度，建议有统一的要求。

适当考虑人类工效学和光线问题，工作场所作业面上的照度参见 GB 50034。带显示器设备的高度建议调整到使由于过度使用而导致伤害的可能性最低。

固定安装的装置或难以移动的装置周围建议留有足够的维修空间。

工作台的放置一般不宜平行于有采光的外墙，为了在工作发生危险时易于疏散，工作台之间的走道建议全部通向走廊。

放置大型设备的仪器台一般有供电、供气、供水线路的使用需求，所以靠墙放置的仪器台建议留出与墙不少于 500mm 的距离作管线通道，方便管线的安装、维护。

记录区建议与使用有害材料或承担有害过程的区域隔离。

b. 贮存区要求。实验室的贮存区考虑因素如下。

腐蚀性材料最好有单独的存放区。存放区满足：架子距离地面建议最高不超过 1m，墙壁、地面需涂刷能阻止化学品侵袭的防腐涂层，地面建防护堤并设置警告牌。

气瓶间、样品库、化学试剂存放室需要考虑避光、温度控制和加大换气次数，挥发性较强的样品和试剂建议存放在带排风功能的试剂柜里。

实验室需要的气体建议设置独立气瓶室集中管理、存放和提供，并尽量符合以下要求：

气瓶室内防爆墙、泄爆设施的设置要求参见 GB 50016—2006；

气瓶室与其他房间之间，当必须穿过管线时，建议采用不燃烧体材料填塞空隙；

气瓶室内易燃气体与助燃气体建议隔离放置；

气瓶室远离实验楼设置，如果必须设在楼内，尽量选择人员较少、僻静的位置；

气瓶室排风建议单独直接排向室外，并有事故排烟装置。

（2）职业接触限值

① 员工在工作场所接触的化学有害因素，包括化学物质、粉尘和生物因素，其在工作场所空气中的浓度应不超过 GBZ 2.1 所规定的限值。

② 员工在工作场所接触的物理因素，包括：超高频辐射、高频电磁场、激光辐射（包括紫外线、可见光、红外线、远红外线）、微波辐射、紫外辐射、高温作业、噪声和手传振动等，应不超过 GBZ 2.2 所规定的限值。

（3）火灾监测和防爆

如果实验室有可预见的火灾或爆炸风险，应安装消防设备和自动火灾报警设备。

对于使用可能导致火灾或爆炸危险的物质的实验室，应根据 GB 3836.14 来划分危险区域，并选择合适的电气安装。

某些情况下宜提供多种保护措施。易燃液体贮存间配置自动监测警报装置、自动灭火系统，必要时还有防爆装置。

消防设施、火灾监测和报警设施应定期检查，适当维护和保养。

（4）紧急报警系统

由于实验室运行的特殊性质，可能存在除火灾外的其他紧急情况下人员撤离的需求。因此，宜考虑安装独立的对讲系统。实验室应配备下列应急设施。

① 紧急撤离警报系统，建筑物内所有地方都能听见，并在无法辨别声音警报的特殊环境，如背景噪声水平高，辅以视觉警报。

② 远程信号系统，其将应急警报和任何自动监测或保护设备连接到监测场所。在远程信号系统不能实现的地方，应提供直接通信的替代方式。

③ 自动监测、火灾和人工报警系统的指示板，应安装在显眼的地方，用以指示已经运

行的监测、火灾或人工报警器的位置。指示板应清晰、明显。

④ 任何自动、人工火灾或气体监测、保护或报警装置启动时，机械通风系统应抽排空气使得不形成循环。实验室排风系统和通风柜宜持续运行直到实验室管理人员手动将其关闭。

（5）通风

实验室的通风能力应与当前实验室运行情况相适应，应符合 GB 50736 对通风的要求。当发生空气污染物聚集达到不安全浓度时或实验室内有缺氧风险时，应由充足的通风或烟雾抽排设施以确保有效地排除或处理。实验室应提供适当的自动防故障装置用于防烟和排烟。必要时，独立的贮藏室宜有一个专门的通风系统，不宜与其他贮藏区域共用一个通风系统。

空气污染物的职业接触限值见 GBZ 2.1、GBZ 2.2 和 GB/T 18883 等标准。

① 防烟和排烟。工作时间内，用于消防的防烟和排烟设施应符合 GB 50016—2006 第 9 章防烟与排烟的要求，其他用途的防烟和排烟设施应独立于消防用途的防烟和排烟设施。

② 制热和制冷。工作时间内，实验室宜提供适宜的制热或制冷系统。存在易燃物品或易燃蒸气的地方，应以间接方式加热。当实验室内的高温能导致可识别的潜在危险时，应提供制冷。

制冷制热系统宜设计成使整个实验室的温度维持在满足检测工作所需要的温度。

③ 通排风设施。

2.4 化学品危险及安全使用

2.4.1 化学品危险

化学品危险取决于其物理、化学性质及其与生物体的相互作用。在化学品存储容器与被存放物质不兼容（如把过氧化物放在金属容器中），或者存放条件很恶劣（如高温或可导致容器损坏的条件）等情况下，化学品可能引发危险。宜考虑使用危险性较小的化学品，以代替危险性较大的化学品。

2.4.2 气体的危害与安全使用

① 所有压缩和液化气体均具有危险性，危险性包括下列一个或几个方面。

a. 压缩状态　突然发生的快速膨胀和从容器中释放气体时巨大的压力，如石油液化气。

b. 低温　很多气体，突然释放时，由于会绝热膨胀，变得很冷。以冷冻液体状态贮藏在低温下释放的气体也具有特别低的温度。

c. 反应性　由于具有较高密度，很多气体（如氯气、氧气、氨气）从压缩状态下释放时，很容易与某些物质发生反应。

d. 易燃性　很多压缩气体是易燃的，需特殊对待，高浓度和高压增加了潜在的危险性。

e. 毒性　气体的毒性，如氨气和氯气，随着在空气中浓度的增大而增大。

f. 耗氧性　气体释放可取代空气致人窒息而死亡，即使这些气体本身可能是无毒的，如二氧化碳、氦气和氮气即属于此类气体。

g. 密度的影响 比空气重的气体，如液化石油气和二氧化碳，在未被稀释（或损耗）的情况下，可能传播很远。

② 根据性质，实验室中使用的气体，通常包括以下三类：

a. 高压气瓶中的气体，压力大约为14.7MPa（2000psi）或30.0MPa（4325psi），如氧气、氮气、氢气和甲烷属于此类气体；

b. 压力瓶中液化或溶解的气体，如液化石油气、丙烷、乙烯、乙炔、氯气、氨气和二氧化硫属于此类气体；

c. 压力在100kPa（大约一个大气压）和20MPa之间，置于有夹层的真空容器中的冷冻气体，如冷冻氩气、氦气、液态空气、二氧化碳、氧气、氮气等属于此类气体。

气瓶的贮存和放置建议按GB/T 27476.1和《气瓶安全监察规程》标准及法规要求。

③ 压缩和液化气体（不包括低温气体）的处理。

a. 气体在使用前所接触的物质应与其化学性质相适应。易燃气体的气瓶或管道应接地。

b. 当检测氧气系统是否有漏气时，泄漏检测溶液应与氧气相适应；

c. 若气体具有腐蚀性或毒性，在使用前应采取足够的预防措施。应急装备应随手可用，如防毒面具、呼吸系统、复苏器和解毒剂，同时还应进行相应的培训。

d. 应对气体和管道的通风进行管理。对于其瓶中的易燃性气体，气瓶应垂直放置于通风良好的地方。液化石油气不能在有火源的地方释放。

e. 当释放液化气时，应穿防护服，戴绝缘手套，戴眼罩和面罩。取样人员应用甲醇除去取样过程中在阀和接头处的冰。

此外，推荐使用以下措施：

a. 乙炔不应接触铜或含铜量高于65%的合金；

b. 空的气瓶最好剩余少量正压，以防被水汽或空气污染。空的气瓶应标注“空”，并从工作区移至适当的存放处隔离。

c. 对于氟气、氨气、氯气等气体，在处理过程中可能遇到的危险的信息应从供应商处获取，相关要求和建议应便于取阅，同时应参考相关国家规定及标准要求；

d. 高浓度有害或可燃气体的使用区域应受到监控。应使用人工系统（如带有手动泵的气体检测管），而带有远程传感器的自动报警系统是首选。在轻质烃类气体和液体的存储区，应使用烃类气体探测器。对于轻质易挥发烃类气体（如甲烷和乙烷），应使用天花板探测器。而对于重质烃（如丙烷和丁烷），应使用地板探测器等。

2.4.3 易燃化学品

（1）易燃化学品分类

① 易燃气体；

② 易燃液体；

③ 易燃固体；

④ 可自燃的物质；

⑤ 遇水会放出易燃气体的物质。

（2）易燃化学品使用的注意事项

① 易燃化学品应存放在通风良好、低温区域，且不应在着火源附近使用，如明火，热表面，电器开关冒出火花附近，或有静电的地方。

② 即使在常温下，易燃气体和易然化学品的蒸气也可能被气流携带至实验室各处。蒸气有可能被点燃、着火，使周围物品着火或点燃易燃化学品本身。所以，易燃化学品应在通风良好的地方或通风橱内使用。

③ 存放易燃化学品的容器不得开口放于实验室或存储区内。化学品取用完应盖紧。

④ 在使用可自燃化学品（如黄磷、兰尼镍催化剂）前应查询专家有关安全处置程序的建议；连续或大量使用易燃有机溶剂时，考虑到操作的特殊性应充分通风。强制通风在这种情况下非常必要，必要时应使用防爆电子装备。

（3）极易燃液体的预防措施

① 工作区域不允许存在明火或其他着火源。

② 极易燃物质的加热应使用带有防爆装置的加热罩、水浴、油浴、蒸气或红外线辐射源。

③ 在此区域使用电器应遵循爆炸危险场所安全及电气安全相关规定。

④ 自燃点很低的物质要采取特殊的预防措施，例如，二硫化碳可被蒸气管道甚至助听器这类低能耗电子装置点燃。

⑤ 极易燃物质应在通风橱内操作或在特别构建的专门系统中操作；回流与蒸馏装置不能无人看管，除非有自动切断的安全装置。

⑥ 工作区内易燃液体存放量不应超过一天操作所需量。剩余化学品应放回适当的存储区。

⑦ 极易燃液体不能倒入排水孔，除非是为此目的专门设计和建筑的排水沟。该类物质的处理应遵守相关法律法规。

（4）易燃固体

自燃物质，如金属氢化物和金属烷基物应由接受过相关培训的专业人员使用，使用该类物质时应佩戴相应防护装备（如防护服、眼罩等）。

金属粉末，如镁、铝、锌、铁粉末，不能与氧化物接触放置，如不能接触硝酸盐、铝酸盐、高氯酸盐或者氯化物，从而避免形成易爆混合物。

遇水会发生反应放出易燃气体的物质，在使用和存储过程中应避免接触水及避免接触潮湿空气，同时对于该类物质应根据其特性准备干粉灭火器或干燥的黄沙用于灭火，不能使用二氧化碳灭火器。

2.4.4 有毒化学品

当有毒物质为液体或气体形式时，其被人吸入或通过皮肤吸收的危险是显而易见的。

当有毒物为固体形式时，还存在吸入有毒粉尘或吞咽指甲或皮肤上有毒残留物的危险。

处理有毒物质时，应佩戴手套或使用适当的防护装备。更完全的保护措施是使用手套箱或者其他封闭系统。

2.4.5 腐蚀性物质

这类物质通过直接反应可以伤害或破坏物品或人体组织。在《危险化学品名录》中列举了腐蚀性物质。使用该类物质应注意其主要危害为腐蚀性，但同时也应关注其附带的危害，如可燃性、氧化性或毒性。如：一些腐蚀物质同时也是氧化剂，可以氧化存储容器。

2.4.6 高反应活性化学品

化学品，如强氧化剂，甚至是一些常用的试剂都存在危险的高反应活性。

活泼化学品的混合能产生放热反应，产生大量的热。混合化学品产生的热能可引起火花，导致活泼化学品燃烧、释放毒气、着火或爆炸。在使用这些活泼化学品时应格外小心。

彼此反应剧烈的物质不能存放过近。正确的存储条件信息应从生产商或相关法律法规获得。当把高反应活性化学品从一个容器转移至另一容器时，要确保化学品与容器的兼容性，并贴上正确的标签。

化学品应与容器先前所装的物质兼容。如果可能，化学品应尽量转移到干净、烘干的新容器中。

使用高反应活性化学品时，为保护眼睛应佩戴护目镜或面罩。

当分配或处理活泼化学品或清洁其泄漏物时，适当的安全设备应随手可取。地排水、隔离堤和存储间内通风状况均非常重要。

2.4.7 不稳定化学品

无论是自发的还是由于周围环境接触引起，许多易发生强烈反应的化学品都能产生爆炸或火灾，如过氧化物。不稳定的化学品应在容器标识或用警示词语标明，在化学品安全技术说明书也有相应说明。化合物不稳定的信息可以在参考文献中查找。使用不稳定化学品应制订附加的授权、安全使用、储存和安程序。

应处置掉化学实验中剩余的不稳定化学品。可考虑用远程控制装置对剩余的不稳定化学品进行处理。

2.4.8 特殊危险源

（1）溶剂蒸发

易燃有机液体在封闭区内蒸发可能形成易爆混合物。即使是空气中2%的蒸气，如30L的空气中含有2.5mL的乙醚，也足以构成等同于最低爆炸极限的混合物。

（2）着火源

经特殊设计并除去着火源的电冰箱可用来存放易燃化学品。经专家改装，除去着火源的家用电冰箱也可使用。

（3）冷藏室

冷藏室并非绝对的安全，在进入冷藏室或冷藏间存放和使用易燃溶液前应查阅有关的使用说明。

（4）静电

两个表面或液体的相对运动能引起电荷分离，产生静电。下列是静电常见的产生方式：

① 泵抽烃类物质；

② 带子与滑轮的摩擦；

③ 未接地的压缩气体管；

④ 绝缘固体的摇动；

⑤ 混合两种不相溶的液体，使其中一种从另一种析出；

⑥ 蒸气、水蒸气和可压缩气体的泄露；

⑦ 塑料板或表面从金属或非金属物体上分离。

应小心静电荷，相对移动可能产生静电并存储在身体或衣服上。避免使用全合成纤维制成的实验服。首先主要的危险来源于这些电荷所处的易燃的环境，当它的能量释放出来就成为火源。其次是带有静电荷的人，当他装卸物品时，电荷接地也将有危险。工作区域对每一个部分和员工应有充足的低电阻接地线路，以确保安全。如墙上的铜杆、从容器接到墙上或接地的编成麻花状的铜线或接地网等。

第3章 质量保证与质量控制

Chapter 03

3.1 基本概念

（1）灵敏度

灵敏度是指某方法对单位浓度或单位量待测物质变化所产生的响应量的变化程度。它可以用仪器的响应量或其他指示量与对应的待测物质的浓度或量之比来描述。如分光光度法常以校准曲线的斜率度量灵敏度。一个方法的灵敏度可因实验条件的变化而改变。在一定的实验条件下，灵敏度具有相对的稳定性。

（2）检出限

检出限为某特定分析方法在给定的置信度内可从样品中检出待测物质的最小浓度或最小量。所谓“检出”是指定性检出，即判定样品中存在浓度高于空白的待测物质。检出限除了与分析中所用试剂和水的空白有关外，还与仪器的稳定性及噪声水平有关。

（3）测定限

测定限为定量范围的两端，分别为测定上限与测定下限。

测定下限是在测定误差能满足预定要求的前提下，用特定方法能准确地定量测定待测物质的最小浓度或量，称为该方法的测定下限。分析方法的精密度要求越高，测定下限高于检出限越多。

美国 EPA SW-846 规定 4 倍检出限为定量下限，其测定值的相对标准偏差约为 10%；日本 JIS 规定定量下限为 10 倍的检出限。

测定上限是在限定误差能满足预定要求的前提下，用特定方法能够准确地定量测定待测物质的最大浓度或量，称为该方法的测定上限。

对消除了系统误差的特定分析方法的精密度要求不同，测定上限也将不同。

（4）最佳测定范围

最佳测定范围也称有效测定范围，指在限定误差能满足预定要求的前提下，特定方法的测定下限至测定上限之间的浓度范围。在此范围内能够准确地定量测定待测物质的浓度或量。

最佳测定范围应小于方法的适用范围。对测量结果的精密度要求越高，相应的最佳测定范围越小。

3.2 精密度

精密度是指在规定条件下，独立测试结果间的一致程度。检测过程显示分散性小就说明其精密度高，反之则说明精密度低。

（1）绝对偏差与相对偏差

$$绝对偏差(d)=x-\bar{x}$$

$$相对偏差(d\%)=\frac{d}{\bar{x}}\times 100\%$$

（2）平均偏差与相对平均偏差

$$平均偏差(\bar{d})=\frac{|d_1|+|d_2|+\cdots+|d_n|}{n}=\frac{\sum_{i=1}^{n}|d_i|}{n}$$

$$相对平均偏差(\bar{d}\%)=\frac{\bar{d}}{\bar{x}}\times 100\%$$

（3）极差与相对极差

$$极差(R)=x_{max}-x_{min}$$

$$相对极差(R\%)=\frac{R}{\bar{x}}\times 100\%$$

（4）标准偏差与相对标准偏差

$$标准偏差(S)=\sqrt{\frac{\sum_{i=1}^{n}(x_i-\bar{x})^2}{n-1}}=\sqrt{\frac{\sum_{i=1}^{n}d_i^2}{n-1}}=\sqrt{\frac{\sum_{i=1}^{n}d_i^2}{f}}$$

$$相对标准偏差(CV)=\frac{S}{\bar{x}}\times 100\%$$

（5）平均值的标准偏差

$$平均值的标准偏差(S_{\bar{x}})=\frac{S}{\sqrt{n}}$$

3.3 准确度

准确度指大量测试结果的平均值与真值或接受参照值之间的一致程度。准确度的高低，常常以误差的大小来衡量。误差越小，准确度越高；误差越大，准确度越低。

（1）绝对误差

$$绝对误差=检测值-真值$$

（2）相对误差

$$相对误差(RE 或 E\%)=\frac{绝对误差(E)}{真值(T)}\times 100\%$$

3.4 质量控制

3.4.1 实验室内部质量控制

（1）平行样测定

对均匀样品，凡能做平行样（把采集的样品混合均匀分出平行样或直接在现场采集平行样）的分析项目，分析每批样品时均须作10%的平行双样，样品少于10个时，每批样品至少作一份样品的平行双样。

测得平行双样的标准偏差应在方法规定标准偏差允许的范围内，最终结果以平行双样的平均值报出；若测定结果超出规定允许偏差的范围，应在样品保存期内，再加测一次，结果取标准偏差符合质控要求的两个测定值的平均值，否则该批次数据失控，应予以重测。依据方法标准给出的浓度范围，确定其平行双样的标准偏差范围；标准中未给出标准偏差范围的，以表3-1内的规定为判定依据。

（2）空白测定

空白包括全程序空白和实验室空白。全程序空白依据具体项目方法规定进行采集测定，要求从采样至样品测定的全过程都具有代表性，若结果高于方法检出限，则证明其中某一环节存在污染，必须查找原因降低空白。实验室空白也是依据具体项目方法规定进行检测的，结果以扣除空白值之后计算报出。

（3）标准样品/实验室控制样品测定

对于有标准样品的项目，每批样品做一次标准样品质控，其判定依据为在其规定的允许不确定度范围内或95%～105%为合格；对于没有标准样品的检测项目，实验室可采用有证标准物质配制实验室控制样品，在分析过程中对结果进行质量控制，实验室控制样品测定结果在90%～110%为合格，痕量有机物在60%～140%为合格，或可建立质量控制图进行分析评价。

（4）加标回收率测定

应在样品前处理分析之前加标，要求每批样品做一次加标，加标量以相当于待测组分浓度的0.5～2.5倍为宜，加标总浓度不应大于方法上限的0.9倍，加标物浓度水平应接近分析物浓度或在校准曲线中间浓度范围内。

（5）重复检测

重复检测是指在样品保存期时间内，对已测样品重复再进行一次测定。一般每批样品做一次重复检测，当经过试验表明检测水平处于稳定和可控制状态下时，可适当地减少重复检测频率。

（6）比对实验

化验室每年至少进行一次实验室内仪器比对、留样比对和人员比对，以表3-1内的规定（实验室内精密度）为判定依据。

（7）无菌性检验

该方法适用于细菌学测定。每次试验时，要以无菌水为水样，检查培养基、滤膜、稀释水、冲洗用水、玻璃器皿和其他器具的无菌性。如检查结果表明有杂菌污染，则应弃去水样试验结果，重取水样检验。

（8）精密度检验

该方法适用于细菌学测定。在同类同批的水样中，选出最先的15个阳性水样由同一实验人员作平行双样分析，根据实验结果计算精密度判断值$3.27\overline{R}$。在实际样品平行双样分析中，当平行双样试验结果对数值的差值大于$3.27\overline{R}$（精密度判据）时，表示试验的精密度已失控，要查找原因加以纠正后，重新检测水样。

表 3-1 实验室水质监测控制指标

编号	项目	样品含量范围/(mg/L)	精密度/%		准确度/%		
			室内 $(d_i/\bar{x})$	室间 $(d_i/\bar{x})$	加标回收率	室内相对误差	室间相对误差
1	氨氮	0.02~0.1	≤20	≤25	90~110	≤±10	≤±15
		0.1~1.0	≤15	≤20	95~105	≤±5	≤±10
		>1.0	≤10	≤15	90~110	≤±5	≤±10
2	总氮	0.025~1.0	≤10	≤15	90~110	≤±10	≤±15
		>1.0	≤5	≤10	95~105	≤±5	≤±10
3	高锰酸盐指数	<2.0	≤25	≤30	—	—	—
		>2.0	≤8	≤10	—	—	—
4	化学需氧量(COD)	5~50	≤20	≤25	—	≤±15	≤±20
		50~100	≤15	≤20	—	≤±10	≤±15
		>100	≤10	≤15	—	≤±5	≤±10
5	总镉	≤0.005	≤20	≤25	85~115	≤±15	≤±20
		0.005~0.1	≤15	≤20	90~110	≤±10	≤±15
		>0.1	≤10	≤15	90~110	≤±10	≤±15
6	六价铬	≤0.01	≤15	≤20	85~115	≤±10	≤±15
		0.01~1.0	≤10	≤15	90~110	≤±5	≤±10
		>1.0	≤5	≤15	90~110	≤±5	≤±10
7	总铅	<0.05	≤30	≤35	80~120	≤±15	≤±20
		0.05~1.0	≤25	≤30	85~115	≤±10	≤±15
		>1.0	≤15	≤20	90~110	≤±8	≤±15
8	挥发酚	≤0.05	≤25	≤30	85~115	≤±15	≤±20
		0.05~1.0	≤15	≤20	90~110	≤±10	≤±15
		>1.0	≤10	≤15	90~110	≤±10	≤±15
9	溶解氧	<4.0	≤10	≤15	—	—	—
		>4.0	≤5	≤10	—	—	—
10	氯化物	1~50	≤10	≤15	90~110	≤±10	≤±15
		50~250	≤8	≤10	90~110	≤±5	≤±10
		>250	≤5	≤5	95~105	≤±5	≤±5
11	铁	<0.3	≤15	≤20	85~115	≤±15	≤±20
		0.3~1.0	≤15	≤20	90~110	≤±10	≤±15
		>1.0	≤5	≤10	95~105	≤±5	≤±10
12	总锰	<0.1	≤15	≤20	85~115	≤±10	≤±15
		0.1~1.0	≤10	≤15	90~110	≤±5	≤±10
		>1.0	≤5	≤10	95~105	≤±5	≤±10
13	锌	<0.05	≤15	≤20	85~115	≤±10	≤±15
		0.05~1.0	≤10	≤15	90~110	≤±5	≤±10
		>1.0	≤5	≤10	95~105	≤±5	≤±10

续表

编号	项目	样品含量范围/(mg/L)	精密度/%		准确度/%		
			室内 $(d_i/\bar{x})$	室间 $(d_i/\bar{x})$	加标回收率	室内相对误差	室间相对误差
14	总磷	<0.025	≤15	≤20	85～115	≤±10	≤±15
		0.025～0.6	≤10	≤15	90～110	≤±8	≤±10
		>0.6	≤5	≤8	95～105	≤±5	≤±5
15	五日生化需氧量(BOD_5)	<3	≤15	≤20	—	≤±15	≤±20
		3～100	≤10	≤15	—	≤±10	≤±15
		>100	≤5	≤10	—	≤±5	≤±10
16	砷	<0.05	≤20	≤25	85～115	≤±15	≤±15
		>0.05	≤10	≤15	90～110	≤±10	≤±10
17	汞	≤0.001	≤20	≤25	85～115	≤±15	≤±20
		0.001～0.005	≤15	≤20	90～110	≤±10	≤±15
		>0.005	≤10	≤15	90～110	≤±10	≤±15
18	总铬	<0.01	≤15	≤20	90～110	≤±10	≤±15
		0.01～1.0	≤10	≤15	90～110	≤±8	≤±10
		>1.0	≤5	≤10	95～105	≤±5	≤±10
19	电导率	<100	≤10	≤15	—	≤±8	≤±10
		>100	≤8	≤10	—	≤±5	≤±5
20	pH	1～14	≤0.05 pH单位	≤0.1 pH单位			
21	亚硝酸盐氮	<0.05	≤20	≤25	85～115	≤±15	≤±20
		0.05～0.2	≤15	≤20	85～105	≤±5	≤±10
		>0.2	≤10	≤15	95～105	≤±5	≤±10
22	硝酸盐氮	<0.5	≤25	≤30	85～115	≤±15	≤±20
		0.5～4.0	≤20	≤25	90～110	≤±10	≤±15
		>4.0	≤15	≤20	95～110	≤±10	≤±15
23	氟化物	<1.0	≤15	≤20	90～110	≤±10	≤±15
		>1.0	≤10	≤15	95～105	≤±5	≤±10
24	硒	<0.01	≤25	≤30	85～115	≤±15	≤±20
		>0.01	≤20	≤25	90～110	≤±10	≤±15
25	总氰化物	≤0.05	≤20	≤25	85～115	≤±15	≤±20
		0.05～0.5	≤15	≤20	90～110	≤±10	≤±15
		>0.5	≤10	≤15	90～110	≤±10	≤±15
26	阴离子表面活性剂	≤0.2	≤25	≤30	80～120	≤±20	≤±25
		0.2～0.5	≤15	≤20	90～110	≤±10	≤±15
		>0.5	≤10	≤15	90～110	≤±10	≤±15
27	总硬度(以$CaCO_3$计)	<50	≤15	≤20	90～110	≤±10	≤±15
		>50	≤10	≤15	95～105	≤±5	≤±10

3.4.2 实验室外部质量控制

（1）能力验证/测量审核

只要存在可获得的能力验证（或测量审核），在每个子领域，每年至少参加一次能力验证/测量审核，且获得满意结果；或者依照CNAS能力验证领域和频次表（CNAS-AL07：2011）执行。

（2）实验室间比对

如果条件允许，在没有可获得的能力验证或测量审核的相关领域，可以参加实验室间比对，要求比对实验室必须具备相应资质，出具的检测结果准确可靠。比对结果可否接受可以采用En值法或表3-1中室间精密度相对标准偏差作为判定依据。

3.4.3 数值修约

（1）有效数字基本含义

有效数字用于表示测量数字的有效意义，指测量中实际能测得的数字。由有效数字构成的数值，其倒数第二位以上的数字应是可靠的（确定的），只有末位数是可疑的（不确定的）。对有效数字的位数不能任意增删。

（2）计算规则

① 加法和减法　有效数字相加减时，其和或差的有效数字决定于绝对误差最大的数值，即最后结果的有效数字自左起不超过参加计算的近似值中第一个出现的可疑数字；在小数的加减计算中，结果所保留的小数点后的位数与各近似值中小数点后位数最少者相同。

② 乘法和除法　有效数字相乘除时，所得积与商的有效数字位数要与各近似值中有效数字位数最少者相同。在实际运算中，可先将各近似值修约至比有效数字位数最少者多保留一位，最后将计算结果按上述规则处理。

③ 乘方与开方　有效数字乘方或开方时，原近似值有几位有效数字，计算结果就可以保留几位有效数字。

④ 对数与反对数　大近似值的对数计算中，所取对数的小数点后的位数（不包括首数）应与其数的有效数字位数相同。

⑤ 求4个或4个以上准确度接近的数值的平均值　其有效位数可增加1位。

（3）有效数字及小数点后数字位数保留规则

检测方法中有相关数字位数保留规定的，以方法为准，没有规定的，执行以下规则：

① 分析结果最多保留3位有效数字。

② 小数点后的数字位数根据对应项目的检出限小数点后位数而定，即小数点后数字位数不能超过方法检出限小数点后数字位数。

③ 修约必须同时满足上述两项规定，如检出限为0.0003mg/L，测定值1.0672mg/L应修约为1.07mg/L（不超过3位有效数字，同时满足不超过检出限小数点后位数）。

④ 若修约后的数据大于或等于1000及小于0.01（不包括0.01），则以科学计数法表示，即10^3数量级以上和10^{-3}数量级以下的数据需用科学计数法表示。

⑤ 对于仪器直读数据，中间过程数据不予修约，检测结果修约。

⑥ 对于未明确规定检出限的项目，修约执行最多保留3位有效数字，小数点后最多2

位数字。

⑦ 检测数据修约后，需要用科学计数法表示的则用科学计数法表示，科学计数法不改变有效数字位数。

⑧ 一般情况下，规定所有气体类检测数据报出单位为 mg/m^3，水质类检测数据报出单位为mg/L，土壤固废类检测数据报出单位为mg/kg（固废浸出毒性仍使用mg/L），而检出限单位仍与标准中保持一致（特殊情况除外）。

⑨ 表示精密度的有效数字根据分析方法和待测物的浓度不同，一般只取1～2位有效数字。

⑩ 校准曲线相关系数只舍不入，保留到小数点后出现非9的一位，如0.99989→0.9998。如果小数点后都是9时，最多保留小数点后4位。校准曲线斜率 b 的有效位数，应与自变量 x 的有效数字位数相等，或最多比 x 多保留一位。截距 a 的最后一位数，则和因变量 y 数值的最后一位取齐，或最多比 y 多保留一位。

（4）特殊规定

① 对于某些大型项目（比如环评），数据较多，检测数据与检出限在同一个数量级，且经修约后无法体现出数据的差异性的，此时检测结果可以比检出限多保留1位。

② 对于某些特殊检测项目，如色度、悬浮物等项目应视为特殊情况，特殊处理。

③ 对于标准样品（比如盲样）原则上保留3位有效数字。

3.5 方法验证内容

3.5.1 相关概念

① 重复性　在同一实验室中，当分析人员、分析设备和分析时间都相同时，用同一分析方法对同一样品进行双份或多份平行样测定结果之间的符合程度。

② 再现性　用相同的方法，对同一样品在不同条件下获得的单个结果之间的一致程度，不同条件是指不同实验室、不同分析人员、不同设备、不同（或相同）时间。

③ 重复性限　一个数值，在重复性条件下，两个测试结果的绝对差小于或等于此数的概率为95%。一般用 r 表示。

④ 再现性限　一个数值，在再现性条件下，两个测试结果的绝对差小于或等于此数的概率为95%。一般用 R 表示。

重复性标准偏差符号为 S_r；再现性标准偏差的符号为 S_R。

$$r=2.8S_r$$

$$R=2.8S_R$$

⑤ 校准曲线　用标准溶液直接测量，没有经过水样的预处理过程，这对于废水样品或基体复杂的水样往往造成较大误差。

⑥ 工作曲线　标准溶液经过与水样相同的消解、净化、测量等全过程。

3.5.2 验证方法

（1）方法检出限

① 空白试验中检测出目标物质　按照样品分析的全部步骤，重复 n（$n \geqslant 7$）次空白试

验，将各测定结果换算为样品中的浓度或含量，计算 n 次平行测定的标准偏差，按下式计算方法检出限。

$$\mathrm{MDL}=t(n-1,0.99)S$$

式中　MDL——方法检出限；

n——样品的平行测定次数；

t——自由度为 $n-1$，置信度为 99%时的 t 分布（单侧）；

S——n 次平行测定的标准偏差。

其中，当自由度为 $n-1$，置信度为 99%时的 t 值可参考表 3-2。

表 3-2　t 值表

平行测定次数(n)	自由度($n-1$)	$t(n-1,0.99)$	平行测定次数(n)	自由度($n-1$)	$t(n-1,0.99)$
7	6	3.143	11	10	2.764
8	7	2.998	16	15	2.602
9	8	2.896	21	20	2.528
10	9	2.821			

② 空白试验中未检测出目标物质

按照样品分析的全部步骤，对浓度值或含量为估计方法检出限值 2～5 倍的样品进行 n（$n \geqslant 7$）次平行测定。计算次平行测定的标准偏差，按下列公式计算方法检出限。

$$\mathrm{MDL}=t(v_A+v_B,0.99)\times S_p$$

$$S_p=\sqrt{\frac{v_A S_A^2-v_B S_B^2}{v_A-v_B}}$$

式中　v_A——方差较大批次的自由度，$v_A=n_A-1$；

v_B——方差较小批次的自由度，$v_B=n_B-1$；

S_p——组合标准偏差；

t——自由度为 v_A+v_B，置信度为 99%时的 t 分布。

S_A^2——两批次样品测定中较大方差；

S_B^2——两批次样品测定中较小方差；

$$S_A^2/S_B^2<3.05$$

（2）分光光度法

可以用前述一般确定方法计算方法检出限。在没有前处理的情况下，也可以以扣除空白值后的与 0.01 吸光度相对应的浓度值作为检出限，按下列公式进行计算。

$$\mathrm{MDL}=0.01/b$$

式中　b——回归直线斜率。

《全球环境监测系统水监测操作指南》中规定：给定置信水平为 95%时，样品测定值与零浓度样品的测定值有显著性差异即为检出限（DL）。这里的零浓度样品是不含待测物质的样品。

$$\mathrm{DL}=4.6\delta$$

式中　δ——空白平行测定标准偏差（重复测定 20 次以上）。

（3）滴定法

一般根据所用的滴定管产生的最小液滴的体积来计算，计算公式为：

$$\mathrm{MDL}=k\lambda\frac{\rho V_0 M_1}{M_0 V_1}$$

式中 λ——被测组分与滴定液的摩尔比；

ρ——滴定液的质量浓度，g/mL；

V_0——滴定管所产生的最小液滴体积，mL；

M_0——滴定液的摩尔质量，g/mol；

V_1——被测组分的取样体积，mL；

M_1——被测项目的摩尔质量，g/mol；

k——当为一次滴定时，$k=1$；当为反滴定或间接滴定时，$k=2$。

(4) 离子选择电极法

当校准曲线的直线部分外延的延长线与通过空白电位且平行于浓度轴的直线相交时，其交点所对应的浓度值即为该离子选择电极法的检出限。

(5) 气液相色谱法

是指检测器恰能产生与噪声相区别的相应信号时所需进入色谱柱的物质的最小值，一般认为恰能辨别的相应信号，最小应为噪声的2倍。

噪声的倍数一般方法中给出，大多为2倍、2.5倍、3倍。

3.5.3 精密度

(1) 实验室内相对标准偏差RSD

对某一水平浓度的样品在第 i 个实验室内进行 n 次平行测定，实验室内相对标准偏差如下：

$$\bar{x}_i=\frac{\sum_{k=1}^{n}x_k}{n}$$

$$S_i=\sqrt{\frac{\sum_{k=1}^{n}(x_k-\bar{x})^2}{n-1}}$$

$$\mathrm{RSD}_i=\frac{S_i}{\bar{x}_i}\times 100\%$$

式中 x_k——第 i 个实验室内对某一浓度水平样品进行的第 k 次测试结果；

$\bar{x}_i$——第 i 个实验室对某一浓度水平样品测试的平均值；

S_i——第 i 个实验室对某一浓度水平样品测试的标准偏差；

RSD_i——第 i 个实验室对某一浓度水平样品测试的相对标准偏差。

(2) 实验室间相对标准偏差RSD′

对某一水平浓度的样品在 l 个实验室内进行测定，实验室间相对标准偏差按如下公式进行计算：

$$\bar{\bar{x}}=\frac{\sum_{i=1}^{l}\bar{x}_i}{l}$$

$$S'=\sqrt{\frac{\sum_{i=1}^{l}(\bar{x}_i-\bar{\bar{x}})^2}{l-1}}$$

$$RSD'=\frac{S'}{\bar{\bar{x}}}\times 100\%$$

式中　$\bar{x}$——第 i 个实验室对某一浓度水平样品测试的平均值；

$\bar{\bar{x}}$——l 个实验室对某一浓度水平样品测试的平均值；

S'——实验室间标准偏差；

RSD'——实验室间相对标准偏差。

（3）测定限

① 测定下限　以 4 倍检出限作为测定下限。

② 测定上限　在限定误差能满足预定要求的前提下，能够准确定量测定待测物质的最高定量检测限。

（4）重复性限 r 和再现性限 R

对某一水平浓度的样品进行 l 个实验室的验证实验，每个实验室平行测定 n 次，按如下公式进行重复性 r 和再现性 R：

$$S_r=\sqrt{\frac{\sum_{i=1}^{l}S_i^2}{l}}$$

$$S_L=\sqrt{\frac{l\sum_{i=1}^{l}\bar{x}_i^2-\left(\sum_{i=1}^{l}\bar{x}_i\right)^2}{l(l-1)}-\frac{S_r^2}{n}}$$

$$S_R=\sqrt{S_L^2-S_r^2}$$

$$r=2.8\sqrt{S_r^2}$$

$$R=2.8\sqrt{S_R^2}$$

式中　$\bar{x}_i$——第 i 个实验室对某一浓度水平样品测试的平均值；

S_i——第 i 个实验室对某一浓度水平样品测试的标准偏差；

S_r——重复性限标准差；

S_R——再现性限标准差；

S_L——实验室间标准差；

l——参加验证实验的实验室总数；

n——每个实验室对某一浓度水平样品进行平行测定的次数，$n\geqslant 6$；

r——重复性限；

R——再现性限。

3.5.4　准确度

（1）相对误差及相对误差最终值

$$RE_i=\frac{\bar{x}_i-\mu}{\mu}\times 100\%。$$

$$\overline{RE}=\frac{\sum_{i=1}^{l}RE_i}{l}$$

$$S_{\overline{RE}}=\sqrt{\frac{\sum_{i=1}^{l}(RE_i-\overline{RE})^2}{l-1}}$$

式中 $\bar{x}_i$——第 i 个实验室对某一浓度或含量水平标准物质测试的平均值；

μ——标准物质的浓度或含量；

RE_i——第 i 个实验室对某一浓度或含量水平标准物质测试的相对误差；

$\overline{RE}$——l 个验证实验室的相对误差均值；

$S_{\overline{RE}}$——l 个验证实验室的相对误差的标准偏差。

（2）加标回收率及加标回收率最终值

$$P_i=\frac{\bar{y}_i-\bar{x}_i}{\mu}\times 100\%$$

$$\overline{P}=\frac{\sum_{i=1}^{l}P_i}{l}$$

$$S_{\overline{P}}=\sqrt{\frac{\sum_{i=1}^{l}(P_i-\overline{P})^2}{l-1}}$$

加标回收率最终值：$\overline{P}\pm 2S_{\overline{P}}$

式中 $\bar{x}_i$——第 i 个实验室对某一浓度或含量水平样品测试的平均值；

$\bar{y}_i$——第 i 个实验室对加标样品测试的平均值；

μ——加标量；

P_i——第 i 个实验室的加标回收率；

$\overline{P}$——l 个验证实验室加标回收率的均值；

$S_{\overline{P}}$——l 个验证实验室加标回收率的标准偏差。

3.5.5 无特性指标的验证方法

对于噪声等检测项目，方法中没有检出限、定量限、精密度、准确度等指标的要求，验证方法如下。

（1）人员

该方法操作人员经过仪器、方法等的培训、考核后取得该项目的上岗证（并通过培训有效性验证，合格）（最少 2 人）。

（2）仪器

用于该项目测试的仪器设备经过检定/校准。检定合格，校准结果通过校准确认。

（3）样品

用于该检测项目的样品（物品）满足方法要求，或经过与方法要求的预处理等。

（4）方法

该项目方法为现行有效方法，经过培训及考核等。

（5）环境

该项目进行检测时，环境条件满足要求。列出方法中具体的环境条件要求，并提出满足该要求的证明。如：有空调可以保证温度，加湿器、除湿机满足湿度要求，并有专人对温湿度表进行检查和控制等。

（6）溯源性

仪器和标准物质满足量值溯源要求。或有校准用标准物质、参考物质可以溯源的证据。

（7）测量

测量过程完全满足方法要求等。

第 4 章 质量管理体系

Chapter 04

4.1 概念和标准

质量管理体系通常包括制订质量方针、目标以及质量策划、质量控制、质量保证和质量改进等活动。实现质量管理的方针目标，有效地开展各项质量管理活动，必须建立相应的管理体系，这个体系就叫质量管理体系。

CNAS：中国合格评定国家认可委员会（China National Accreditation Service for Conformity Assessment）；

CMA：中国计量认证（China Metrology Accreditation）。

国际标准包括：质量管理体系最新版本的标准 ISO 9001：2008；检测和校准实验室能力的通用要求（ISO/IEC 17025：2005）。

国内准则包括：《检测和校准实验室能力认可准则》（CNAS-CL01：2006）；《检验检测机构资质认定管理办法》（总局令第 163 号）；《实验室资质认定评审准则》国认实函［2006］141 号。

4.2 历史沿革

二次世界大战后，澳大利亚在分析了二战中被英国军方拒绝所供军火的耻辱，开始了寻找检验一致化的道路。1946 年成立了世界上第一个实验室认可组织——澳大利亚国家检测机构（NATA）。起初他们认为影响实验室检验一致性的基本要素有以下 10 条：

① 仪器设备；
② 环境条件；
③ 人员素质；
④ 对样品的管理；
⑤ 测试方法；
⑥ 每个人的职责；
⑦ 记录的结果；
⑧ 承受压力的能力；

⑨ 外部对实验室的服务；

⑩ 文件化的程序和文件管理。

目的是通过对以上影响因素的预防控制，保证检测结果的可靠性和有效性，从而保证提供的产品的质量。

1966年英国成立了校准服务局（BCS），随后在英国得到了广泛的推广，从而带动了欧洲各国实验室认可机构的建立。当时对实验室的评审活动是：不仅考核实验室按照标准进行校准和检验的能力，而且更关心由于实验室内部管理对校准和检验质量的影响。随之产生了第三方独立、权威机构的实验室认可制度。

1973年新西兰成立了测试实验室认可委员会（TELARC）、1976年美国建立了实验室认可协会（A2LA）和国家实验室自愿认可程序（NVLAP）、1979年法国建立了国家认可委员会（COFRAC），20世纪80年代实验室认可发展到东南亚，新加坡和马来西亚等国家建立了实验室认可机构，20世纪90年代包括我国在内的更多的发展中国家也加入了实验室认可行列。

随着各国实验室认可机构的建立，20世纪70年代初，在欧洲出现了区域性实验室认可合作组织。目前世界主要认可组织有：

（1）国际实验室认可论坛（ILAC）；

（2）欧洲认可合作组织（EA）（认可所有领域）；

（3）亚太实验室认可合作组织（APLAC）（实验室认可）；

（4）中美洲认可合作组织（IAAC）（所有领域）；

（5）南部非洲认可发展合作组织（SADCA）。

4.3 质量体系认定

4.3.1 质量体系要素

（1）管理要求

① 组织；

② 管理体系；

③ 文件控制；

④ 要求、标书和合同的评审；

⑤ 检测和校准的分包；

⑥ 服务和供应品的采购；

⑦ 服务客户；

⑧ 投诉；

⑨ 不符合检测和/或校准工作的控制；

⑩ 改进；

⑪ 纠正措施；

⑫ 预防措施；

⑬ 记录的控制；

⑭ 内部审核；

⑮ 管理评审。

(2) 技术要求

① 总则;

② 人员;

③ 设施和环境条件;

④ 检测和校准方法及方法的确认;

⑤ 设备;

⑥ 测量溯源性;

⑦ 抽样;

⑧ 检测和校准物品的处置;

⑨ 检测和校准结果质量的保证;

⑩ 结果报告。

4.3.2 认定类型

(1) 国际认定:CNAS认可

① 历史沿革 1994年9月原国家技术监督局成立了中国实验室国家认可委员会(CNAL),负责认可工作,经过几次变化,2006年3月31日,中国实验室国家认可委员会(CNAL)与中国认证机构国家认可委员会(CNAB)合并,组建了中国合格评定国家认可委员会(CNAS)。

我国实验室认可认证最初是由原国家商检局和质量技术监督局分别开展的。

1986年,经国家经济管理委员会授权,原国家计量局依据《计量法》开展对我国产品质检机构的计量认证工作。

1989年,原国家商检局成立了中国进出口商品检验实验室认证管理委员会。

1994年,原国家技术监督局组建了中国实验室国家认可委员会(CNACL)。

1996年,中国进出口商品检验实验室认证管理委员会改组为中国国家进出口商品检验实验室认可委员会(CCIBLAC),后更名为中国国家出入境检验检疫认可委员会。

2002年CNACL与CCIBLAC合并成立了中国实验室国家认可委员会(CNAL)。

2006年,为适应我国认证认可事业的发展,CNAB 和CNAL合并了成立中国合格评定委员会(CNAS)。并与57个国家和地区的实验室认可机构签署了多边互认协议,迈出了中国实验室检验/相间交错结果国际互认的关键一步。截至2008年6月30日,CNAS认可的实验室3000多个,其中检测实验室2751个,含校准的实验室475个,认可港澳及国外实验室14个,此外还认可了生物安全实验室、医学实验室、能力验证提供者和标准物质生产者。

② 组织机构 中国合格评定国家认可委员会(CNAS)组织机构包括:全体委员会、执行委员会、认证机构技术委员会、实验室技术委员会、检查机构技术委员会、评定委员会、申诉委员会和秘书处。中国合格评定国家认可委员会委员由政府部门、合格评定机构、合格评定服务对象、合格评定使用方和专业机构与技术专家5个方面,总计64个单位组成。

③ 标识 见图4-1。

④ 认可领域

图 4-1　CNAS 的标识

实验室及相关认可领域包括：检测和校准实验室认可；医学实验室认可；能力验证提供者认可；标准物质/标准样品生产者认可；生物安全认可；医学实验室安全认可；良好实验室规范技术评价。

检查机构认可领域包括：商品检验；特种设备；建设工程；货物运输；工厂检查；信息安全；健康检查。

认证机构认可领域包括：管理体系认证机构认可；产品认证机构认可；人员认证机构认可；软件过程及能力成熟度评估机构认可。管理体系认证机构认可包括：质量管理体系认证机构认可；环境管理体系认证机构认可；职业健康安全管理体系认证机构认可；信息安全管理体系认证机构认可；食品安全管理体系认证机构认可。产品认证机构认可包括：常规产品认证机构认可；有机产品认证机构认可；良好农业规范认证机构认可；森林认证机构认可。

⑤ CNAS 认可的原则

a. 自愿性申请原则；

b. 非歧视性原则（第一、第二、第三方均可，与规模、人数、性质无关）；

c. 专家评审原则；

d. 互认原则。

共计 25 个要素，其中管理要素 15 个，技术要素 10 个。

⑥ 实验室认可流程及注意事项

a. 认可流程

意向申请⟶正式申请⟶评审准备⟶现场评审⟶认可评定⟶批准发证。

b. 认可注意事项。

（a）实验室提供的质量管理体系文件具有可操作性。

（b）多场所实验室提交的质量管理体系文件，应覆盖申请认可的所有场所。各场所实验室与总部的隶属关系及工作接口描述清晰，沟通渠道顺畅。各分场所实验室内部的组织机构（需要时）及人员职责明确。

（c）对申请认可的标准/方法应是现行有效版本（必要时提交标准核查报告）。

（d）除标准方法以外的其他方法的科学性、准确性、规范性和有效性，应经过有效的确认，应能满足其应用要求。

（e）满足相关能力验证规则的要求。

⑦ 认可性质　申请实验室认可是实验室自愿行为。

实验室为其完善内部质量管理体系和技术保证能力向认可机构申请认可，由认可机构对其质量管理体系和技术能力进行评审，进而作出是否符合认可准则的评价结论。如获得认可证书，则证明其具备向用户、社会及政府提供自身质量保证的能力。

（2）国内认定：CMA 认证

① 历史沿革　1987 年 2 月 1 日发布《中华人民共和国计量法实施细则》后，原国家计量局对我国的检验机构实施计量认证考核。2006 年 8 月 29 日，国家认证认可监督管理委员会成立，执行对我国的检验机构实施计量认证考核。

② 组织机构　省级以上质量技术监督管理部门。

③ 标识　见图 4-2。

④ 认证原则

a. 强制考核，凡是为社会出具具有公证数据的实验室；

b. 一般只针对第三方实验室；

c. 专家评审原则；

d. 共计19个要素，其中管理要素11个，技术要素8个。

图4-2 CMA的标识

⑤ 认证特殊条款（特殊十九条）

a. 实验室应依法设立或注册，能够承担相应的法律责任，保证客观、公正和独立地从事检测或校准活动。

b. 非独立法人的实验室需经法人授权，能独立承担第三方公正检验，独立对外行文和开展业务活动，有独立账目和独立核算。

c. 实验室应具备固定的工作场所，应具备正确进行检测和/或校准所需要的并且能够独立调配使用的固定、临时和可移动检测和/或校准设备设施。

d. 实验室管理体系应覆盖其所有场所进行的工作。

e. 实验室及其人员不得与其从事的检测和/或校准活动以及出具的数据和结果存在利益关系；不得参与任何有损于检测和/或校准判断的独立性和诚信度的活动；不得参与和检测和/或校准项目或者类似的竞争性项目有关系的产品设计、研制、生产、供应、安装、使用或者维护活动；实验室应有措施确保其人员不受任何来自内外部的不正当的商业、财务和其他方面的压力和影响，并防止商业贿赂。

f. 实验室及其人员对其在检测和/或校准活动中所知悉的国家秘密、商业秘密和技术秘密负有保密义务，并有相应措施。

g. 实验室最高管理者、技术管理者、质量主管及各部门主管应有任命文件；独立法人实验室最高管理者应由其上级单位任命；最高管理者和技术管理者的变更需报发证机关或其授权的部门确认。

h. 实验室应由熟悉各项检测和/或校准方法、程序、目的和结果评价的人员对检测和/或校准的关键环节进行监督。

i. 对政府下达的指令性检验任务，应编制计划并保质保量按时完成（适用于授权/验收的实验室）。

j. 分包比例必须予以控制（限仪器设备使用频次低、价格昂贵及特种项目）。

k. 实验室应有适合自身具体情况并符合现行质量体系的记录制度；实验室质量记录的编制、填写、更改、识别、收集、索引、存档、维护和清理等应当按照适当程序规范进行。

l. 实验室应使用正式人员或合同制人员。

m. 实验室授权签字人应具有中级及以上专业技术职称或者同等能力，并经考核合格。以下情况可视为同等能力：

（a）博士研究生毕业，从事相关专业检验检测活动1年及以上；

（b）硕士研究生毕业，从事相关专业检验检测活动3年及以上；

（c）大学本科毕业，从事相关专业检验检测活动5年及以上；

（d）大学专科毕业，从事相关专业检验检测活动8年及以上。

n. 依法设置和依法授权的质量监督检验机构，其授权签字人应具有工程师以上（含工程师）技术职称，熟悉业务，在本专业领域从业3年以上。

o. 实验室的检测和校准设施以及环境条件应满足相关法律法规、技术规范或标准的要求；

实验室应建立并保持安全作业管理程序，确保化学危险品、毒品、有害生物、电离辐射、高温、高电压、撞击以及水、气、火、电等危及安全的因素和环境得以有效控制，并有相应的应急处理措施；

实验室应建立并保持环境保护程序，具备相应的设施设备，确保检测/校准产生的废气、废液、粉尘、噪声、固废物等的处理符合环境和健康的要求，并有相应的应急处理措施。

p. 实验室应优先选择国家标准、行业标准、地方标准；需要时，实验室可以采用国际标准，但仅限特定委托方的委托检测；实验室自行制订的非标方法，经确认后，可以作为资质认定项目，但仅限特定委托方的检测。

q. 检测和校准方法的偏离须有相关技术单位验证其可靠性或经有关主管部门核准；如果要使用实验室永久控制范围以外的仪器设备（租用、借用、使用客户的设备），限于某些使用频次低、价格昂贵或特定的检测设施设备，且应保证符合本准则的相关要求；所有仪器设备（包括标准物质）都应有明显的标识来表明其状态；未经定型的专用检测仪器设备需提供相关技术单位的验证证明。

r. 实验室应制订和实施仪器设备的校准和/或检定（验证）、确认的总体要求；对于设备校准，应绘制能溯源到国家计量基准的量值传递方框图（适用时），以确保在用的测量仪器设备量值符合计量法制规定。

s. 报告应使用法定计量单位。

⑥ 认证性质

强制认证；法定地位：为社会提供公证数据的产品质量检验机构，必须经省级以上人民政府计量行政部门对其计量检定、测试的能力和可靠性考核合格。因此，所有对社会出具公证数据的产品质量监督检验机构及其他各类实验室必须取得中国计量认证，即 CMA 认证。实验室认可与计量认证的异同点见表 4-1。

表 4-1　实验室认可与计量认证的异同点

项目	实验室认可	计量认证
目的	提高实验室管理水平和技术能力	提高质检机构管理水平和技术能力
依据	ISO/IEC17025：2005	《计量法》22 条、《实验室资质认定评审准则》
性质	自愿原则	强制性，未经计量认证不得向社会出具证明性数据
对象	第一、第二、第三方实验室	第三方质检机构（检测实验室）
类型	国家认可	国家（部委）、省级计量认证
实施	CNAS	国家（部委）省级质量监督部门
考核内容	公正性和技术能力，ISO17025	公正性和技术能力，参考 ISO17025
结果	发证书，使用 CNAS 标志或联合标识	发证书，使用 CMA 标志
适用范围	国际接轨，57 个协议国家或地区互认	只适用于国内

4.4 检验检测机构认证及认可评审要求

4.4.1 检验检测组织机构

为明确表示检验检测机构的隶属关系和各部门间的相互关系，检验检测机构应绘制组织机构框图，标明各种管理职务或部门在组织机构中的地位及他们间的关系。如图 4-3 所示。

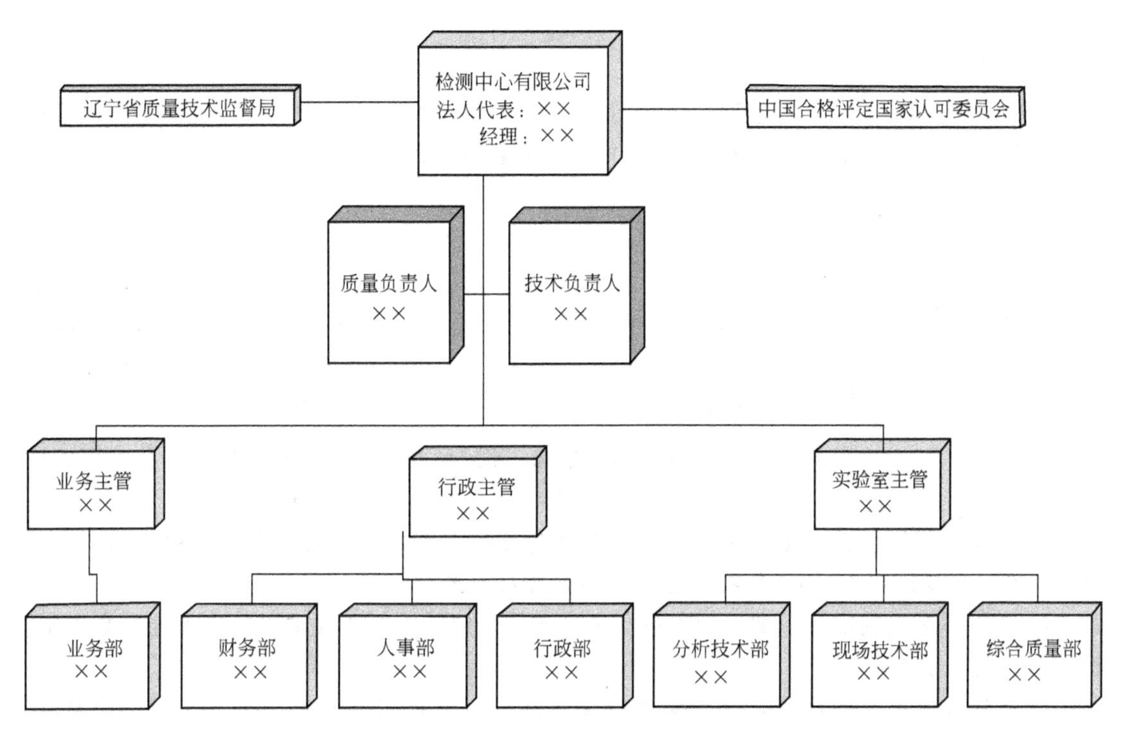

图 4-3 检验检测机构框图

4.4.2 实验室人员要求

① 实验室最高管理者需得到法人的授权。

② CMA 要求一般是独立法人（现非独立法人的实验室很难通过评审）。

③ 实验室必须有一名质量负责人。

④ 实验室至少需要一名或多名技术负责人（CMA 要求必须有中级以上职称）。

⑤ 实验室必须有 2 名或 2 名以上的授权签字人（CMA 要求必须有中级以上职称）。

⑥ 实验室必须有 2 名或 2 名以上的内审员。

⑦ 实验室需有资料员、监督员、设备员、内务与安全员、样品员、物品员、内审员等。

⑧ 必须指定关键岗位的代理人（关键岗位至少包括：最高管理者、质量负责人、技术负责人）。

⑨ 授权签字人，由实验室推荐，经 CNAS/CMA 考核评定确认。

⑩ 内审员，经培训考核合格，持有内审员资格证书。内审时不允许审核自己负责的工作。

⑪ 监督员，熟悉各项检测的方法、程序、目的和结果评价的人员。

⑫ 检测人员，经培训考核合格，持证上岗。

4.4.3 关键人员岗位职责

（1）质量负责人

负责质量管理体系的建立和有效运行，在任何时候、任何地点确保与质量有关的管理体系得到实施和遵循（一般负责《检测和校准实验室能力认可准则》和《实验室资质认定》中

“管理要求”的组织和实施）。

（2）技术负责人

全面负责技术运作和提供确保实验室运作质量所需的资源（一般负责《检测和校准实验室能力认可准则》和《实验室资质认定》中“技术要求”的组织和实施）。

（3）授权签字人

签发检测报告。

（4）监督员

对检测人员进行监督，尤其是对在培员工。

4.4.4 实验室前期准备工作

① 场地租赁，人员招聘，实验室布局与装修（CMA 要求提供场地租赁、劳务合同发票以证明）。

a. 实验室需注意实验功能区的划分，避免交叉污染。如：氨的测定与氯化物的测定分开（不在一个房间内），因氯化物测定需要用到含氨的缓冲溶液。

b. 需有单独的功能区，如：纯水室、天平室等。制药等企业要求必须有单独的高温室、标定室、培养室等。

c. 有温湿度要求的房间，必须对温湿度等环境进行监督和控制，如：空调、加湿器、除湿机，并进行日常监控。

d. 对实验室环境和人体健康有影响的，如原子吸收废气、气相色谱 ECD（放射源）等需要有通风设备，或排出室外。

e. 必须配备足够的灭火器材和应急物质。有洗眼器等器材。

② 仪器/药品的采购与验收（CMA 要求提供采购发票以证明）。

a. 有物资采购计划和审批程序。

b. 从通过合格供应商评价的名单中，选择供应商购买。

c. 有验收记录，必须包括技术验收内容。

d. 仪器工作站的确认（软件确认的一部分）。

e. 建立仪器台账、药品试剂台账、标准物质台账、玻璃器具台账等台账（事先制订编号规则，对仪器、标准物质、计量玻璃器具进行编号）。

f. 建立仪器档案。

③ 仪器/计量玻璃器具的检定或校准。

a. 检定或校准机构，必须提供相应的资质证明文件。

b. 检定必须合格；校准报告需经过实验室确认符合实验要求，出具校准确认报告后，方可使用。

c. 对于外部机构无法检定/校准的仪器，必须通过自校验合格后方可使用。

d. 仪器检定/校准到期后，必须重新进行检定/校准。

e. 仪器在两次检定/校准之间，需进行期间核查，合格方可继续使用（对于有漂移、不稳定的仪器）。

f. 仪器设备移动位置后，需重新进行检定/校准，或至少进行实验室内部的核查，合格后方可继续使用。

④ 检测人员的培训。

a. 安全培训（包括安全预案的培训）。

b. 质量体系培训。包括《检测和校准实验室能力认可准则》《实验室资质认定》培训。

c. 检测仪器、辅助仪器的操作培训。

d. 标准溶液的配制及滴定培训。

e. 数值修约的培训。

f. 检测方法的培训。

g. 其他相关培训。

⑤ 量值溯源。

a. 仪器/器具的量值溯源，通过检定/校准来实现。

b. 标准物质的量值溯源，通过使用有证标准物质来实现。

c. 绘制本实验室的量值溯源图，追溯到国家标准。

有证标准物质，附有由权威机构发布的文件，提供使用有效程序获得的具有相关不确定度和溯源性的一个或多个特性值。

一般使用带有GBW（国标物）和GSB（国实标），带有证书的标准物质。

⑥ 进行方法证实，非标方法进行方法确认。

a. 国标（GB）、环境标准（HJ）等公认的标准方法，验证本实验室是否能够达到标准的要求，是方法证实。

b. 非标方法，包括实验室自制方法，对方法的内容的正确性进行验证，是方法确认。

c. 对方法中给出的检出限、定量限、精密度、准确度等全方面进行验证。出具证实/确认报告。

⑦ 每个项目进行多次检测（一般要求20次以上）。

a. 模拟客户进行合同评审，签订检测合同。

b. 从采样、分样、留样、检测、出具报告、签发进行全过程的演练。

c. 保证每个项目至少进行20次以上的检测（特殊难做的项目可以适当减少次数）。

d. 作标准样品，测量结果在其合格范围内。

⑧ 进行能力验证，结果必须为“满意”。

a. 每个领域至少要通过一个能力验证（如：水和废水、气和废气、噪声是三个领域）。

b. 无能力验证的，参加实验室比对（如：噪声检测）。

c. 需了解实验室比对、能力验证、测量审核之间的关系。

⑨ 编写测量不确定度报告。

a. 关键人员必须掌握测量不确定度的评估（技术负责人、授权签字人）。

b. 每种测量方法，至少有1份不确定度报告（如：容量法、比色法、色谱法、直读法等）。

c. 不确定度的评估结果应合理。一般要求为：$r<u<R$。（r为重复性限；u为标准不确定度；R为复现性限）

d. 可以采用GUM法和top-down法。

⑩ 了解什么时候出具不确定度评估报告。

a. 检测方法的要求。

b. 客户的要求（CNAS和CMA是特殊客户）。

c. 据此作出满足某规范决定的窄限（十分重要，规避法律责任的一种手段）。

d. 其他需进行不确定度评定的情况，如比对检测等（根据 En 值法判断，需要比对双方的测量不确定度）。

4.4.5 质量管理体系文件要求

质量管理体系的层次如下。

第一层：质量手册；

第二层：程序文件；

第三层：标准规章制度作业指导书；

第四层：质量和技术记录。

备注：有的实验室将作业指导书和各种记录合并作为第三层次文件。

① 质量手册　是实验室对《检测和校准能力认可准则》《实验室资质认定》在本实验室的转化。实验室必须遵循以上两个文件的规定，覆盖其全部的要素内容。是实验室纲领性文件，其他各级文件必须遵循它的规定。是描述质量方针、目标和管理体系各要素的要求、职责和途径的文件。是实验室各项质量工作必须遵循的根本原则，全体人员必须充分理解并遵照执行。它是反映了最高管理者对管理体系全面性的、全方位的决策意见，是为最高管理者指挥和控制实验室用的　。

② 程序文件　是质量手册的支持性文件，是对管理体系运行中各项质量活动的详细、明确描述。

规定了实验室内部各组和人所从事的职能活动或质量活动的目的、范围、职责、程序、要求以及具体指导文件。主要为职能部门使用。

工作程序：一般是按活动的逻辑顺序写出该项活动的各个细节及要求，可以概括为“5W1H”。“5W1H”具体如下。

做什么（what）：活动的主要内容。

谁来做（who）：活动的实施者及协同者。

什么时间（when）：活动时间或周期。

什么地点（where）：活动的实施地点或部门。

为什么做（why）：活动的目的。

如何做（how）：具体的实施办法或步骤。

③ 作业指导书　与体系相关的规章制度。如：财务规章制度不在体系管理范围内，可以不属于质量体系文件。它是指导某项具体活动或过程的文件，是指导开展检测的更详细的文件。是为第一线业务人员使用的。

备注：有些工厂对程序文件和作业指导书称为 SOP，即标准操作规程，或标准操作程序（standard operation procedure）。

作业指导书的分类如下。

方法类：用以指导检测过程（如检测规范）。

设备类：设备操作规程、设备期间核查规程。

样品类：包括样品的准备、处置和制备规则。

数据类：包括数据的有效位数、修约、异常数值的剔除等。

安全类：包括安全管理、安全预案等。

备注：作业指导书是技术性文件，不要求必须编写，仅在必要时编写。

④ 质量和技术记录　是管理体系运行过程中各项质量、技术活动所形成的表格、报告、记录等。是证实管理体系是否得以有效运行的原始证据及载体。是采取纠正、预防、改进措施的依据。有时，它并于第三层文件中。

⑤ 体系文件的管理　上级管理下级，下级遵循上级。下层文件应比上层文件更具体、更具有可操作性。上下层次间相互衔接，不能有矛盾。上层文件应附有下层支持性文件的目录。具有规范性、系统性、协调性、唯一性、适用性。

4.4.6　评审前质量体系运行要求

① 建立并保持实验室质量管理体系。

② 质量管理体系需运行至少半年以上。

③ 至少进行了一次管理评审（一年至少一次）。管理评审由实验室最高管理者根据预定的日程表和程序，定期地对实验室的管理体系和检测活动进行评审，以确保其持续适用和有效，并进行必要的变更和改进。

④ 至少进行了一次内审。内审：实验室根据预定的日程表和程序，定期地对其活动进行内部审核，以验证其运作持续符合管理体系及准则的要求。内审必须覆盖到所有的工作场所和所有的要素。内审一年至少一次。内审员必须具有内审员资格证书。审核人员应独立于被审核的活动。

⑤ 纠正措施。在识别出不符合工作和对管理体系或技术运作中的政策和程序的偏离后实施纠正措施。

不符合的来源：内部审核、外部审核、管理评审、客户的反馈、员工的观察、实验室比对、能力验证、其他。

当不符合发生，采取纠正措施的过程：不符合事实描述、原因分析、纠正措施（计划）、纠正过程实施跟踪验证（闭环）。备注：不符合类似于GMP中偏差。

⑥ 预防措施。识别潜在的不符合原因和所需的改进而采取的措施。预防措施是事先主动识别的。潜在不符合的来源：市场调查、行业信息、政府文件、媒体报道内审、外审、管理评审、日常工作、实验室比对、能力验证、客户和社会的要求和期望等。

当质量体系建立并有效完成后，需要运用PDCA循环质量管理方法来不断改进管理体系，即：

① 计划（plan）　根据市场要求，设计和制订质量目标，并提出实现目标的措施和办法；

② 实施（do）　按计划进行生产活动，要求实现设计质量；

③ 检查（check）　检查计划的执行情况，确保产品质量和信誉；

④ 处置（action）　即对每一个循环进行总结。

作为全面质量管理体系运转的基本方法，其实施需要搜集大量数据资料，并综合运用各种管理技术和方法。每经一次循环，解决一批质量问题，使产品质量和工作质量达到一个新的水平，然后再进入下一循环。该循环既是一个循序渐进的流程，也是一个反复的过程和可量化的过程。PDCA管理循环示意如图4-4所示。

4.4.7　递交申请书（文审）

① 申请书及其附件、附表；

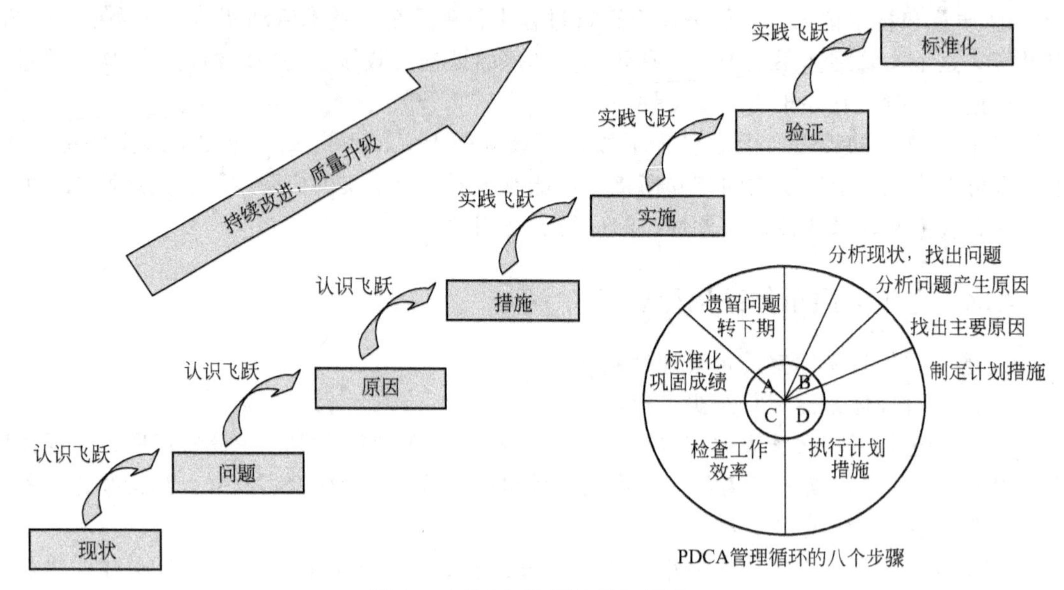

图 4-4　PDCA 管理循环示意图

② 资质文件（营业执照、法人授权书等）；
③ 质量体系文件（质量手册、程序文件）；
④ 检测报告；
⑤ 不确定度报告；
⑥ 量值溯源图；
⑦ 实验室平面布局图；
⑧ 其他。

4.4.8　现场审核

时间：2～3d；人员：3～6 人。
分组：质量组（一般为审核组组长）、技术组。
考核方式：现场提问、操作演示、盲样测试、座谈提问。
(1) 首次会议
人员介绍、分工介绍、评审声明、注意事项等。

参观实验室，现场评审（2 组同时进行），对授权签字人进行评审，评审组与申请方沟通评审情况，末次会议（总结，并给出不符合项）。

(2) 不符合整改及确认

通过实施纠正措施，对不符合进行整改。得到审核组组长确认后，上交认可/认证机构。评定委员会讨论确认，给出最终结论。颁发证书，列明批准的认可/认证范围和授权签字人（CNAS 有效期一般为 3 年，CMA 为 6 年）。

4.4.9　后续评审

监督评审：CNAS 为验证获准认可机构是否持续地符合认可条件而在认可有效期内安排的定期或不定期的评审（CMA 没有监督评审）。复评审：CNAS 在认可有效期结束前对获准认可机构实施的全面评审，以确定是否持续符合认可条件，并将认可延续到下一个有效期。扩项评审：经常与监督评审和复评审同时进行。

4.5 质量管理原则

（1）坚持检测标准，规范检测行为，保证检测质量

检测工作必须要有程序，有程序必须要执行，执行过的必须要有记录。写我所做、做我所写、记我所测；不能不做而记，也不能做而不记。别把习惯当标准，要把标准变成习惯。

（2）培养质量管理体系意识

检测人不仅需要提高自身检测技术水平，还需要提高自身质量管理体系意识。

质量体系：CNAS、CMA、GMP、MHRA、FDA 等各体系虽然不同，但条款、要素、观念等有许多相同或相近之处。

根本原则：受控管理，一切活动具有可追溯性，即具有复现性。

活动：指与质量体系相关的一切活动，包括生产、检测、运输等各个环节。

第5章 基础实训项目

Chapter 05

5.1 水样色度的测定（稀释倍数法）

5.1.1 实验目的

掌握稀释倍数法测定水和废水色度方法。

5.1.2 实验原理

将有色工业废水用无色水稀释到接近无色时，记录稀释倍数，以此表示该水样的色度，并辅以文字描述颜色性质，如深蓝色、棕黄色等。

5.1.3 实验仪器

50mL具塞比色管，刻度线高度应一致。

5.1.4 实验步骤

① 取100～150mL澄清水样置于烧杯中，以白色瓷板为背景，观察并描述其颜色种类。

② 分取澄清的水样，用水稀释成不同倍数，分取50mL分别置于50mL比色管中，管底部衬一白瓷板，由上向下观察稀释后水样的颜色，并与蒸馏水相比较，直至刚好看不出颜色，记录此时的稀释倍数。

5.1.5 注意事项

① 水样的真色，应放置澄清取上清液，或用离心法去除悬浮物后测定。如测定水样的表色，待水样中的大颗粒悬浮物沉降后，取上清液测定。

② 当水中存在某些物质时，会表现出一定的颜色。溶解性的有机物、部分无机离子和有色悬浮微粒均可使水着色。

③ pH有较大的影响，在测定色度的同时，应测量溶液的pH值。

④ 轻度污染水可用铂钴比色法测定色度，对工业有色废水常用稀释倍数法辅以文字

描述。

5.2 水样色度的测定 (铂钴标准比色法)

5.2.1 实验目的

掌握铂钴比色法测定水和废水色度方法。

5.2.2 实验原理

用氯铂酸钾与氯化钴配成标准色列，与水样进行目视比色。每升水中含有 1mg 铂和 0.5mg 钴时所具有的颜色，称为 1 度，作为标准色度单位。

5.2.3 实验仪器、试剂

仪器：50mL 具塞比色管，刻度线高度应一致；

试剂：铂钴标准溶液；

称取 1.246g 氯铂酸钾（K_2PtCl_6）(相当于 500mg 铂) 及 1.000g 氯化钴（$CoCl_2 \cdot 6H_2O$）(相当于 250mg 钴)，溶于 100mL 水中，加 100mL 盐酸，用水定容至 1000mL。此溶液色度为 500 度，保存在密塞玻璃瓶中，存放暗处。

5.2.4 实验步骤

(1) 标准色列的配制

向 50mL 比色管中加入 0mL、0.25mL、0.50mL、1.00mL、1.50mL、2.00mL 铂钴标准溶液，用水稀释至标线，混匀。各管的色度依次为 0 度、2.5 度、5 度、10 度、15 度、20 度，密塞保存。

(2) 水样的测定

① 吸取 50.0mL 澄清透明水样于比色管中，如水样色度较大，可酌情少取水样，用水稀释至 50.0mL。如水样浑浊，则放置澄清，亦可用离心法或用孔径 0.45μm 滤膜过滤以去除悬浮物，但不能用滤纸过滤，因滤纸可吸附部分溶解于水的颜色。

② 将水样与标准色列进行目视比较。观察时，可将比色管置于白瓷板或白纸上，使光线从管底部向上透过液柱，目光自管口垂直向下观察，记下与水样色度相同的铂钴标准色列的色度。

5.2.5 实验计算

$$色度(度)=50A/B$$

式中 A——稀释后水样相当于铂钴标准色列的色度；

B——水样的体积，mL。

5.2.6 注意事项

① 可用重铬酸钾代替氯铂酸钾配制标准色列。方法是：称取 0.0437g 重铬酸钾和

1.000g 硫酸钴（$CoSO_4 \cdot 7H_2O$），溶于少量水中，加入 0.50mL 硫酸，用水稀释至 500mL。此溶液的色度为 500 度。不宜久存。

② 如果水样品中有泥土或其他分散很细的悬浮物，虽经预处理而得不到透明水样时，则只测其表色。

5.3 水中悬浮物的测定

5.3.1 实验目的

学会漏斗的制作，掌握悬浮固体的测定方法；

测定水样中固体悬浮物的含量指标，以判断其污染程度，并且提出相应降低其污染程度的方案、方法等有效措施。

5.3.2 实验原理

水样中的悬浮物是指水样通过孔径为 0.45μm 的滤膜，截留在滤膜上并于 103～105℃ 烘干至恒重的固体物质。测定的方法是将水样通过滤料后，烘干固体残留物及滤料，将所称重量减去滤料重量，即为悬浮固体（总不可滤残渣）。

5.3.3 实验仪器、试剂

仪器：烘箱；分析天平；干燥器；循环水真空泵；孔径为 0.45μm 滤膜及相应的滤器或中速定量滤纸；布氏漏斗；抽滤瓶；内径为 30～50mm 的称量瓶；无齿扁咀镊子。

5.3.4 实验步骤

（1）采样及样品贮存

① 采样　所用聚乙烯瓶或硬质玻璃瓶要用洗涤剂洗净，再依次用自来水和蒸馏水冲洗干净。在采样之前再用即将采集的水样清洗三次。然后采集具有代表性的水样 500～1000mL，盖严瓶塞（漂浮或浸没的不均匀固体应从水样中除去）。

② 样品的贮存　采集的水样应尽快分析测定。如需放置，应贮存在 4℃ 冷藏箱中，但最长不得超过 7 天（不能加入任何保护剂，以防破坏物质在固、液间的分配平衡）。

（2）滤膜准备

净手。按布氏漏斗口径大小，将微孔滤膜折剪好。用无齿扁咀镊子夹取微孔滤膜放于事先恒重的称量瓶里，移入烘箱中于 103～105℃ 烘干 0.5h 后取出置于干燥器内冷却至室温，称其重量。反复烘干、冷却、称量，直至两次称量的重量差＜0.2mg。将恒重的微孔滤膜正确放在布氏漏斗中，用蒸馏水湿润滤膜，并不断吸滤。

（3）测量

量取充分混合均匀的试样 100mL 抽吸过滤，使水分全部通过滤膜。再以每次 10mL 蒸馏水连续洗涤 3 次，继续吸滤以除去痕量水分。停止吸滤后，仔细取出载有悬浮物的滤膜放在已恒重的称量瓶里，移入烘箱中于 103～105℃ 下烘干 1h 后移入干燥器中，使冷却至室温，称其重量。反复烘干、冷却、称量，直至两次称量的重量差＜0.4mg。

注：滤膜上截留过多的悬浮物可能夹带过多的水分，除延长干燥时间外，还可能造成过滤困难。在此情况，可酌情少取试样。滤膜上悬浮物过少则会增大称量误差，影响测定精度。必要时可增大试样体积，一般以5～100mg悬浮物量作为量取试样体积的范围。

每次进行3～6个平行样。

5.3.5 实验原始数据记录

见表5-1。

表5-1 悬浮物测试原始数据记录

项目	1	2	3	4	5	6
W_2						
W_1						
ΔW						
V						

水样地点：

实验环境条件：温度______℃；湿度______%；大气压强______kPa。

5.3.6 实验计算

悬浮物含量计算式：

$$\mathrm{CSS}=\frac{(W_1-W_2)\times 10^6}{V}$$

式中 CSS——悬浮物的含量，mg/L；

W_1——悬浮固体+滤膜及称量瓶重，g；

W_2——滤膜及称量瓶重，g；

V——水样体积，mL。

数据取平均值及其相对误差。

5.3.7 实验分析与讨论

实验数据的精确性与准确度及其可靠性。实验收获与不足。

5.3.8 注意事项

① 树叶、木棒、水草等杂质应先从水中除去。

② 废水黏度高时，可加2～4倍蒸馏水稀释，振荡均匀，待沉淀物下降后再过滤。

③ 也可采用石棉坩埚进行过滤。

④ 循环水真空泵抽滤时要控制压力，以免滤膜破损。

⑤ 抽滤瓶在操作时要注意抽滤液不要超过抽滤瓶2/3处。

5.4 水中溶解氧的测定（碘量法）

5.4.1 实验目的

熟悉并掌握碘量法测定溶解氧的基本原理。

熟悉并掌握标准溶液的配制和标定方法。

练习实际测量以及滴定的操作，并了解碘量法滴定的注意事项。

5.4.2 实验原理

水中溶解氧的测定，一般用碘量法。使用碘量法测定水中溶解氧是基于溶解氧的氧化性能。当水样中加入硫酸锰和碱性 KI 溶液时，立即生成 $Mn(OH)_2$ 沉淀。但 $Mn(OH)_2$ 极不稳定，迅速与水中溶解氧反应生成锰酸锰沉淀。在加入硫酸酸化后，已固定的溶解氧（以锰酸锰的形式存在）将 KI 氧化并释放出游离碘。然后用硫代硫酸钠标准溶液滴定，换算出溶解氧的含量。

反应方程式：

$$2MnSO_4 + 4NaOH = 2Mn(OH)_2 \downarrow + 2Na_2SO_4$$

$$2Mn(OH)_2 + O_2 = 2H_2MnO_3 \downarrow$$

$$H_2MnO_3 + Mn(OH)_2 = MnMnO_3 \downarrow (\text{棕色沉淀}) + 2H_2O$$

加入浓硫酸后的反应方程式：

$$2KI + H_2SO_4 = 2HI + K_2SO_4$$

$$MnMnO_3 + 2H_2SO_4 + 2HI = 2MnSO_4 + I_2 \downarrow + 3H_2O$$

$$I_2 + 2Na_2S_2O_3 = 2NaI + Na_2S_4O_6$$

此法适用于含少量还原性物质及硝酸氮含量$<$0.1mg/L、铁含量不大于 1mg/L 且较为清洁的水样。

5.4.3 实验仪器、试剂

（1）仪器

250mL 溶解氧瓶；50mL 碱式滴定管；250mL 锥形瓶；移液管（1mL、2mL、100mL)；容量瓶（100mL、250mL、1000mL)；洗耳球；标签纸；封口膜。

（2）试剂

① 硫酸锰溶液。称取 36g $MnSO_4 \cdot 4H_2O$，溶于蒸馏水中，转至 100mL 容量瓶，定容至标线，摇匀。此溶液加至酸化过的碘化钾溶液中，遇淀粉不得产生蓝色。

② 碱性 KI 溶液。称取 125g NaOH 溶于 100～150mL 去离子水中，另称取 37.5g KI 溶于 50mL 蒸馏水中。待 NaOH 溶液冷却后将两种溶液合并混合均匀，转移至 250mL 容量瓶中，用水定容至标线，摇匀。若有沉淀，则放置过夜后，倾出上层清液，贮于塑料瓶中，用黑纸包裹避光保存。此溶液酸化后，遇淀粉不得产生蓝色。

③ 1%淀粉溶液。称取 1g 可溶性淀粉，用少量水调成糊状，再用刚煮沸的水冲稀至 100mL。冷却后，加入 0.1g 水杨酸或 0.4g 氯化锌防腐。

④ 0.02500mol/L（$1/6K_2Cr_2O_7$）重铬酸钾标准溶液。称取 0.1226g 在 105～110℃烘干 2h 并冷却的 $K_2Cr_2O_7$，溶于水，移入 100mL 容量瓶中，用水稀释至标线，摇匀。

⑤ 0.025mol/L 硫代硫酸钠溶液。称取 6.2g 硫代硫酸钠（$Na_2S_2O_3 \cdot 5H_2O$），溶于煮沸放冷的水中，加入 0.2g 碳酸钠，转移至 1000mL 容量瓶中，用去离子水稀释至标线，摇匀。贮于棕色瓶中，使用前用 0.02500mol/L 重铬酸钾标准溶液标定。

⑥ 浓硫酸。

⑦ 稀硫酸（1+5）。

5.4.4 实验步骤

（1）水样采集和溶解氧的固定

① 采样地点。

② 采集水样时，要注意：注入水样至溢流出瓶容积的 1/3～1/2 左右。注意不要使水样曝气或有气泡残存在溶解氧瓶中。

③ 用移液管吸取硫酸锰溶液 1mL 插入瓶内液面下，缓慢放出溶液于溶解氧瓶中。取另一只移液管，按上述操作往水样中加入 2mL 碱性碘化钾溶液，盖紧瓶塞，不留气泡，将瓶颠倒振摇使之充分摇匀。此时，水样中的氧被固定生成锰酸锰（$MnMnO_3$）棕色沉淀。

④ 取两个平行样品，将溶解氧已固定的水样带回实验室备用。

（2）$Na_2S_2O_3$ 溶液的标定

于 250mL 碘量瓶中，加入 100mL 水和 1g KI，加入 10.00mL 0.02500mol/L 重铬酸钾（$1/6K_2Cr_2O_7$）标准溶液、5mL（1+5）硫酸溶液，密塞，摇匀。放于暗处静置 5min 后，用待标定的硫代硫酸钠溶液滴定至溶液呈淡黄色后，加入 1mL 淀粉溶液，继续滴定至蓝色刚好褪去，记录用量。

$$c=10.00\times0.0250/V$$

式中 c——硫代硫酸钠溶液的浓度，mol/L；

V——滴定时消耗硫代硫酸钠溶液的体积，mL。

（3）样品测定

轻轻打开瓶塞，取出 2.0mL 上清液，加入 2.0mL 浓硫酸，小心盖好瓶塞，颠倒混合摇晃至沉淀物全部溶解。然后放置暗处 5min 使产生的 I_2 全部析出。用移液管取 100mL 上述溶液，注入 250mL 锥形瓶中，用已标定的 $Na_2S_2O_3$ 溶液滴定到溶液呈微黄色，加入 1mL 淀粉溶液，继续滴定至蓝色恰好褪去，记录用量。

5.4.5 实验计算

$$\mathrm{DO}=\frac{CV\times8\times1000}{100}$$

式中 DO——溶解氧的含量，mg/L；

C——硫代硫酸钠标准溶液的浓度，mol/L；

1000——水样的体积，mL；

V——消耗硫代硫酸钠标准溶液的量，mL；

8——氧（$1/4O_2$）的摩尔质量。

5.4.6 注意事项

① 水样含亚硝酸盐超过50μg/L，亚铁离子不超过1mg/L，可采用叠氮化钠修正法。当水样中只含有大量亚铁离子，不含其他还原物质，可采用 $KMnO_4$ 修正法。

② 如水样中含的游离氯大于0.1mg/L时，应预加硫代硫酸钠去除，可先用两个溶解氧瓶，各取一瓶水样，对其中一瓶加入5mL（1+5）硫酸和1g碘化钾，摇匀，此时游离出碘。用硫代硫酸钠标准溶液滴定，记下用量，然后向另一瓶水样中加入上述测得的硫代硫酸钠标准液，摇匀再按前述的操作步骤进行测定。

③ 水中的氧化和还原物质干扰测定，氧化物质可析出碘而产生干扰，还原物质消耗碘而产生负干扰，某些有机物存在使滴定终点不明显，故大部分废水必须采用修正碘量法。

5.5 水中六价铬的测定（二苯碳酰二肼分光光度法）

5.5.1 实验目的

学习二苯碳酰二肼法测定污水中铬离子的方法。

掌握含铬离子废水采样及保存方法。

5.5.2 实验原理

在酸性溶液中，六价铬离子与二苯碳酰二肼反应，生成紫红色化合物，其最大吸收波长为540nm，吸光度与浓度的关系符合比尔定律。如果测定总铬，需先用高锰酸钾将水样中的三价铬氧化为六价铬。

5.5.3 实验仪器、试剂

（1）仪器

分光光度计；具塞比色管；移液管；容量瓶；比色皿等。

（2）试剂

① 丙酮。

② （1+1）硫酸。将硫酸（ρ=1.84g/mL）缓缓加入到同体积水中，混匀。

③ （1+1）磷酸。将磷酸（ρ=1.69g/mL）与等体积水混合。

④ 0.2%氢氧化钠溶液。称取氢氧化钠1g，溶于500mL新煮沸放冷的水中。

⑤ 铬标准贮备液。称取于120℃干燥2h的重铬酸钾（$K_2Cr_2O_7$，优级纯）0.2829g，用水溶解后，移入1000mL容量瓶中，用水稀释至标线，摇匀。每毫升溶液含0.100mg六价铬。

⑥ 铬标准溶液（Ⅰ）。吸取5.00mL铬标准贮备液，置于500mL容量瓶中，用水稀释至标线，摇匀。每毫升溶液含1.00μg六价铬，使用时当天配制。

⑦ 铬标准溶液（Ⅱ）。吸取25.00mL铬标准贮备液，置于500mL容量瓶中，用水稀释至标线，摇匀。每毫升溶液含5.00μg六价铬，使用时当天配制。

⑧ 显色剂。称取二苯碳酰二肼（$C_{13}H_{14}N_4O$）0.2g，溶于50mL丙酮中，加水稀释至

100mL，摇匀。贮于棕色瓶置冰箱中保存。色变深后不能使用。

5.5.4 实验步骤

（1）样品预处理

对不含悬浮物、低色度的清洁地面水，可直接进行测定；对浑浊、色度较深的水样，应加入氢氧化锌共沉淀剂并进行过滤处理。

总铬的测定：高锰酸钾氧化三价铬，加入1+1硫酸和1+1磷酸各0.5mL，4%高锰酸钾溶液2滴，如紫色消退，则继续滴加高锰酸钾溶液至保持紫红色。加热煮沸至溶液剩约20mL。冷却后，加入1mL 20%的尿素溶液，摇匀。用滴管加2%亚硝酸钠溶液至紫色刚好消失，供测定。

（2）标准曲线的绘制

取9支50mL比色管，依次加入0mL、0.20mL、0.50mL、1.00mL、2.00mL、4.00mL、6.00mL、8.00mL和10.00mL铬标准使用液，用水稀释至标线，加入1+1硫酸0.5mL和1+1磷酸0.5mL，摇匀。加入2mL显色剂溶液，摇匀。显色5～10min后，于540nm波长处，用1cm或3cm比色皿，以水为参比，测定吸光度并作空白校正。以吸光度为纵坐标，相应六价铬含量为横坐标绘出标准曲线。

（3）水样的测定

取50mL或适量（含铬量少于50μg）经预处理的试样置50mL比色管中，用水稀释至刻线，然后按照校准试样的步骤进行测定。减去空白试验吸光度，从标准曲线上查得铬的含量。

5.5.5 实验计算

$$Cr^{6+}(mg/L)=\frac{m}{V}\times 1000$$

式中 m——从标准曲线上查得的 Cr^{6+} 量，μg；

V——水样的体积，mL。

5.5.6 注意事项

① 所有玻璃器皿内壁须光洁，以免吸附铬离子。不得用重铬酸钾洗液洗涤，可用硝酸、硫酸混合液或合成洗涤剂洗涤，洗涤后要冲洗干净。

② Cr^{6+} 与显色剂的显色反应一般控制酸度在0.05～0.3mol/L（$1/2H_2SO_4$）范围，以0.2mol/L时显色最好。显色前，水样应调至中性。显色温度和放置时间对显色有影响，在15℃时，5～15min颜色即可稳定。

③ 如测定清洁地面水样，显色剂可按以下方法配制：溶解0.2g二苯碳酰肼于100mL 95%的乙醇中，边搅拌边加入1+9硫酸400mL。该溶液在冰箱中可存放一个月。用此显色剂，在显色时直接加入2.5mL即可，不必再加酸。但加入显色剂后，要立即摇匀，以免 Cr^{6+} 可能被乙酸还原。

④ 水样中存在次氯酸盐等氧化性物质时，干扰测定，可加入尿素和亚硝酸钠消除。

5.6 化学需氧量的测定（重铬酸钾法）

5.6.1 实验目的

了解测定 COD 的意义和方法。

掌握重铬酸钾法测定 COD 的原理和方法。

5.6.2 实验原理

在强酸性溶液中，一定量的重铬酸钾氧化水中还原性物质，过量的重铬酸钾以试亚铁灵作为指示剂，用硫酸亚铁铵溶液回滴，根据用量算出水样中还原性物质消耗氧的量。酸性重铬酸钾氧化性很强，可氧化大部分有机物，加入硫酸银作催化剂时，直链脂肪族化合物可完全被氧化，而芳香族有机物却不易被氧化，吡啶不被氧化，挥发性直链脂肪族化合物、苯等有机物存在于蒸气相，不能与氧化剂液体接触，氧化不明显。氯离子能被重铬酸盐氧化，并且能与硫酸银作用产生沉淀，影响测定结果，故在回流前向水样中加入硫酸汞，使之成为络合物以消除干扰。氯离子含量高于 2000mg/L 的样品应先定量稀释，使含量降低至 2000mg/L以下，再进行测定。用 0.25mol/L 浓度的重铬酸钾溶液可测定大于 50mg/L 的 COD 值，用 0.025mol/L 浓度的重铬酸钾可测定 5～50mg/L 的 COD 值，但准确度较差。

5.6.3 实验仪器、试剂

（1）仪器

带 250mL 锥形瓶的全玻璃回流装置；电热板或变阻电炉；50mL 酸式滴定管。

（2）试剂

① 重铬酸钾标准溶液（$C_{1/6}$=0.2500mol/L）。称取预先在 120℃烘干 2h 的基准或优级线性重铬酸钾 12.2580g 溶于水中，移入 1000mL 容量瓶，定量至标线，摇匀。

② 试亚铁灵指示液。称取 1.485g 邻菲啰啉、0.695g 硫酸亚铁溶于水中，稀释至 100mL，贮于棕色瓶中。

③ 硫酸亚铁铵标准溶液。称取 39.5g 硫酸亚铁铵溶于水中，边搅拌边缓缓加入 20mL 浓硫酸，冷却后移入 1000mL 容量瓶中，用水稀释至标线，摇匀。临用前，用重铬酸钾标准溶液标定。

标定方法：吸取 10.00mL 重铬酸钾标准溶液于 500mL 锥形瓶中，加水稀释至 110mL 左右，缓慢加入 30mL 浓硫酸，混匀；冷却后，加入 3 滴试亚铁灵指示液（约 0.15mL），用硫酸亚铁铵滴定，溶液的颜色由黄色经蓝绿色到红褐色即为终点。

$$C=0.2500\times10.00/V$$

式中　C——硫酸亚铁铵标准溶液的浓度，mol/L；

　　　V——硫酸亚铁铵标准溶液滴定的用量，mL。

④ 硫酸-硫酸银溶液。于 2500mL 浓硫酸溶液中加入 25g 硫酸银。放置 1～2 天，不时摇动使其溶解。

⑤ 硫酸汞。

5.6.4 测定步骤

① 取20.00mL混合均匀的水样（或适量水样稀释至20.00mL）置250mL磨口的回流锥形瓶，准确加入10.00mL 0.25mol/L重铬酸钾标准溶液及数粒洗净的玻璃珠或沸石，连接磨口回流冷凝管，从冷凝管上口慢慢地加入30mL硫酸-硫酸银溶液，轻轻摇动锥形瓶使溶液混匀，加热回流2h（自开始沸腾时计时）。

a. 对于化学需氧量高的废水样，可先取上述操作所需体积1/10的废水样和试剂于玻璃试管中，摇匀，加热后观察是否变成绿色。如溶液显绿色，再适当减少废水取水量，直至溶液不变绿色。从而确定废水样分析时应取用的体积。稀释时，所取废水样量不少于5mL，如果化学需氧量很高，则废水应多次稀释。

b. 废水中氯离子含量超过30mg/L时，应先把0.4g硫酸汞加入回流锥形瓶中，再加20.00mL废水样，摇匀。以下操作同实验步骤①。

② 冷却后，用90mL水从上部慢慢冲洗冷凝管壁，取下锥形瓶。溶液总体积不得少于140mL，否则因酸度太大，滴定终点不明显。

③ 溶液再度冷却或加三滴试亚铁灵指示剂，用硫酸亚铁铵标准溶液滴定，溶液的颜色由黄色经蓝绿色至红褐色即为终点，记录硫酸亚铁铵标准溶液的用量。

④ 测定水样的同时，以20.00mL蒸馏水，按同样操作步骤作空白试验。记录滴定空白时硫酸亚铁铵标准溶液的用量。

5.6.5 实验计算

$$\mathrm{COD_{Cr}}(\mathrm{O_2},\mathrm{mg/L})=\frac{(V_0-V_1)C\times 8\times 1000}{V_{水}}$$

式中 C——硫酸亚铁铵标准溶液的浓度，mol/L；

V_1——滴定水样时硫酸亚铁铵标准溶液的用量，mL；

V_0——滴定空白水样时硫酸亚铁铵标准溶液的用量，mL；

$V_{水}$——吸取水样的体积，mL；

8——氧（$1/4O_2$）的摩尔质量，g/mol。

5.6.6 注意事项

① 使用0.4g硫酸汞络合氯离子的最高量可达40mg，如取用20.00mL水样，即最高可络合2000mg/L氯离子浓度的水样。若氯离子浓度较低，也可少加硫酸汞，使保持硫酸汞：氯离子＝10：1（质量分数）。若出现少量氯化汞沉淀，并不影响测定。

② 水样取用体积可在10.00～50.00mL范围之间，但试剂用量及浓度需按表5-2进行相应调整。

表5-2 试剂用量及浓度调整

水样体积/mL	0.25mol/L $K_2Cr_2O_7$ 溶液/mL	H_2SO_4-Ag_2SO_4 溶液/mL	$HgSO_4$/g	[$(NH_4)_2Fe(SO_4)_2$]/(mol/L)	滴定前总体积/mL
10.00	5.00	15.00	0.20	0.50	70.00
20.00	10.00	30.00	0.40	0.10	140.00

续表

水样体积/mL	0.25mol/L $K_2Cr_2O_7$ 溶液/mL	H_2SO_4-Ag_2SO_4 溶液/mL	$HgSO_4$/g	$[(NH_4)_2Fe(SO_4)_2]$/(mol/L)	滴定前总体积/mL
30.00	15.00	45.00	0.60	0.15	210.00
40.00	20.00	60.00	0.80	0.20	280.00
50.00	25.00	75.00	1.00	0.25	350.00

5.7 生化需氧量的测定（稀释接种法）

5.7.1 实验目的

通过本实验，熟悉五日生化需氧量（BOD_5）的测定过程。

5.7.2 实验原理

生化需氧量是指在好氧条件下，生物分解有机物质的生物化学过程中所需要的溶解氧量。生物分解有机物是一个缓慢的过程，要把可分解的有机物全部分解掉常需要 20 天以上的时间，目前国内外普遍采用 20℃下 5d 培养时间所需要的氧作为指标并以氧的 mg/L 表示，称为 BOD_5。

取两份水样分别置于溶解氧瓶中，其中 1 份放入 20℃培养箱中培养 5d 后，测定溶解氧，另 1 份当天测定溶解氧，按公式计算 BOD_5。

5.7.3 实验仪器、试剂

（1）仪器

恒温培养箱［(20±1)℃］；20L 细口玻璃瓶；1000mL 量筒；其他仪器和碘量法测定溶解氧相同。

（2）试剂

除需要测定溶解氧的全部试剂外，尚需配制下列试剂。

① 氯化钙溶液。称取 27.5g 无水氯化钙，溶于水中稀释到 1000mL。

② 三氯化铁溶液。称取 0.25g 三氯化铁（$FeCl_3 \cdot 6H_2O$）溶于水中，稀释到 1000mL。

③ 硫酸镁溶液。称取 22.5g 硫酸镁（$MgSO_4 \cdot 7H_2O$）溶于水中，稀释到 1000mL。

④ 磷酸盐缓冲液。称取 8.5g 磷酸二氢钾（KH_2PO_4）、21.75g 磷酸氢二钾（K_2HPO_4）、33.4g 磷酸氢二钠（$NaH_2PO_4 \cdot 7H_2O$）和 1.7g 氯化铵（NH_4Cl）溶于 500mL 水中，稀释到 1000mL。此溶液的 pH 值应为 7.2。

⑤ 稀释水，在 20L 大玻璃瓶内装入一定量的蒸馏水，其中每 1L 蒸馏水加入上述 4 种试剂，各 1mL，用水泵均匀连续通入经活性炭过滤的空气 1～2d，使水中溶解氧接近饱和然后用清洁的棉塞塞好，静置稳定 1d。稀释水本身的 5 日生化需氧量必须小于 0.2mg/L 方可使用。

5.7.4 实验步骤

① 水样的稀释。首先要根据水样中有机物含量来选择适当的稀释比。如果对水样性质

不了解，需要做3个以上稀释比。对清洁地面水可不必稀释，直接培养测定。受污染的河水的稀释倍数约为1～4倍，普通和沉淀过的污水约为20～30倍，严重污染的水样约为100～1000倍。也可通过COD值求得参考稀释倍数。将酸性高锰酸钾法测得的COD值除以4或重铬酸钾法测得的COD值除以5，其商即为应稀释的倍数（稀释倍数指稀释后体积与原水样体积之比）。

按照选定污水和稀释水比例，用虹吸法先把一定量污水引入1000mL量筒中，再引入所需要量的稀释水，用特制的搅拌器（一根粗玻璃棒底端套上一个比量筒口径略小的约2mm厚的橡皮圆片）在水面以下缓缓搅匀（不应产生气泡）。然后用虹吸管将此溶液引入两个同一编号的溶解氧瓶中，到充满后溢出少许，盖严，加上封口水。注意瓶内不应有气泡，如有气泡需轻轻敲击瓶体，使气泡逸出。用同样方法配制另外两个稀释比的水样。

② 另取两个同一编号的溶解氧瓶加入稀释水，作为空白。

③ 每个稀释比各取一瓶测定当时的溶解氧，另一瓶放入培养箱中，在(20±1)℃培养5d，在培养过程中需要每天添加封口水。

④ 从开始放入培养箱算起，经过5昼夜后取出水样测定剩余的溶解氧。

5.7.5 实验计算

（1）不经过稀释而直接培养的水样

$$BOD_5(mg/L)=D_1-D_2$$

式中 D_1——培养液在培养前的溶解氧，mg/L；

D_2——培养液在培养五天后的溶解氧，mg/L。

（2）稀释后培养的水样

根据上述3个稀释比，分别按下式计算出水样的耗氧率。

$$BOD_5(mg/L)=\frac{(C_1-C_2)-(B_1-B_2)f_1}{f_2}$$

式中 C_1——稀释后的水样在培养前的溶解氧浓度，mg/L；

C_2——稀释后的水样经5d培养后，剩余的溶解氧浓度，mg/L；

B_1——稀释水（或接种稀释水）在培养前的溶解氧浓度，mg/L；

B_2——稀释水（或接种稀释水）经5d培养后，剩余的溶解氧浓度，mg/L；

f_1——稀释水（或接种稀释水）在培养液中所占比例；

f_2——原水样在培养液中所占比例。

f_1、f_2的计算：例如培养液的稀释比为3，即3份水样97份稀释水，则$f_1=97\%=0.97$，$f_2=3\%=0.03$。

如果有2个和3个稀释比培养水样的耗氧率均在40%～70%范围内，则取其测定计算结果的平均值为BOD_5数值。如3个稀释比培养的水样其耗氧率均在40%～70%以外，则应调整稀释比后重做。

5.7.6 注意事项

① 稀释水应在20℃左右，冬季低于20℃时应预热，夏季高于20℃时应冷却。

② 水样中若有游离的碱和碘，应预先中和再进行稀释培养。可用麝香草酚蓝作为指示

剂用 1mol/L 盐酸和 1mol/L 的碳酸钠中和。

5.8 水样中挥发酚的测定（4-氨基安替比林光度法）

5.8.1 实验目的和要求

掌握用蒸馏法预处理水样的实验技术与方法

掌握用分光光度测定挥发酚的实验技术。

5.8.2 实验原理

酚类化合物于 pH10.0±0.2 的介质中，在铁氰化钾存在下，与 4-氨基安替比林反应生成橙红色的吲哚酚安替比林染料，其水溶液在 510nm 波长处有最大吸光度。以光程为 20mm 的比色皿测定时，酚的最低检出浓度为 0.1mg/L。

5.8.3 实验仪器、试剂

（1）仪器

500mL 全玻璃蒸馏器；50mL 具塞比色管；分光光度计。

（2）试剂

① 无酚水。于 1L 中加入 0.2g 经 200℃活化 0.5h 的活性炭粉末，充分振摇后，放置过夜。用双层中速滤纸过滤，滤出液贮于硬质玻璃瓶中备用。或加氢氧化钠使水呈强碱性并滴加高锰酸钾溶液至紫红色，移入蒸馏瓶中加热蒸馏，收集馏出液备用。

② 硫酸铜溶液。称取 50g 硫酸铜（$CuSO_4 \cdot 5H_2O$）溶于水稀释至 500mL。

③ 磷酸溶液。量取 10mL 85%的磷酸，用水稀释至 100mL。

④ 甲基橙指示剂溶液。称取 0.05g 甲基橙溶于 100mL 水中。

⑤ 苯酚标准贮备液。称取 1.00g 无色苯酚溶于水，移入 1000mL 容量瓶中，稀释至标线，置于冰箱内备用。该溶液按下述方法标定，吸取 10.00mL 苯酚标准贮备液于 250mL 碘量瓶中，加 100mL 水和 10.00mL 0.1000mol/L 溴酸钾-溴化钾溶液，立即加入 5mL 浓盐酸，盖好瓶塞，轻轻摇匀，于暗处放置 10min。加入 1g 碘化钾，密塞，轻轻摇匀，于暗处放置 5min 后，用 0.125mol/L 硫代硫酸钠标准溶液滴定至淡黄色，加 1mL 淀粉溶液，继续滴定至蓝色刚好褪去，记录用量。以水代替苯酚贮备液作空白试验，记录硫代硫酸钠标准溶液用量。苯酚贮备液浓度按下式计算：

$$\text{苯酚(mg/L)} = [(V_1 - V_2)C \times 15.68]/V$$

式中 V_1——空白试验消耗硫代硫酸钠标准溶液量，mL；

V_2——滴定苯酚标准贮备液时消耗硫代硫酸钠标准溶液量，mL；

V——吸取苯酚标准贮备液体积，mL；

C——硫代硫酸钠标准溶液浓度，mol/L；

15.68——苯酚摩尔（$1/6C_6H_5OH$）质量，g/mol。

⑥ 苯酚标准中间液。取适量苯酚贮备液，用水稀释至每毫升含 0.010mg 苯酚。使用时当天配制。

⑦ 溴酸钾-溴化钾标准参考溶液［$C(1/6KBrO_3)=0.1mol/L$］。称取2.784g溴酸钾（$KBrO_3$）溶于水，加入10g溴化钾，使其溶解，移入1000mL容量瓶中，稀释至标线。

⑧ 碘酸钾标准溶液［$C(1/6KIO_3)=0.250mol/L$］。称取预先经180℃烘干的碘酸钾0.8917g溶于水，移入1000mL容量瓶中，稀释至标线。

⑨ 硫代硫酸钠标准溶液。称取6.2g硫代硫酸钠（$Na_2S_3O_3 \cdot 5H_2O$）溶于煮沸放冷的水中，加入0.2g碳酸钠，稀释至1000mL，临用前用下述方法标定。

吸取20.00mL碘酸钾溶液于250mL碘量瓶中，加水稀释至100mL，加1g碘化钾，再加5mL（1+5）硫酸，加塞，轻轻摇匀。置暗处放置5min，用硫代硫酸钠溶液滴定至淡黄色，加1mL淀粉溶液，继续滴定至蓝色刚褪去。记录硫代硫酸钠溶液用量。按下式计算硫代硫酸钠溶液浓度：

$$C=\frac{0.0250\times V_4}{V_3}$$

式中 C——硫代硫酸钠溶液浓度，mol/L；

V_3——硫代硫酸钠标准溶液消耗量，mL；

V_4——移取碘酸钾标准溶液量，mL；

0.0250——碘酸钾标准溶液浓度，mol/L。

⑩ 淀粉溶液。称取1g可溶性淀粉，用少量水调成糊状，加沸水至100mL，冷后置冰箱内保存。

⑪ 缓冲溶液（pH约为10）。称取2g氯化铵（NH_4Cl）溶于100mL氨水中，加塞，置于冰箱中保存。

⑫ 2%（质量浓度）4-氨基安替比林溶液。称取4-氨基安替比林（$C_{11}H_{13}N_3O$）2g溶于水，稀释至100mL，置于冰箱内保存。可使用一周。注：固体试剂易潮解、氧化，宜保存在干燥器中。

⑬ 8%（质量浓度）铁氰化钾溶液。称取8g铁氰化钾｛$K_3[Fe(CN)_6]$｝溶于水，稀释至100mL，置于冰箱内保存。可使用一周。

5.8.4 实验步骤

（1）水样预处理

① 量取250mL水样置于蒸馏瓶中，加数粒小玻璃珠以防暴沸，再加两滴甲基橙指示液，用磷酸溶液调节至pH=4（溶液呈橙红色）。加5.0mL硫酸铜溶液（如采样时已加过硫酸铜，则补加适量）。如加入硫酸铜溶液后产生较多量的黑色硫化铜沉淀，则应摇匀后放置片刻，待沉淀后，再滴加硫酸铜溶液，至不再产生沉淀。

② 连接冷凝器，加热蒸馏，至蒸馏出约225mL时，停止加热，放冷。向蒸馏瓶中加入25mL水，继续蒸馏至馏出液为250mL。蒸馏过程中，如发现甲基橙的红色褪去，应在蒸馏结束后，再加1滴甲基橙指示液。如发现蒸馏后残液不呈酸性，则应重新取样，增加磷酸加入量，进行蒸馏。

（2）标准曲线的绘制

于一组8支50mL比色管中，分别加入0mL、0.50mL、1.00mL、3.00mL、5.00mL、7.00mL、10.00mL、12.50mL苯酚标准中间液，加水至50mL标线。加0.5mL缓冲溶液，混匀，此时pH值为10.0±0.2，加4-氨基安替比林溶液1.0mL，混匀。再加1.0mL

铁氰化钾溶液，充分混匀，放置10min后立即于510nm波长处，用20mm比色皿，以水为参比，测量吸光度。经空白校正后绘制吸光度对苯酚含量（mg）的标准曲线。

（3）水样的测定

分取适量馏出液于50mL比色管中，稀释至50mL标线。用与绘制标准曲线相同步骤测定吸光度，计算减去空白试验后的吸光度。空白试验是以水代替水样，经蒸馏后，按与水样相同的步骤测定的。水样中挥发酚类的含量按下式计算：

$$挥发酚类(以苯酚计\ mg/L)=(m\times1000)/V$$

式中 m——水样吸光度经空白校正后从标准曲线上查得的苯酚含量，mg；

V——移取馏出液体积，mL。

5.8.5 注意事项

① 如水样含挥发酚较高，移取适量水样并加至250mL进行蒸馏，则在计算时应乘以稀释倍数。如水样中挥发酚类浓度低于0.5mg/L时，采用4-氨基安替比林萃取分光光度法。

② 当水样中含游离氯等氧化剂，硫化物、油类、芳香胺类及甲醛、亚硫酸钠等还原剂时，应在蒸馏前先作适当的预处理。

5.9 水中氨氮的测定（纳氏试剂比色法）

5.9.1 实验目的

了解氨氮测定的环境意义；

掌握纳氏试剂分光光度法测定水中氨氮的原理及操作方法。

5.9.2 实验原理

氨氮是指以游离态的氨或铵离子（NH_4^+）等形式存在的氮。在碱性条件下，氨离子与纳氏试剂（碘化汞和碘化钾的碱性溶液）生成棕黄色络合物，其色度与氨氮含量成正比，在410～425nm范围内测量其吸光度，计算其含量。反应式如下：

$$\underset{纳氏试剂}{2K_2[HgI_4]}+3KOH+NH_3 \rightleftharpoons \underset{黄色或棕色}{\left[O\begin{smallmatrix}\diagup Hg \diagdown\\ \diagdown Hg \diagup\end{smallmatrix}NH_2\right]I}+7KI+2H_2O$$

5.9.3 实验仪器、试剂

（1）仪器

500mL全玻璃蒸馏器；50mL具塞比色管；分光光度计；pH计。

（2）试剂

配制试剂用水均应为无氨水。

① 无氨水。可用一般纯水通过强酸性阳离子交换树脂或加硫酸和高锰酸钾后重蒸馏得到。

② 1mol/L氢氧化钠溶液。

③ 吸收液。

a. 硼酸溶液。称取20g硼酸溶于水中，稀释至1L。

b. 0.01mol/L硫酸溶液。

④ 纳氏试剂。称取16g氢氧化钠，溶于50mL水中，充分冷却至室温。另称取7g碘化钾和碘化汞溶于水，然后将此溶液在搅拌下徐徐注入氢氧化钠溶液中。用水稀释至100mL，贮于聚乙烯瓶中，密塞保存。

⑤ 酒石酸钾钠溶液。称取50g酒石酸钾钠溶于100mL水中，加热煮沸以除去氨，放冷，定容至100mL。

⑥ 铵标准贮备溶液。称取3.819g经100℃干燥过的氯化铵溶于水中，移入1000mL容量瓶中，稀释至标线。此溶液每毫升含1.00mg氨氮。

⑦ 铵标准使用溶液。移取5.00mL铵标准贮备液于500mL容量瓶中，用水稀释至标线。此溶液每毫升含0.010mg氨氮。

5.9.4 实验步骤

（1）水样预处理

取250mL水样（如氨氮含量较高，可取适量并加水至250mL，使氨氮含量不超过2.5mg），移入凯氏烧瓶中，加数滴溴百里酚蓝指示液，用氢氧化钠溶液或盐酸溶液调节至pH=7左右。加入0.25g轻质氧化镁和数粒玻璃珠，立即连接氮球和冷凝管，导管下端插入吸收液液面下，加热蒸馏，至馏出液达200mL时，停止蒸馏，定容至250mL。

采用酸滴定法或纳氏比色法时，以50mL硼酸溶液为吸收液。

（2）标准曲线的绘制

吸取0mL、0.50mL、1.00mL、3.00mL、7.00mL和10.00mL铵标准溶液分别于50mL比色管中，加水至标线，加1.0mL酒石酸钾溶液，混匀。加1.5mL纳氏试剂，混匀，放置10min后，在波长420nm处，用光程20mm比色皿，以水为参比，测定吸光度。以测定的吸光度A_0减去零浓度空白管的吸光度，得到校正吸光度A，绘制氨氮含量（mg）对校正吸光度A的标准曲线，求出线性回归曲线和相关系数。

（3）水样的测定

① 分取适量经絮凝沉淀预处理后的水样（使氨氮含量不超过0.1mg），加入50mL比色管中，稀释至标线，加0.1mL酒石酸钾钠溶液，以下步骤同标准曲线的绘制。

② 分取适量经蒸馏预处理后的馏出液（清洁水样取50mL，含氨较高的污染水样取5～30mL），加入50mL比色管中，加一定量1mol/L氢氧化钠溶液，以中和硼酸，稀释至标线。加1.5mL纳氏试剂，混匀，放置10min后，同标准曲线步骤测量吸光度。

5.9.5 实验计算

水样测得的吸光度减去空白试验的吸光度后，从标准曲线上查找氨氮量（mg）后，按下式计算：

$$氨氮(N,mg/L)=\frac{m}{V}\times 1000$$

式中 m——由校准曲线查得的氨氮量，mg；

V——水样体积，mL。

5.9.6 实验提示

① 配制试剂用水均应为无氨水，应作全程序空白实验。

② 收集时应将冷凝管的导管浸入吸收液。蒸馏结束 2～3min，应把锥形瓶放低，使吸收液面脱离冷凝管，并再蒸馏片刻以洗净冷凝管和导管，用无氨水稀释至 250mL 备用。

③ 蒸馏时应避免暴沸，否则可造成馏出液温度升高，氨吸收不完全。

④ 纳氏试剂中 HgI_2 和 KI 的比例，对显色反应灵敏度有很大影响，理论上 HgI_2 和 KI 的质量比为 1.37∶1.00。静置后生成的沉淀应除去，取上清液使用。

5.10 亚硝酸盐氮的测定［N-(1-萘基)乙二胺分光光度法］

5.10.1 实验目的

掌握 N-(1-萘基) 乙二胺测定亚硝酸盐氮的方法。

5.10.2 实验原理

亚硝酸盐氮是氮循环的中间产物，不稳定。在水环境不同的条件下，可氧化成硝酸盐氮，也可被还原成氨。亚硝酸盐氮在水中可受微生物作用，很不稳定，采集后应立即分析或冷藏抑制生物影响。在磷酸介质中，pH 值为 1.8±0.3 时，亚硝酸盐与对氨基苯磺酰胺（简称磺胺）反应，生成重氮盐，再与 N-(1-萘基) 乙二胺偶联生成红色染料，在波长 540nm 处有最大吸收。

5.10.3 实验仪器、试剂

（1）仪器

分光光度计；G-3 玻璃砂心漏斗。

（2）试剂

① 显色剂。于 500mL 烧杯中加入 250mL 水和 50mL 磷酸，加入 20.0g 对氨基苯磺酰胺；再将 1.00gN-(1-萘基) 乙二胺二盐酸盐溶于上述溶液中，转移至 500mL 容量瓶中，用水稀释至标线。

② 亚硝酸盐氮标准贮备液。称取 1.232g 亚硝酸钠溶于 150mL 水中，移至 1000mL 容量瓶中，稀释到标线。每毫升约含 0.25mg 亚硝酸盐氮。本溶液加入 1mL 三氯甲烷，保存一个月。

③ 亚硝酸盐氮标准中间液。分取适量亚硝酸盐标准贮备液（使含 12.5mg 亚硝酸盐氮），置于 250mL 棕色容量瓶中，稀释至标线，可保存一周。此溶液每毫升含 50μg 亚硝酸盐氮。

④ 亚硝酸盐氮标准使用液。取 10.00mL 中间液，置于 500mL 容量瓶中，稀释至标线。每毫升含 1.00μg 亚硝酸盐氮。

5.10.4 实验步骤

（1）校准曲线的绘制

① 在一组6支50mL的比色管中，分别加入0mL、1.00mL、3.00mL、5.00mL、7.00mL和10.00mL亚硝酸盐标准使用液，用水稀释至标线，加入1.00mL显色剂，密塞混匀。静置20min后，在2h内，于波长540nm处，用10mm的比色皿，以水为参比，测量吸光度。

② 从测定的吸光度，减去空白吸光度后，获得校正吸光度，根据回归方程绘制校准曲线。

（2）水样的测定

① 当水样pH≥11时，加入1滴酚酞指示剂，边搅拌边逐滴加入（1＋9）磷酸溶液，至红色消失。

② 水样如有颜色或悬浮物，可向每100mL水中加入2mL氢氧化铝悬浮液，搅拌，静置，过滤弃去25mL初滤液。

③ 分别将经预处理的水样加入50mL比色管中（如含量较高，则分取适量，用水稀释至标线），加入1.0mL显色剂，然后按校准曲线绘制相同步骤操作，测量吸光度。经空白校正后，从校准曲线上查得亚硝酸盐氮量。

（3）空白试验

用水代替水样，按相同步骤进行测定。

5.10.5 实验计算

$$亚硝酸盐氮(N,mg/L)=m/V$$

式中 m——水样测得的校准吸光度，从校准曲线上查得相应的亚硝酸盐氮的含量，μg；

V——取水样的体积，mL。

5.10.6 注意事项

① 显色剂有毒，避免与皮肤接触或吸入体内。

② 测得水样的吸光度值，不得大于校准曲线的最大吸光度值，否则水样要预先进行稀释。

5.11 总磷的测定（钼酸铵分光光度法）

5.11.1 实验目的

掌握总磷的测定方法与原理。

了解水体中过量的磷对水环境的影响。

5.11.2 实验原理

在中性条件下用过硫酸钾（或硝酸-高氯酸）使试样消解，将所含磷全部氧化为正磷酸盐。在酸性介质中，正磷酸盐与钼酸铵反应，在锑盐存在下生成磷钼杂多酸后，立即被抗坏血酸还原，生成蓝色的络合物。

5.11.3 实验仪器、试剂

（1）仪器

医用手提式蒸汽消毒器或一般压力锅（1.1～1.4kgf/cm²[1]）；50mL 具塞（磨口）刻度管；分光光度计。

（2）试剂

① 硫酸，密度为 1.84g/mL。

② 硝酸，密度为 1.4g/mL。

③ 高氯酸，优级纯，密度为 1.68g/mL。

④ 硫酸（体积比），1+1。

⑤ 硫酸，约 0.5mol/L。将 27mL 硫酸加入到 973mL 水中。

⑥ 氢氧化钠溶液，1mol/L。将 40g 氢氧化钠溶于水并稀释至 1000mL。

⑦ 氢氧化钠溶液，6mol/L。将 240g 氢氧化钠溶于水并稀释至 1000mL

⑧ 过硫酸钾溶液，50g/L。将 5g 过硫酸钾（$K_2S_2O_8$）溶于水，并稀释 100mL。

⑨ 抗坏血酸溶液，100g/L。将 10g 抗坏血酸溶于水中，并稀释至 100mL。此溶液贮于棕色的试剂瓶中，在冷处可稳定几周，如不变色可长时间使用。

⑩ 钼酸盐溶液。将 13g 钼酸铵［$(NH_4)_6Mo_7O_{24}\cdot 4H_2O$］溶于 100mL 水中，将 0.35g 酒石酸锑钾［$KSbC_4HO_7\cdot 0.5H_2O$］溶于 100mL 水中。在不断搅拌下分别把上述钼酸铵溶液、酒石酸锑钾溶液徐徐加到 300mL 硫酸中混合均匀。此溶液贮存于棕色瓶中，在冷处可保存三个月。

⑪ 浊度-色度补偿液。混合两体积硫酸和一体积抗坏血酸。使用当天配制。

⑫ 磷标准贮备溶液。称取 0.2197g 于 110℃ 干燥在干燥器中放冷的磷酸二氢钾（KH_2PO_4），用水溶解后转移到 1000mL 容量瓶中，加入大约 800mL 水，加 5mL 硫酸然后用水稀释至标线，混匀。1.00mL 此标准溶液含 50.0μg 磷。

⑬ 磷标准使用溶液。将 10.00mL 磷标准贮备溶液转移至 250mL 容量瓶中，用水稀释至标线并混匀。1.00mL 此标准溶液含 2.0g 磷。使用当天配制。

5.11.4 实验步骤

（1）采样

采取 500mL 水样后加入 1mL 硫酸调节样品的 pH 值，使之低于或等于 1，或不加任何试剂于冷处保存。

注：含磷量较少水样，不要用塑料瓶采样，因磷酸盐易吸附在塑料瓶壁上。

（2）试样的制备

取 25mL 样品于比色管中。取时应仔细摇匀，以得到溶解部分和悬浮部分均具有代表性的试样。如样品中含磷浓度较高，试样体积可以减少。

---

[1] $1kgf/cm^2=98.0665kPa$。

(3) 样品测定

① 空白试样按规定进行空白试验，用蒸馏水代替试样，并加入与测定时相同体积的试剂。

② 过硫酸钾消解。向试样中加4mL过硫酸钾，将比色管的盖塞紧后，用一小块布和线将玻璃塞扎紧（或用其他方法固定），放在大烧杯中置于高压蒸汽消毒器中加热，待压力达1.1kgf/cm^2，相应温度为120℃时，保持30min后停止加热。压力表读数降至零后，取出放冷。然后用水稀释至标线。

注：如用硫酸保存水样，当用过硫酸钾消解时，需先将试样调至中性。若用过硫酸钾消解不完全，则用硝酸-高氯酸消解。

③ 硝酸-高氯酸消解。取25mL试样于锥形瓶中，加数粒玻璃珠，加2mL硝酸，在电热板上加热浓缩至10mL。冷后加5mL硝酸，再加热浓缩至10mL，冷却。再加3mL高氯酸，加热至高氯酸冒白烟，此时可在锥形瓶上加小漏斗或调节电热板温度，使消解液在瓶内壁保持回流状态，直至剩下3～4mL，冷却。加水10mL，加1滴酚酞指示剂，滴加氢氧化钠溶液至刚好呈微红色，再滴加硫酸溶液使微红刚好褪去，充分混匀，移至具塞刻度管中，用水稀释至标线。

④ 分光光度测量。室温下放置15min后，使用30mm比色皿，在700nm波长下，以水作参比，测定吸光度。扣除空白试验的吸光度后，从工作曲线上查得磷的含量。

注：如显色时室温低于13℃，在20～30℃水浴上显色15min即可。

(4) 工作曲线的绘制

取7支具塞比色管分别加入0mL、0.50mL、1.00mL、3.00mL、5.00mL、10.00mL、15.00mL磷酸盐标准使用溶液。加水至25mL。然后按测定步骤(3)进行处理。以水作参比，测定吸光度。扣除空白试验的吸光度后，和对应的磷的含量绘制工作曲线。

5.11.5 实验计算

总磷含量以C(mg/L)表示，按下式计算：

$$C=m/V$$

式中 m——试样测得的磷含量，μg；

V——测定用试样体积，mL。

5.11.6 注意事项

① 用硝酸-高氯酸消解需要在通风橱中进行。高氯酸和有机物的混合物经加热易发生危险，需将试样先用硝酸消解，然后再加入高氯酸消解。

② 绝不可把消解的试样蒸干。

③ 如消解后有残渣时，用滤纸过滤于具塞比色管中。

④ 水样中的有机物用过硫酸钾氧化不能完全破坏时，可用此法消解。

分别向各份消解液中加入1mL抗坏血酸溶液混匀，30s后加2mL钼酸盐溶液充分混匀。

⑤ 如试样中含有浊度或色度时，需配制一个空白试样（消解后用水稀释至标线），然后向试料中加入3mL浊度-色度补偿液，但不加抗坏血酸溶液和钼酸盐溶液。然后从试料的吸

光度中扣除空白试料的吸光度。

⑥ 砷大于 2mg/L 干扰测定，用硫代硫酸钠去除。硫化物大于 2mg/L 干扰测定，通氮气去除。铬大于 50mg/L 干扰测定，用亚硫酸钠去除。

5.12 水中常见阴离子的测定（离子色谱法）

5.12.1 实验目的

掌握离子色谱法分析的基本原理；
掌握常见阴离子的测定方法；
掌握离子色谱的定性和定量分析方法；
掌握离子色谱仪的组成及基本操作技术。

5.12.2 实验原理

离子色谱法中使用的固定相是离子交换树脂。离子交换树脂上分布有固定的带电荷的基团和能离解的离子。当样品加入离子交换树脂后，用适当的溶液洗脱，样品离子即与树脂上能离解的离子进行交换，并且连续进行可逆交换分配，最后达到平衡。不同阴离子（氟离子、氯离子、硝酸根、亚硝酸根等）与阴离子树脂之间亲和力不同，其在交换柱上的保留时间不同，从而达到分离的目的。根据离子色谱峰的峰高或峰面积可对样品中的阴离子进行定性和定量分析。

5.12.3 实验仪器、试剂

仪器：离子色谱仪；阴离子分析色谱柱；阴离子分析色谱保护柱；超声发生器；真空过滤装置。

试剂：NaF、KCl、$NaNO_2$、$NaNO_3$ 均为优级纯；超纯水。

5.12.4 实验步骤

① 准备浓度分别为 10mg/L、20mg/L、30mg/L 和未知浓度的试样各一份（含 KCl、$NaNO_3$）。

② 设置仪器参数。淋洗液流量 1.2mL/min，数据采集时间 10min。

③ 用注射器注入 10mg/L 的溶液进入离子色谱仪并观察色谱图，一段时间后记下相关数据，依次进行其他浓度试样的检测（注意试液装入前清洗三次，最后抽取时无气泡）。

④ 绘制标准曲线。

5.12.5 实验记录

表 5-3 实验结果记录

溶液	离子	出峰时间/min	峰面积
10mg/L	氯离子	4.137	0.3766

续表

溶液	离子	出峰时间/min	峰面积
10mg/L	硝酸根	6.887	0.2363
20mg/L	氯离子	4.147	0.7024
20mg/L	硝酸根	6.910	0.4355
30mg/L	氯离子	4.143	1.0564
30mg/L	硝酸根	6.903	0.6490
未知	未知	4.147	0.8383
未知	未知	6.913	0.5215

① 根据标准试样和样品试样色谱图中色谱峰的保留时间，确定被分析离子在色谱图中的位置

由表 5-3 可知，色谱图中在 4.147min 出现的离子是 Cl^-，6.913min 出现的离子是 NO_3^-。

② 绘制标准曲线，拟合线性回归方程。

③ 计算水样中被测阴离子的含量：Cl^- 及 NO_3^-。

5.12.6 注意事项

① 淋洗液必须先进行超声脱气处理。

② 所有进样液体必须经过过滤。

5.13 水中矿物油的测定（紫外分光光度法）

5.13.1 实验目的

加深对环境中油类污染的认识，掌握油类的分析方法和技术，学会使用紫外分光光度计。

5.13.2 实验原理

水中的油类来自较高级生物或浮游生物的分解，也有来自工业废水和生活污水的污染。漂浮于水体表面的油，影响空气-水体界面中氧的交换。分散于水中的油，部分吸附于悬浮微粒上，或以乳化状态存在于水体中，部分溶于水中。水中的油可被微生物氧化分解，从而消耗水中溶解氧，使水质恶化。

重量法是常用的分析方法，它不受油的品种限制，所测定的油不能区分矿物油和动、植物油。重量法方法准确，但操作繁杂，灵敏度差，只适于测定 5mg/L 以上的油品。紫外分光光度法比重量法简单。石油类含有的具有共轭体系的物质在紫外光区有特征吸收峰。带有苯环的芳香族化合物主要吸收波长为 250～260nm，带有共轭双键的化合物主要吸收波长为 215～230nm。一般原油的两个吸收峰波长为 225nm 及 256nm，其他油品如燃料油、润滑油等的吸收峰也与原油相近。本方法测定波长选为 256nm，最低检出浓度为 0.05mg/L，测定

上限为10mg/L。

5.13.3 实验仪器、试剂

(1) 仪器

紫外分光光度计（具有1cm石英比色皿）；1L分液漏斗；25mL容量瓶。

(2) 试剂

① 石油醚（60～90)℃或正己烷。纯化后使用，透光率大于80%。如不纯，可用下法纯化。

将0.30～0.15mm（60～100目）粗孔微球硅胶和0.246～0.125mm（70～120目）中性色谱氧化铝在150～160℃活化4h，趁温热装入直径2.5cm、长75cm的玻璃柱中，使硅胶柱高60cm，上面覆盖5cm厚的氧化铝层。将石油醚通过此柱后收集于试剂瓶中。以水为参比，在256nm处透光率应大于80%。

② 油标准贮备液。用20号重柴油、15号机油或其他认定的标准油品配制。准确称取标准油品0.1000g溶于石油醚中，移至100mL容量瓶中，并用石油醚稀释至标线，此溶液每毫升含1.00mg油，贮于冰箱备用。

③ (1+1) 硫酸。

④ 氯化钠。

⑤ 无水硫酸钠（事先于马福炉300℃烘1h，冷后装瓶）。

5.13.4 实验步骤

(1) 标准曲线的绘制

把油标准贮备液用石油醚稀释为每毫升含0.100mg油的标准液。向8个10mL容量瓶中依次加入油标准液0.20mL、0.50mL、1.00mL、2.00mL、3.00mL、5.00mL、7.00mL、10.00mL，用石油醚稀释至标线。其相应的浓度为2.00mg/L、5.00mg/L、10.00mg/L、20.00mg/L、30.00mg/L、50.00mg/L、70.00mg/L、100.00mg/L。最后，在波长256nm处，用1cm石英比色皿，以石油醚为参比液测定标准系列的吸光度，并绘制标准曲线。

(2) 试样的准备

将水样500mL全部倾入1000mL分液漏斗中，加入5mL（1+1）硫酸（若水样取样时已酸化，可不加）及20g氯化钠，加塞摇匀，用15mL石油醚洗采样瓶，并把此洗液移入分液漏斗中，充分振摇2min（注意放气），静置分层。把下层水样放入原采样瓶中，上层石油醚放入25mL容量瓶中，再加入10mL石油醚，重复提取水样一次，合并提取液于容量瓶中。加石油醚至标线，摇匀。若容量瓶里有水珠或浑浊，可加入少量无水硫酸钠脱水。

(3) 测定吸光度

在波长256nm处，用1cm石英比色皿，以脱芳烃的石油醚为参比，测定其吸光度，并在标准曲线上查出相应的浓度值。

5.13.5 实验计算

水中矿物油的含量采用如下公式计算：

$$C_{油}=\frac{CV_2}{V_1}$$

式中 $C_{油}$——水中矿物油的含量，mg/L；

C——从标准曲线上查出的相应油浓度，mg/L；

V_1——被测水样体积，mL；

V_2——石油醚定容体积，mL。

5.13.6 注意事项

① 使用的石油醚应在一个较大的容器中混匀，使用相同透光率的石油醚，绘制标准曲线及样品测定，否则会由于空白值不同而产生误差。

② 采集的样品必须有代表性。当只测定水中乳化状态的石油时，要避开漂浮在水面的油，一般在水表面以下 20～50cm 处取水样。若要连同油膜一起采样，要注意水的深度、油膜厚度及覆盖面积。

③ 采样瓶应为定容的（如 500mL 或 1000mL）清洁玻璃瓶，用溶剂清洗干净，勿用肥皂洗。每次采样时，应装水至刻度线。

④ 为了保存水样，采集样品之前，可向瓶里加入硫酸［每升水样加 5mL（1＋1）硫酸］，使水样 pH＜2，抑制微生物活动，于低温下（＜4℃）保存。在常温下，样品可保存 24h。

5.14 水中铅的测定 (原子吸收分光光度法)

5.14.1 实验目的

学会用火焰原子吸收分光光度法直接测定水样中的铅。

5.14.2 实验原理

试样溶液经雾化后送入火焰中被火焰原子化，使被测元素转变为基态原子，被测元素空心阴极灯发出的共振线通过基态原子时，发生选择性共振吸收而使光强减弱，吸收遵循 Beer 定律。

5.14.3 实验仪器、试剂

（1）仪器

TAS-990 型原子吸收分光光度计、Pd 空心阴极灯。

（2）试剂

Pd 标准溶液（1000μg/mL），HNO_3（优级纯），$MgCl_2$、H_2O、NaOH（分析纯），去离子水。实验所使用玻璃器皿均用 5% HNO_3 溶液浸泡 24h 以上，然后用二次蒸馏水洗净，晾干后使用。

5.14.4 实验步骤

（1）标准溶液的配制

① HNO_3 溶液（1+1）。取 50mL 浓硝酸，用超纯水稀释至 100mL。

② HNO_3 溶液（1%）。取 10mL 浓硝酸，用超纯水稀释至 1000mL。

③ NaOH 溶液（200g/L）。称取 20g NaOH，用超纯水溶解稀释至 100mL。

④ $MgCl_2$ 溶液（100g/L）。称取 10g $MgCl_2$，用超纯水溶解稀释至 100mL。

（2）标准工作曲线的绘制

① 配制 Pb 系列标准溶液。浓度分别为 0μg/mL、0.05μg/mL、0.10μg/mL、0.15μg/mL、0.20μg/mL。

② 用原子吸收分光光度计测定标准溶液的吸光度，用最小二乘法计算，得出铅标准曲线方程。

（3）水样的测定

取 500mL 过 0.45μm 滤膜的水样和 500mL 自来水样分别置于两个烧杯中，分别加入 5mL $MgCl_2$（边加边搅拌），稳定 10min，再加入 NaOH 溶液（边加边搅拌），同时测定溶液 pH 值，待溶液 pH 值大于 11 时，停止加入 NaOH 溶液。静置至 $Mg(OH)_2$ 沉淀全部析出时，吸出上清液，再用适量硝酸溶液（1+1）溶解下层溶液，转入 100mL 容量瓶中，用 1%硝酸溶液稀释至刻度，摇匀。使用原子吸收分光光度计测定水样的吸光度。根据标准曲线计算 Pb 的含量。

5.14.5 实验计算

Pb 的计算公式如下

$$C=W\times 1000/V$$

式中 C——水样中 Pb 的浓度，μg/L；

W——水样中 Pb 的含量，μg；

V——测定用试样体积，mL。

5.15 水中汞的测定（冷原子吸收法）

5.15.1 实验目的

了解掌握测定汞的方法，并熟悉测汞仪的操作方法；

熟练掌握冷原子吸收法测定汞的原理与操作。

5.15.2 实验原理

汞原子蒸气对波长 253.7nm 的紫外线具有强烈的吸收作用，汞蒸气浓度与响应值成正比。在硫酸-硝酸介质及加热条件下，用高锰酸钾和过硫酸钾将试样消解；或用溴酸钾和溴化钾混合剂，在 0.6～2mol/L 的酸性介质中产生溴，将试样消解；或直接对试样进行微波消解。消解使所含汞全部转化为二价汞，用盐酸羟胺将过剩的氧化剂还原，再用氯化亚锡将二价汞还原成金属汞。在室温通入空气或氮气流，将金属汞汽化，载入冷原子吸收汞分析仪，测定响应值，可求得试样中的汞含量。

5.15.3 实验仪器、试剂

仪器：WCG-206型微分测汞仪；分光光度计；无色多孔玻板吸收管；10mL具塞比色管。

试剂：汞标准溶液（0.05μg/L）；浓硫酸（1.84g/mL）；5%高锰酸钾；硝酸（1.42g/mL）；盐酸溶液（1.19g/mL）；氯化亚锡溶液。

5.15.4 实验步骤

（1）水样预处理

样品采回后，取100mL检验合格的容量瓶若干只，先加入约1/2被测水样，再加入0.4mL饱和高锰酸钾溶液和0.2mL浓硫酸溶液，再用该水样稀释至刻度摇匀。由于水样中可能含有有机汞，所以需要酸化消解30min后测定（室温消解即可）。

（2）标准系列配制

取6只100mL容量瓶，首先分别加入约1/2去离子水，再加入0.4mL饱和高锰酸钾和0.2mL浓硫酸，摇匀。再分别加入汞标准使用液0mL、0.40mL、0.80mL、1.60mL、3.20mL和6.40mL（对应浓度分别为：0μg/L、0.40μg/L、0.80μg/L、1.60μg/L、3.20μg/L、6.40μg/L），用去离子水定容至刻度，摇匀。

（3）测定

① 仪器的工作条件。要求室内电压稳定，建议配置1～5kW电子交流稳压电源，室温10～25℃，相对湿度20%～80%，避免阳光直射，室内空气清洁，通风良好，无汞蒸气及烟尘污染。当仪器预热30min后，仪器进入正常工作状态。调整满度电压，一般调整满度电压在8.5左右即可。

② 分析结果的表述。通过测得的标准曲线，来检测水样中汞的含量。

5.15.5 实验计算

水样中的总汞含量ρ（μg/L）按照以下公式进行计算：

$$\rho=\frac{(\rho_1-\rho_0)V_0}{V}\times\frac{V_1+V_2}{V_1}$$

式中 ρ——水样中总汞的含量，μg/L；

ρ_1——根据校准曲线计算出试样中总汞的浓度，μg/L；

ρ_0——根据校准曲线计算出空白试样中总汞的浓度，μg/L；

V——制备试样时分取样品体积，mL；

V_0——标准系列的定容体积，mL；

V_1——采样体积，mL；

V_2——采样时向水样中加入硫酸体积，mL。

如果对采样时加入的试剂体积忽略不计，则上式中$(V_1+V_2)/V_1$可以略去。

5.15.6 注意事项

① 在把标准溶液和样品加入反泡瓶前，要使标准溶液和样品充分摇匀。

② 在每次向反泡瓶中加入氯化亚锡溶液前，要把氯化亚锡溶液不断搅拌均匀后用刻度吸管吸取 0.5mL 加入到反泡瓶中，进行测量。

③ 当反泡瓶测量时，在测量出现峰值后及时拔下进样管，以免污染气路及光路。

④ 冷原子吸收法测汞灵敏度极高，极易受汞污染而影响测定，所用器具必须保持高度洁净。平时试验完成后，若试液含汞量较少，则可向所剩试液加入自来水或纯水满瓶存放，下次试验时用自来水充分冲洗后即可用于试验，这样做更能保持容器洁净，减少对汞测定的干扰。新的玻璃器皿或长时间空置的器皿应用硝酸浸泡过夜洗涤后使用。

⑤ 不得测量有机气体中的汞，防止污染气路和光路。

5.16 水中总大肠菌群的测定（多管发酵法）

5.16.1 实验目的

学习测定水中大肠菌群数量的多管发酵法；
了解大肠菌群的数量在饮水中的重要性。

5.16.2 实验原理

多管发酵法包括初（步）发酵试验、平板分离和复发酵试验三个部分。

（1）初（步）发酵试验

发酵管内装有乳糖蛋白胨液体培养基，并倒置一德汉氏小套管。乳糖能起选择作用，因为很多细菌不能发酵乳糖，而大肠菌群能发酵乳糖而产酸产气。为便于观察细菌的产酸情况，培养基内加有溴甲酚紫作为 pH 指示剂，细菌产酸后，培养基即由原来的紫色变为黄色。溴甲酚紫还有抑制其他细菌如芽孢菌生长的作用。

水样接种于发酵管内，37℃下培养，24h 内小套管中有气体形成，并且培养基浑浊，颜色改变，说明水中存在大肠菌群，为阳性结果，但也有个别其他类型的细菌在此条件下也可能产气。此外产酸不产气的也不能完全说明是阴性结果；在量少的情况下，也可能延迟到 48h 后才产气，此时应视为可疑结果，因此，以上两种结果均需继续做下面两部分试验，才能确定是否是大肠菌群。48h 后仍不产气的为阴性结果。

（2）平板分离

平板培养基一般使用复红亚硫酸钠琼脂（远藤培养基，Endo′s medium）或伊红-亚甲蓝琼脂（eosin-methylene blue agar，EMB agar）。前者含有碱性复红染料，在此作为指示剂，它可被培养基中的亚硫酸钠脱色，使培养基呈淡粉红色，大肠菌群发酵乳糖后产生的酸和乙醛即和复红反应，形成深红色复合物，使大肠菌群菌落变为带金属光泽的深红色。亚硫酸钠还可抑制其他杂菌的生长。伊红-亚甲蓝琼脂平板含有伊红与美蓝（亚甲蓝）染料，在此亦作为指示剂，大肠菌群发酵乳糖造成酸性环境时，该两种染料即结合成复合物，使大肠菌群产生与远藤培养基上相似的、带核心的、有金属光泽的深紫色（龙胆紫的紫色）菌落。初发酵管 24h 内产酸产气和 48h 产酸产气的均需在以上平板上划线分离菌落。

（3）复发酵试验

以上大肠菌群阳性菌落，经涂片染色为革兰氏阴性无芽孢杆菌者，通过此试验再进一步证实。原理与初发酵试验相同，经 24h 培养产酸又产气的，最后确定为大肠菌群阳性结果。

5.16.3 实验仪器、试剂

乳糖蛋白胨发酵管（内有倒置小套管），三倍浓缩乳糖蛋白胨发酵管（瓶）（内有倒置小套管），伊红-亚甲蓝琼脂平板，灭菌水，载玻片，灭菌带玻璃塞空瓶，灭菌吸管，灭菌试管等。

5.16.4 实验步骤

（1）自来水水样

① 初（步）发酵试验在2个含有50mL三倍浓缩的乳糖蛋白胨发酵液的烧瓶中，各加入100mL水样。在10支含有5mL三倍浓缩乳糖蛋白胨发酵液的管中，各加入10mL水样。混匀后，37℃培养24h，24h未产气的继续培养至48h。

② 平板分离。经24h培养后，将产酸产气及48h产酸产气的发酵管（瓶），分别划线接种于伊红-亚甲蓝琼脂平板上，再于37℃下培养18～24h，将符合下列特征的菌落的一小部分，进行涂片，革兰氏染色，镜检。

a. 深紫黑色，有金属光泽。

b. 紫黑色，不带或略带金属光泽。

c. 淡紫红色，中心颜色较深。

③ 复发酵试验。经涂片、染色、镜检，如为革兰氏阴性无芽孢杆菌，则挑取该菌落的另一部分，重新接种于普通浓度的乳糖蛋白胨发酵管中，每管可接种来自同一初发酵管的同类型菌落1～3个，37℃培养24h，结果若产酸又产气，即证实有大肠菌群存在。证实有大肠菌群存在后，再根据初发酵试验的阳性管（瓶）数查表即得大肠菌群数。

（2）池水、河水或湖水等的检查

① 将水样稀释10倍（10^{-1}）和100倍（10^{-2}）。

② 分别吸取1mL 10^{-2}、10^{-1}的稀释水样和1mL原水样，各装入含有10mL普通浓度乳糖蛋白胨发酵液的管中。另取10mL和100mL原水样，分别注入装有5mL和50mL三倍浓缩乳糖蛋白胨发酵液的试管（瓶）中。

③ 以下步骤同上述自来水的平板分离和复发酵试验。

④ 将100.00mL、10.00mL、1.00mL、10^{-1}mL和10^{-2}mL水样的发酵管结果查表即得每升水样中的大肠菌群数。

5.16.5 实验记录

根据证实有大肠菌群存在的复发酵管的阳性管，查表5-4，报告每升水样品中大肠菌群数（MPN）。

表5-4 大肠菌群检数表①

10mL水量的阳性管数	100mL水量的阳性管数		
	0	1	2
	每升水样中大肠菌群数		
0	<3	4	11
1	3	8	18

续表

10mL 水量的阳性管数	100mL 水量的阳性管数		
	0	1	2
	每升水样中大肠菌群数		
2	7	13	27
3	11	18	38
4	14	24	52
5	18	30	70
6	22	36	92
7	27	43	120
8	31	51	161
9	36	60	230
10	40	69	>230

① 接种水样总量 300mL（100mL 2 份，10mL 10 份）

5.16.6 注意事项

① 水样在采集、运输、保存、测定过程应不受污染。

② 试验过程所有玻璃器皿均应无菌。

③ 若复发酵试验阳性结果明显，平板分离实验可忽略。

5.17 水的酸度和总碱度的测定

5.17.1 实验目的

了解酸度和总碱度的基本概念；

掌握指示剂滴定法测定酸度和总碱度的原理和方法。

5.17.2 实验原理

酸度是指水样中含有能与强碱发生中和作用的物质的总量，主要表示水样中存在的强酸、弱酸和强酸弱碱盐等物质。酸度有两种表示方法：酚酞酸度（又称总酸度）和甲基橙酸度。

碱度是指水样中含有能与强酸发生中和作用的物质的总量，主要表示水样中存在的碳酸盐、总碳酸盐及氢氧化物。

碱度可用盐酸标准溶液进行滴定，当滴定至甲基橙指示剂由黄色变为橙红色时，溶液的 pH 值为 4.4～4.5，表明水中的重碳酸盐已被中和，此时的滴定结果称为总碱度。

5.17.3 实验仪器、试剂

（1）仪器

滴定管（酸式、碱式）；锥形瓶。

(2) 试剂

① 无二氧化碳水。

② 氢氧化钠标准溶液，$C(NaOH)=0.1mol/L$。

③ 0.5%酚酞指示剂（用于测酸度）。

④ 0.05%甲基橙指示剂（用于测酸度）。

⑤ 1%酚酞指示剂（用于测碱度）。

⑥ 0.1%甲基橙指示剂（用于测碱度）。

⑦ 碳酸钠标准溶液，$C(1/2Na_2CO_3)=0.0250mol/L$。

⑧ 盐酸标准溶液 $C(HCl)=0.0250mol/L$。

5.17.4 实验步骤

(1) 酸度测定

① 取适量水样（VmL）置于250mL锥形瓶中，用无二氧化碳水稀释至100mL，加入两滴甲基橙指示剂，用氢氧化钠标准溶液滴定至溶液由橙红色变为橙黄色，计下氢氧化钠标准溶液用量（V_1）。

② 另取一份水样（VmL）置于250mL锥形瓶中，用无二氧化碳水稀释至100mL，加入4滴酚酞指示剂，用氧氧化钠标准溶液滴定至溶液刚变为浅红色为终点。记下氢氧化钠标准溶液用量（V_2）。

(2) 碱度测定

① 取100mL水样于250mL锥形瓶中，加入4滴酚酞指示剂，摇匀。当溶液呈红色时，用盐酸标准溶液滴定至刚刚褪到无色，记录盐酸标准溶液用量（P）。若加酚酞指示剂溶液无色，则不需用盐酸标准溶液滴定，可接着进行第2步操作。

② 向上述溶液中加入3滴甲基橙指示剂，摇匀，继续用盐酸标准溶液滴定至溶液由黄色变为橙红色，记录盐酸标准溶液用量（M）

5.17.5 实验计算

(1) 酸度

$$\text{甲基橙酸度}(CaCO_3,mg/L)=\frac{CV_1\times 50.05\times 1000}{V}$$

$$\text{酚酞酸度}(\text{总酸度 } CaCO_3,mg/L)=\frac{CV_2\times 50.05\times 1000}{V}$$

式中 C——氢氧化钠标准溶液浓度，mol/L；

V_1——用甲基橙作指示剂时氢氧化钠标准溶液的耗用量，mL；

V_2——用酚酞作指示剂时氢氧化钠标准溶液耗用量，mL；

V——水样体积，mL；

50.05——$1/2CaCO_3$ 摩尔质量，g/mol。

(2) 碱度

$$\text{总碱度}(\text{以 } CaO \text{ 计},mg/L)=\frac{C(P+M)\times 28.04\times 1000}{V}$$

$$总碱度(以 CaCO_3 计,mg/L)=\frac{C(P+M)\times 50.05\times 1000}{V}$$

式中 C——盐酸标准溶液浓度，mol/L；

P——用酚酞作指示剂时盐酸标准溶液的耗用量，mL；

M——用甲基橙作指示剂时盐酸标准溶液耗用量，mL；

V——水样体积，mL；

50.05——1/2$CaCO_3$ 摩尔质量，g/mol；

28.04——1/2CaO 摩尔质量，g/mol。

5.17.6 注意事项

① 水样分析前不应打开瓶塞，不能过滤、稀释和浓缩，应及时分析，否则应在 4℃下保存。

② 水样中如含有游离氯，可在滴定前加入少量 0.10mol/L 硫代硫酸钠溶液去除，以防甲基橙指示剂褪色。

5.18 空气中总悬浮颗粒物的测定 (重量法)

5.18.1 实验目的

掌握空气中总悬浮颗粒物的测定的原理、方法和操作过程；

掌握干燥平衡、天平称量、采样等操作技术；

熟悉颗粒物采样器、分析天平、恒温恒湿箱等的使用。

5.18.2 实验原理

中流量采样法的流量为 0.05～0.15m^3/min。其原理是：抽取一定体积的空气，使之通过已恒重的滤膜，则悬浮微粒被阻留在滤膜上，根据采样前后滤膜重量之差及采气体积（标准状况），即可计算总悬浮颗粒物（TSP）的质量体积浓度。

5.18.3 实验仪器、器材

① 中流量采样器。

② 恒温恒湿箱。箱内空气温度要求在 15～30℃范围内连续可调，控温精度±1℃。

③ 分析天平。感量 0.1mg。

④ 气压计、温度计、干燥器、镊子、滤膜袋等。

⑤ 玻璃纤维滤膜，直径 8～10cm。

5.18.4 实验步骤

（1）采样

① 准确称重恒温恒湿的滤膜，读数准确至 0.1mg，记下滤膜的编号和重量，将其平展地放在光滑洁净的滤膜袋内，然后贮存于盒内备用。

② 将已恒重的滤膜用小镊子取出，“毛”面向上，平放在采样夹的网托上，拧紧采样夹。

③ 采样流量为0.10m^3/min，同时记录温度、气压和采样时间。

④ 采样后，用镊子小心取下滤膜，使采样“毛”面朝内，以采样有效面积的长边为中线对叠好，放回表面光滑的滤膜袋并贮于盒内。

(2) 样品测定

采样后的滤膜在干燥器内平衡、称重，结果及有关参数填写于表5-5。

表5-5 总悬浮颗粒物浓度测定记录

日期	滤膜编号	采样体积（标况）/m^3	采样前滤膜重量/g	采样后滤膜重量/g	样品重量/g	TSP浓度/(mg/m^3)	备注

5.18.5 实验计算

$$\text{TSP含量}(mg/m^3)=\frac{(W_1-W_2)\times10^3}{V_n}$$

式中 W_1，W_2——采样前、后滤膜的重量，g；

V_n——标准状态下的采样体积，m^3。

5.18.6 注意事项

① 实验前，要检查滤膜有无缺损。

② 采样前、后滤膜的重量称取时要尽可能一致。

③ 中流量采样一般适合测定短时间内的大气中总悬浮颗粒物的浓度，欲测定日平均浓度一般从8:00开始至第二天8:00结束，可用几张滤膜分段采样，总计采样时间不低于16h，合并计算日平均浓度。

5.19 空气中二氧化硫的测定（甲醛吸收-盐酸副玫瑰苯胺分光光度法）

5.19.1 实验目的

掌握大气中二氧化硫的测定原理、方法和操作过程。

5.19.2 实验原理

大气中的二氧化硫被甲醛缓冲溶液吸收后，生成稳定的羟基甲基磺酸加成化合物，加入氢氧化钠溶液使加成化合物分解，释放出二氧化硫与盐酸副玫瑰苯胺发生反应，生成紫红色的络合物，其最大吸收波长为577nm，用分光光度法测定。当用10mL吸收液采气10L时，最低检出浓度为0.02mg/m^3。

5.19.3 实验仪器、试剂

(1) 仪器

① 大气采样器，流量范围 0～1L/min；无色、茶色多孔玻板吸收管；10mL 具塞比色管。

② 分光光度计；恒温水浴锅。

(2) 试剂

① 二氧化硫甲醛缓冲吸收液。

② 亚硫酸钠标准溶液，相当于二氧化硫的标准溶液。

③ 盐酸副玫瑰苯胺使用液。

5.19.4 实验步骤

(1) 标准曲线的绘制

二氧化硫的标准系列见表 5-6。

表 5-6 二氧化硫标准系列

试剂	0	1	2	3	4	5	6
二氧化硫标准使用液/mL	0	0.50	1.00	2.00	5.00	8.00	10.00
甲醛缓冲吸收液/mL	10.00	9.50	9.00	8.00	5.00	2.00	0
二氧化硫含量/μg	0	0.50	1.00	2.00	5.00	8.00	10.00

各管加入 0.05％盐酸副玫瑰苯胺使用液 1.00mL、0.06％氨磺酸钠溶液 0.5mL 和 1.50mol/L NaOH 溶液 0.5mL，摇匀后放入恒温水浴中显色。

用 1cm 比色皿，于 577nm 波长处，以水为参比，测定吸光度。以吸光度对二氧化硫含量（μg）绘制标准曲线，或用最小二乘法计算出标准曲线的回归方程式。

(2) 采样

用内装 10mL 甲醛缓冲吸收液的茶色多孔玻板玻吸收管，以 0.5L/min 流量采样 10～20L。同时测定采样时的大气温度和压力。

(3) 样品测定

采样后样品放置 20min，以使臭氧分解。将吸收管中的吸收液全部移入 10mL 具塞比色管内，用少量甲醛缓冲吸收液洗涤吸收管，洗涤液并入具塞管中，用吸收液稀释至 10mL 标线。加入 0.60％氨磺酸钠溶液 0.50mL、1.50mol/L NaOH 溶液 0.5mL，摇匀，放置 10min，以除去氮氧化物的干扰，再迅速将溶液全部倒入装有 1.00mL 盐酸副玫瑰苯胺使用液的具塞比色管中，摇匀后放入恒温水浴中显色。测定步骤同标准曲线。

5.19.5 实验计算

$$二氧化硫(mg/m^3)=\frac{W}{V_n}\times\frac{V_a}{V_t}$$

式中 W——测定时所取样品溶液中二氧化硫含量，由标准曲线查知，μg；

V_t——样品溶液总体积，mL；

V_a——测定时所取样品溶液体积，mL；

V_n——标准状态下的采样体积，L。

5.19.6 注意事项

① 温度对显色影响较大，温度愈高，空白值愈大。温度高时显色快，褪色也快，最好用恒温水浴控制显色温度。

② 六价铬能使紫红色络合物褪色，产生负干扰，故应避免用硫酸-铬酸洗液洗涤所用玻璃器皿，若已用此洗液洗过，则需用（1+1）盐酸溶液浸洗，再用水充分洗涤。

③ 用甲醛缓冲溶液吸收-盐酸副玫瑰苯胺分光光度法测定 SO_2，避免了使用剧毒试剂。

④ 吸收液应避光，应使用茶色多孔玻板吸收管采样，且不能长时间暴露在空气中，以防止光照时吸收液显色或吸收空气中的氮氧化物而使试管空白值增高。

⑤ 应经常注意氧化管是否吸湿引起板结，或者变为绿色。若板结会使采样系统阻力增大，影响流量；若变成绿色，表示氧化管已失效。

5.20 空气中氮氧化物的测定（盐酸萘乙二胺分光光度法）

5.20.1 实验目的

熟悉空气中二氧化氮的来源与危害，能够掌握空气采样器的使用方法及用溶液吸收法采集空气样品；

掌握用分光光度法测定二氧化氮的原理与操作，学会分光光度分析的数据处理方法，能够初步了解化学发光法测定二氧化氮的原理。

5.20.2 实验原理

空气中的 NO_2 被吸收液吸收后，生成 HNO_3 和 HNO_2，在冰乙酸存在下，HNO_2 与对氨基苯磺酸发生重氮化反应，然后再与盐酸萘乙二胺偶合，生成玫瑰红色偶氮染料，其颜色深浅与气样中 NO_2 的浓度成正比，因此可进行分光光度测定，在540nm 测定吸光度。该法适于测定空气中的氮氧化物，测定范围为0.01～20mg/m^3。

5.20.3 实验仪器、试剂

仪器：空气采样器，流量范围0～1L/min；茶色多孔玻板吸收管10mL；双球吸收管；比色皿；具塞比色管；分光光度计。

试剂：冰乙酸；盐酸萘乙二胺；对氨基苯磺酸；亚硝酸钠。

5.20.4 实验步骤

（1）标准曲线的绘制

取6支10mL具塞比色管，按照表5-7的参数和方法配制 NO_2 标准溶液系列（亚硝酸标准使用液浓度为2.5μg/mL）。各管摇匀后，避开直射阳光，放置20min，在波长540nm处，用1cm比色皿，以蒸馏水为参比，测定吸光度 A。

表 5-7 二氧化氮标准溶液系列的配制

试剂	1	2	3	4	5	6
亚硝酸钠标准使用液/mL	0	0.40	0.80	1.20	1.60	2.00
蒸馏水/mL	2.00	1.60	1.20	0.80	0.40	0
显色液/mL	8.00	8.00	8.00	8.00	8.00	8.00
NO_2^- 含量/(μg/mL)	0	0.10	0.20	0.30	0.40	0.50

绘制标准曲线，求出一元线性回归方程。

(2) 空气样品的采集

将一支内装 10.00mL 吸收液的茶色多孔玻板吸收管进气口接三氧化铬-砂子氧化管，并使管口略微向下倾斜，以免当湿空气将三氧化铬弄湿时污染后面的吸收液。将吸收管的出气口与空气采样器相连接。以 0.4L/min 的流量避光采样 4～24L，至吸收液呈微红色，记下采样时间，密封好采样管，带回实验室，当日测定。若吸收液不变色，应延长采样时间。在采样的同时，应测定采样现场的温度和大气压力，并做好记录。

(3) 样品的测定

采样后于暗处放置 20min（室温 20℃以下放置 40min 以上）后，用水将吸收管中的体积补充至刻线，混匀，按照绘制标准曲线的方法和条件测量试剂空白溶液和样品溶液及现场空白样的吸光度。当现场空白值高于或低于空白值时，应以现场空白值为准，对该采样点的实测数据进行校正。

5.20.5 实验计算

$$\text{氮氧化物}(NO_2, mg/m^3) = \frac{W}{kV_n}$$

式中 W——从标准曲线上查得的 NO_2^- 含量，μg；

V_n——标准状态下的采样体积，L；

k——NO_2（气）转换为 NO_2^-（液）的系数，0.88。

5.20.6 实验提示

① 吸收液应避光。防止光照使吸收液显色而使空白值增高。

② 如果测定总氮氧化物，则在测定过程中，应注意观察氧化管是否板结，或者变成绿色。若板结会使采样系统阻力增大，影响流量；若变绿，表示氧化管已经失效。

③ 吸收后的溶液若显黄棕色，表明吸收液已受到三氧化铬的污染，该样品应报废，重新配制吸收液后重做。

④ 采样过程中防止太阳光照射。在阳光照射下采集的样品颜色偏黄，非玫瑰红色。

5.21 烟气黑度的测定（林格曼图法）

5.21.1 实验目的

了解燃煤锅炉外排废气黑度基本情况；

掌握燃煤锅炉外排废气黑度监测技能。

5.21.2 实验原理

将林格曼烟气浓度图放置在适当位置，使图上的黑度与烟气的黑度（或不透光度）相比较，凭视觉进行评价。林格曼图是由 14cm×21cm 的黑度不同的六小块组成的，根据黑色条格在整个小块中所占的面积百分比分成 0～5 的林格曼级数。0 级为全白，5 级为全黑，1 级是黑色条格占整块面积的 20%，2 级占 40%，以此类推。

5.21.3 实验器材

林格曼烟气浓度图；三脚架。

5.21.4 实验步骤

观察前将安装好的林格曼烟气浓度图及其三脚架放置在平稳的地方，使用时图面上不加任何覆盖层。在观测时，应使图面面向观测者，尽可能使图位于观察者至烟囱顶部的连线上（图 5-1），并使图与烟气有相同的天空背景。图距观察者应有足够距离，可以使图上的线条看起来消失，从而使每个方块有均匀的黑度。观察时应将离开烟囱的烟的黑度与图上的黑度进行比较，记下烟气的林格曼级数，及这种黑度烟的持续排放时间。如果烟气黑度处在两个林格曼级之间，可估计一个 1/2 或 1/4 林格曼级数。观察烟气力求在比较均匀的天空照明下进行，光线不应来自观察者的前方或后方，如果在阴霾的情况下观察，应该在读数时根据经验取稍微偏低的级数。观察烟气的仰视角应尽可能低，尽量避免在过于陡峭的角度下观察。

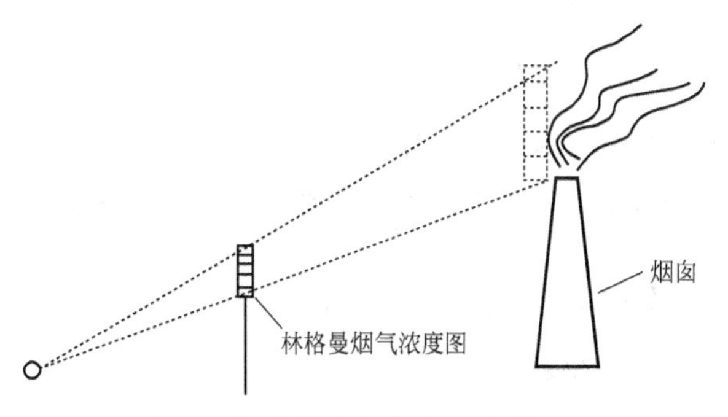

图 5-1 林格曼烟气浓度图观测烟气

5.21.5 实验计算

① 按林格曼黑度级别将观测值分级，分别统计每一黑度级别出现的累计次数和时间。

② 除了在观测过程中出现 5 级林格曼黑度时，烟气黑度按 5 级计，不必继续观测外，其他情况都必须连续观测 30min。分别统计每一黑度级别出现的累计时间，烟气黑度按 30min 内出现累计时间超过 2min 的最大林格曼黑度级计。

③ 按以下顺序和原则确定烟气黑度级别。

a. 林格曼黑度 5 级　30min 内出现 5 级林格曼黑度时，烟气的林格曼黑度按 5 级计。

b. 林格曼黑度 4 级　30min 内出现 4 级及以上林格曼黑度的累计时间超过 2min 时，烟气的林格曼黑度按 4 级计。

c. 林格曼黑度 3 级　30min 内出现 3 级及以上林格曼黑度的累计时间超过 2min 时，烟气的林格曼黑度按 3 级计。

d. 林格曼黑度 2 级　30min 内出现 2 级及以上林格曼黑度的累计时间超过 2min 时，烟气的林格曼黑度按 2 级计。

e. 林格曼黑度 1 级　30min 内出现 1 级及以上林格曼黑度的累计时间超过 2min 时，烟气的林格曼黑度按 1 级计。

f. 林格曼黑度<1 级　30min 内出现小于 1 级林格曼黑度的累计时间超过 28min 时，烟气的林格曼黑度按<1 级计。

5.22 空气中甲醛的测定（乙酰丙酮分光光度法）

5.22.1 实验目的

了解室内空气污染的意义；

掌握甲醛的测定方法；

熟练掌握空气采样器和分光光度计的使用方法。

5.22.2 实验原理

甲醛气体经水吸收后，在 pH=6 的乙酸-乙酸铵缓冲溶液中，与乙酰丙酮作用，在沸水浴条件下，迅速生成稳定的黄色化合物，在波长 413nm 处测定。

5.22.3 实验仪器、试剂

（1）仪器

① 空气采样器。流量范围 0～1L/min，流量稳定可调，恒流误差小于 2%。

② 分光光度计；无色多孔玻板吸收管；10mL 具塞比色管；10mL 气泡吸收管；空盒气压表；0～100℃水银温度计；pH 酸度计；水浴锅。

（2）试剂

① 吸收液。不含有机物的重蒸馏水。

② 乙酸铵。

③ 冰乙酸（CH_3COOH）。$\rho=1.055$。

④ 乙酰丙酮溶液。称 25g 乙酸铵，加少量水溶解，加 3mL 冰乙酸及 0.25mL 新蒸馏的乙酰丙酮，混匀再加水至 100mL，调整 pH=6，此溶液于 2～5℃贮存，可稳定一个月。

⑤ 0.1000mol/L 碘溶液。称量 40g 碘化钾，溶于 25mL 水中，加入 12.7g 碘。待碘完全溶解后，用水定容至 1000mL。移入棕色瓶中，暗处贮存。

⑥ 1mol/L 氢氧化钠溶液。称量 40g 氢氧化钠，溶于水中，并稀释至 1000mL。

⑦ 0.5mol/L 硫酸溶液。取 28mL 浓硫酸（$\rho=1.84$g/mL）缓慢加入水中，冷却后，稀释至 1000mL。

⑧ 0.5%淀粉指示剂。将 0.5g 可溶性淀粉，用少量水调成糊状后，再加入 100mL 沸水，并煮沸 2～3min 至溶液透明。冷却后，加入 0.1g 水杨酸或 0.4g 氯化锌保存。

⑨ 重铬酸钾标准溶液。

5.22.4 实验步骤

（1）校准曲线的绘制

取6支10mL具塞比色管，按表5-8用甲醛标准使用液配制标准系列。

表5-8 甲醛标准系列

试剂	0	1	2	3	4	5
标准液/mL	0.0	1.0	2.0	3.0	4.0	5.0
甲醛/μg	0.0	1.0	2.0	3.0	4.0	5.0
吸光度						

于上述标准系列中，用水稀释定容至5.0mL刻线，加0.25%乙酰丙酮溶液2.0mL，混匀，置于沸水浴中加热3min，取出冷却至室温，用1cm吸收池（比色皿），以水为参比，于波长413nm处测定吸光度。将上述系列标准溶液测得的吸光度A值扣除试剂空白（零浓度）的吸光度A_0值，便得到校准吸光度y值，以校准吸光度y为纵坐标，以甲醛含量x（μg）为横坐标，用最小二乘法计算其回归方程式。注意："零浓度"不参与计算。

（2）样品测定

取5mL样品溶液试样于10mL比色管中，用水定容至5.0mL刻线，进行分光光度测定。

（3）空白试验

用现场未采样空白吸收管的吸收液，进行空白测定。

5.22.5 实验计算

$$c=\frac{(A-A_0-b)\times B_g}{V_0}$$

式中 c——空气中甲醛的浓度，mg/m^3；

A——样品溶液的吸光度；

A_0——空白试验的吸光度；

b——标准曲线的截距；

B_g——由标准曲线得到的计算因子，μg/吸光度；

V_0——换算成标准状态下的采样体积。

5.22.6 注意事项

① 反应温度。在20～35℃范围，显色15min反应完全，且颜色可稳定数小时。室温低于15℃时，显色不完全，应在25℃水浴中进行显色操作。标准系列与样品的显色条件应保持一致。

② 乙酰丙酮用量。通过试验发现，在反应温度为60℃时，增加反应的乙酰丙酮用量，显色速度明显加快。

③ 采气速度。经过多次试验，得出采气速度跟样品浓度无关，只要将采样器流速控制在0.50L/min以下，吸收液对甲醛的吸收率可达到98%以上，可以满足分析要求，进行有

效实验。

5.23 苯、甲苯、二甲苯的测定（气相色谱法）

5.23.1 实验目的

了解气相色谱仪的基本结构，掌握分离分析的基本原理；
了解氢火焰离子化检测器的检测原理；
了解影响分离效果的因素；
掌握定性、定量分析与测定。

5.23.2 实验原理

气相色谱分离是利用试样中各组分在色谱柱中的气相和固定时间的分配系数不同，当汽化后的试样被载气带入色谱柱时，组分就在其中的两相中进行反复多次的分配，由于固定相各个组分的吸附或溶解能力不同，因此各组分在色谱柱中的运行速度就不同，经过一定的柱长后，便彼此分离，顺序离开色谱柱进入检测器。检测器将各组分的熔度或质量的变化转换成一定的电信号，经过放大后在记录仪上记录下来，即可得到各组分的色谱峰。根据保留时间和峰高或峰面积，便可进行定性和定量的分析。

5.23.3 实验仪器、试剂

气相色谱仪，FID 检测器，二硫化碳（优级纯），苯系物标准液、苯系物标样。

5.23.4 实验步骤

（1）仪器操作条件

色谱柱 2m×4mm，10%PEG 600，柱温 80℃；汽化室温度 150℃；检测室温度 150℃；载气（氮气）流量：40mL/min。采用直接进样法，同时作空白对照试验。

（2）标准气体配制

用 100mL 清洁注射器准确抽取 100mL 氮气作为底气，用微量注射器准确各加入 1.00μL 苯、甲苯、二甲苯（色谱纯；在 20℃，1μL 苯 0.8787mg、甲苯 0.8669mg、邻二甲苯 0.8802mg、间二甲苯 0.8642mg、对二甲苯 0.8611mg），注入注射器配制标准混合气体。

5.23.5 实验结果与分析

本方法检出限、最低检出浓度、测定范围、相对标准偏差见表 5-9。

表 5-9 结果分析

化合物	检出限/(μg/mL)	最低检出浓度/(mg/m³)	测定范围/(μg/mL)	相对标准偏差/%
苯	0.5×10^{-3}	0.033	0～0.40	1.9～5.2
甲苯	1×10^{-3}	0.067	0～1.60	3.3～5.1
二甲苯	2×10^{-3}	0.13	0～0.40	3.0～6.2

5.23.6 注意事项

苯系物的各组分检出限在0.002～0.05μg/mL之间，浓度与峰面积线性关系良好（$r>0.996$），回收率在85.7%～110.2%之间，方法的变异系数在3.1%～9.2%之间；此方法具有灵敏度高、操作简单快速、准确、干扰小和选择性强等优点。

5.24 大气中一氧化碳的测定（非色散红外吸收法）

5.24.1 实验目的和要求

掌握非色散红外吸收法的原理和测定一氧化碳的技术。

5.24.2 实验原理

一氧化碳对以4.5μm为中心波段的红外辐射具有选择性吸收，在一定的浓度范围内，其吸光度与一氧化碳浓度成线性关系，故根据气样的吸光度可确定一氧化碳的浓度。水蒸气、悬浮颗粒物干扰一氧化碳的测定。测定时，气样需经硅胶、无水氯化钙过滤管除去水蒸气，经玻璃纤维滤膜除去颗粒物。

5.24.3 实验仪器、试剂

（1）仪器

非色散红外一氧化碳分析仪；记录仪：0～10mV。

（2）试剂

① 聚乙烯塑料采气袋、铝箔采气袋或衬铝塑料采气袋。

② 高纯氮气：99.99%。

③ 变色硅胶。

④ 无水氯化钙。

⑤ 霍加拉特管。

⑥ 一氧化碳标准气。

5.24.4 实验步骤

（1）采样

用双联球将现场空气抽入采气袋内，洗3～4次，采气500mL，夹紧进气口。

（2）样品测定

① 启动和调零。开启电源开关，稳定1～2h，将高纯氮气连接在仪器进气口，通入氮气校准仪器零点。也可以用经霍加拉特管（加热至90～100℃）净化后的空气调零。

② 校准仪器。将一氧化碳标准气连接在仪器进气口，使仪表指针指示满刻度的95%，重复2～3次。

③ 样品测定。将采气袋连接在仪器进气口，则样气被抽入仪器中，由指示表直接指示出一氧化碳的浓度（mL/L）。

5.24.5 实验计算

$$一氧化碳的质量浓度(mg/m^3)=Kc$$

式中 c——实测空气中一氧化碳浓度，mL/L；

K——一氧化碳浓度从 mL/L 换算为标准状态下质量浓度（mg/m^3）的换算系数。

5.24.6 注意事项

① 仪器启动后，必须预热，稳定一定时间再进行测定。仪器具体操作按仪器说明书规定进行。

② 空气样品应经硅胶干燥、玻璃纤维滤膜过滤后再进入仪器，以消除水蒸气和颗粒物的干扰。

③ 仪器接上记录仪，将空气连续抽入仪器，可连续监测空气中一氧化碳浓度的变化。

5.25 环境噪声与交通噪声监测

5.25.1 实验目的

掌握区域环境与交通噪声的监测方法和声级计的使用；

学习对非稳态的无规则噪声监测数据的处理方法与绘制噪声污染图。

5.25.2 实验原理

环境噪声以声压值表示，由于变化范围非常大，可以达六个数量级以上，同时由于人们听觉对声信号强弱刺激反应不是线性的，而是成对数比例关系，所以采用分贝表达声学量值。

5.25.3 实验仪器

普通声级计。

5.25.4 实验步骤

（1）环境噪声

将学校（或某一地区）划分为若干区域，每个区域一个测点。2 人为一组，配置一台声级计，按顺序到各点测量。读数方式用慢挡，每隔 5s 读一个瞬时 A 声级，连续读取 100 个数据。

（2）交通噪声

道路交通噪声的测点选在市区交通干线两路口之间，道路边人行道上，离马路沿 20cm 处，此处距两交叉路口应大于 50m。这样该测点的噪声可以代表两路口间该段马路的噪声。每 5s 读取一次瞬时 A 声级，连续测 100 个数，同时记录车流量（辆/h）。

5.25.5 实验计算

环境噪声是随时间起伏的无规则噪声，因此测量的结果一般是用统计值或等效声级来表示的。将所测得的100个数据从大到小排列，找到第10%个数据即为L_{10}，第50%个数据即为L_{50}，第90%个数据即为L_{90}，并按下式求出等效声级L_{eq}以及标准偏差σ。

$$L_{eq}=L_{50}+\frac{d^2}{60}$$

$$d=L_{10}-L_{90}$$

$$\sigma\approx\frac{L_{16}-L_{84}}{2}$$

式中 L_{10}——表示10%的时间超过的噪声级，相当于噪声的平均峰值；

L_{50}——表示50%的时间超过的噪声级，相当于噪声的平均值；

L_{90}——表示90%的时间超过的噪声级，相当于噪声的本底值。

① 计算环境噪声各监测点的L_{10}、L_{50}、L_{90}、L_{eq}值，填入表5-10，并求其平均值。以L_{eq}的算术平均值，作为该网点的环境噪声评价量。

② 计算交通噪声各监测点L_{eq}、L_{10}、L_{50}、L_{90}、σ，绘制噪声分布值框图。

表5-10 监测数据列表

时间	时分	时分	时分	平均值
L_{10}[dB(A)]				
L_{50}[dB(A)]				
L_{90}[dB(A)]				
L_{eq}[dB(A)]				
σ[dB(A)]				

区域环境噪声污染可用等效声级L_{eq}绘制区域噪声污染图进行评价。以5dB为一等级，在地图上用不同的颜色的阴影表示各区域噪声的大小，见表5-11。

表5-11 各噪声带颜色和阴影表示规定

噪声带/dB	颜色	阴影线	噪声带/dB	颜色	阴影线
35以下	浅绿色	小点，低密度	61～65	朱红色	交叉线，低密度
36～40	绿色	中点，中密度	66～70	洋红色	交叉线，中密度
41～45	深绿色	大点，高密度	71～75	紫红色	交叉线，高密度
46～50	黄色	垂直线，低密度	76～80	蓝色	宽条垂直线
51～55	褐色	垂直线，中密度	81～85	深蓝色	金黑
56～60	橙色	垂直线，高密度			

5.25.6 实验提示

① 天气条件。要求在无雨无雪的时间进行操作，声级计应保持传声器膜片清洁。风力在三级以上必须加风罩，以免风噪声干扰。五级以上大风应停止测量。

② 声级计应离地面1.2m，传声器指向被测声源。声级计应尽量远离人身，以减少人身对测量的影响。

③ 声级计属于精密仪器，使用时要格外小心，防止碰撞、跌落，防止潮湿、淋雨。

5.26 土壤中镉的测定（原子吸收分光光度法）

5.26.1 实验目的

掌握原子吸收分光光度法原理及测定镉的技术。

5.26.2 实验原理

土壤样品用 HNO_3-HCl 混酸体系消化后，将消化液直接喷入空气-乙炔火焰。在火焰中形成的镉基态原子蒸气对光源发射的特征电磁辐射产生吸收。测得试液吸光度扣除全程序空白吸光度，从标准曲线查得 Cd 含量。计算土壤中 Cd 含量。

5.26.3 实验仪器、试剂

（1）仪器

原子吸收分光光度计，空气-乙炔火焰原子化器，镉空心阴极灯。

仪器工作条件：特征谱线 228.8nm；狭缝宽度：1.00mm；C_2H_2 ∶ air = 1.8 ∶ 8 (L/min)；燃烧器高度 7mm。

（2）试剂

① 硝酸、盐酸：特级纯。

② 镉标准贮备液：1.0mg/mL。

③ 镉标准使用液：5μg/mL。

5.26.4 实验步骤

（1）土样试液的制备

称取 1.0000g 土样于 100mL 烧杯中，用少许水润湿，加入 5mL HCl，加入 10mL HNO_3，盖上表面皿，在电热板上加热消解至溶解物剩余约 2～5mL 时，取下冷却，用少许水冲洗表面皿，移入 50mL 容量瓶中，定容。然后干过滤，滤液量达 5～10mL 后进行测定。同时进行全程序试剂空白实验。

（2）标准曲线的绘制

吸取镉标准使用液 0mL、0.50mL、1.00mL、2.00mL、3.00mL、4.00mL 于 6 个 50mL 容量瓶中，用 0.2% HNO_3 溶液定容、摇匀。此标准系列分别含镉 0μg/mL、0.05μg/mL、0.10μg/mL、0.20μg/mL、0.30μg/mL、0.40μg/mL。测其吸光度，绘制标准曲线。

（3）样品测定

按绘制标准曲线条件测定试样溶液的吸光度，扣除全程序空白吸光度，从标准曲线上查得镉含量。

5.26.5 计算公式

$$M(\mathrm{Cd, mg/kg}) = \frac{m}{W}$$

式中 m——从标准曲线上查得镉含量，mg；

W——称量土样干重，kg。

5.26.6 注意事项

① 土样消化过程中，最后除 $HClO_4$ 时必须防止将溶液蒸干，不慎蒸干时 Fe、Al 盐可能形成难溶的氧化物而包藏镉，使结果偏低。注意无水 $HClO_4$ 会爆炸！

② 镉的测定波长为 228.8nm，该分析线处于紫外光区，易受光散射和分子吸收的干扰，特别是在 220.0～270.0nm 之间，NaCl 有强烈的分子吸收，覆盖了 228.8nm 线。另外，Ca、Mg 的分子吸收和光散射也十分强。这些因素皆可造成镉的表观吸光度增大。为消除基体干扰，可在测量体系中加入适量基体改进剂，如在标准系列溶液和试样中分别加入 0.50g $La(NO_3)_3$。此法适用于测定土壤中含镉量较高和受镉污染土壤中的镉含量。

③ 高氯酸的纯度对空白值的影响很大，直接关系到测定结果的准确度，因此必须注意全过程空白值的扣除，并尽量减少加入量以降低空白值。

5.27 煤中全硫的测定

5.27.1 实验目的

学会煤样的前处理、过滤等操作，掌握煤中全硫的测定方法；

通过测定煤中全硫的含量，了解煤中硫元素的基本范围，对于煤灼烧产物有初步认识。

5.27.2 实验原理

将煤样与艾士卡试剂混合灼烧，煤中硫生成硫酸盐，然后使硫酸根离子生成硫酸钡沉淀，根据硫酸钡的质量计算煤中全硫的含量。

5.27.3 实验仪器、试剂

① 分析天平 感量 0.1mg。

② 马弗炉 能升温至 900℃，温度可调并可通风。

③ 艾士卡试剂 以 2 份质量的化学纯轻质氧化镁与 1 份质量的化学纯无水碳酸钠混匀并研细至粒度小于 0.2mm 后，保存在密闭容器中。

④ 盐酸溶液 1+1，1 体积盐酸加 1 体积水混匀。

⑤ 氯化钡溶液 100g/L，10g 氯化钡溶于 100mL 水中。

⑥ 甲基橙溶液 2g/L，0.2g 甲基橙溶于 100mL 水中。

⑦ 硝酸银溶液 10g/L，1g 硝酸银溶于 100mL 水中，加入几滴硝酸，置于深色瓶中。

⑧ 瓷坩埚 容量为 30mL 和（10～20）mL 两种。

⑨ 滤纸 中速定性滤纸和致密无灰定量滤纸。

5.27.4 实验步骤

① 在 30mL 瓷坩埚内称取粒度小于 0.2mm 的空气干燥煤样（1.00±0.01)g 和艾士卡

试剂 2g，仔细混合均匀，再用1g艾士卡试剂覆盖在煤样上面。

② 将装有煤样的坩埚移入通风良好的马弗炉中，在 1～2h 内从室温逐渐加热至 800～850℃，并在该温度下保持 1～2h。

③ 将坩埚从马弗炉中取出，冷却至室温，用玻璃棒将坩埚中的灼烧物仔细搅松、捣碎（如发现未烧尽的煤粒，应继续灼烧 30min），然后把灼烧物转移到 400mL 烧杯中，用热水冲洗坩埚内壁，将洗液收入烧杯，再加入 100～150mL 刚煮沸的蒸馏水，充分搅拌。如果此时尚有黑色煤粒漂浮在液面上，则本次测定作废。

④ 用中速定性滤纸以倾泻法过滤，用热水冲洗 3 次，然后将残渣转移到滤纸中，用热水仔细清洗至少 10 次，洗液总体积约为 250～300mL。

⑤ 向滤液中滴入 2～3 滴甲基橙指示剂，用盐酸溶液中和并过量 2mL，使溶液呈微酸性，将溶液加热到沸腾，在不断搅拌下缓慢滴加氯化钡溶液 10mL，并在微沸状况下保持约 2h，溶液最终体积约为 200mL。

⑥ 溶液冷却或静置过夜后用致密无灰定量滤纸过滤，并用热水洗至无氯离子（硝酸银溶液检验无浑浊）。

⑦ 将带有沉淀的滤纸转移到已知质量的瓷坩埚中，低温灰化滤纸后，在温度为 800～850℃的马弗炉内灼烧 20～40min，取出坩埚，在空气中稍加冷却后放入干燥器中冷却到室温后称量。

⑧ 每配制一批艾氏卡试剂或更换其他任何一种试剂时，应进行 2 个以上空白试验，硫酸钡沉淀的质量极差不得大于 0.001g，取算术平均值作为空白值。

5.27.5 实验原始数据记录

实验数据填入表 5-12 中。

表 5-12 煤中全硫测试原始数据记录表

项目	样品 1	样品 2
m_1(样品)		
m_2(空白)		
m		

煤样地点：

实验环境条件：

温度________℃；湿度________%；大气压强________ kPa。

5.27.6 实验数据处理

煤中全硫计算公式：

$$S=\frac{(m_1-m_2)\times 0.1374}{m}\times 100$$

式中 S——分析煤样中全硫质量分数，%；

m_1——硫酸钡质量，g；

m_2——空白试验的硫酸钡质量，g；

0.1374——由硫酸钡换算为硫的系数；

m——煤样质量，g。

5.27.7 实验分析与讨论

表5-13 艾氏卡试剂法测定煤中全硫的精密度

全硫质量分数 S/%	重复性限 r/%
≤1.50	0.05
1.50～4.00	0.10
>4.00	0.20

可结合表5-12实验数据对煤中全硫的精密度进行分析（表5-13），通过实验过程总结经验与不足。

5.28 水中砷的测定

5.28.1 实验目的

① 学会原子荧光分光光度计的使用，掌握砷的测定方法。

② 测定水样中砷的含量及执行标准，以判断其污染程度。

③ 学习酸液的配制及注意事项。

5.28.2 实验原理

在酸性条件下，以硼氢化钾为还原剂，使三价砷形成砷化氢，由载气（氩气）直接带入石英管原子化器中，进而在氩氢火焰中原子化。以特种砷空心阴极灯光源激发，产生原子荧光，通过原子荧光强度在一定范围内与溶液中砷含量成正比关系，计算样品溶液中砷的含量。

5.28.3 实验仪器、试剂

（1）试剂

盐酸、硝酸、高氯酸、氢氧化钾优级纯。

硫脲、抗坏血酸、硼氢化钾分析纯。

还原剂：称取10.0g硼氢化钾溶于预先加有2.5g氢氧化钾的250mL纯水中，搅匀，稀释至500mL，临用现配。

载流：取50mL浓盐酸，用纯水稀释至1000mL。

硫脲-抗坏血酸：称取硫脲、抗坏血酸各5.0g，用100mL纯水溶解，临用现配。

砷标准贮备液：浓度为100mg/L（可购买国家有证标准物质）。

砷标准使用液：用载流稀释成0.1μg/mL。

（2）仪器及测量条件

原子荧光光度计、砷高强度空心阴极灯、电热板、分析天平。

测量条件如表 5-14 所示。

表 5-14　测量条件

仪器条件	参数	仪器条件	参数
负高压	270V	载气流量	300mL/min
灯电流	60mA	屏蔽器流量	800mL/min
原子化器高度	10mm	读数时间	10.0s
原子化器温度	200℃	延迟时间	1.0s

5.28.4　测定步骤

（1）采样及样品贮存

样品瓶为聚乙烯瓶或硬质玻璃瓶，采集水样时，样品应尽量充满样品瓶，以减少器壁吸附。采样后每升水立即加入 10mL 浓盐酸，pH<1，可保存 14d。

（2）样品预处理

清洁的地下水和地表水，可直接取样进行测定。污水等按下述步骤进行预处理。

取 50mL 污水样品于 100mL 锥形瓶中，加入新配制的硝酸-盐酸（1+1）5mL，于电热板上加热至冒白烟后，取下冷却，再加 5mL 盐酸（1+1）加热至黄褐色烟冒尽，冷却后用水转移到 50mL 容量瓶中，定容，摇匀。

（3）校准曲线绘制

如表 5-15 所示。

表 5-15　校准曲线

标准系列序号	加入标准使用液体积/mL	加入硫脲-抗坏血酸体积/mL	载流最终定容体积/mL	标准溶液浓度值/(μg/L)
S0	0.0	10.0	100	0.00
S1	1.0			1.00
S2	2.0			2.00
S3	4.0			4.00
S4	8.0			8.00
S5	12.0			12.00
S6	16.0			16.00

标准系列放置 30min 后按照表 5-14 给出的测定条件测定，以盐酸溶液为载流，硼氢化钾溶液为还原剂，浓度由低到高依次测定其荧光强度，以原子荧光强度为纵坐标，浓度为横坐标，绘制校准曲线。

（4）样品测定

取适量清洁水样或预处理后水样于 100mL 容量瓶中，加入盐酸 5mL，再分别加入 10mL 硫脲-抗坏血酸，用水样定容、摇匀。放置 30min 后按照与绘制校准曲线相同的条件测定试样的原子荧光强度。

（5）空白试验

按照与测定样品相同步骤测定空白试样。

5.28.5 实验原始数据记录

见表5-16。

表5-16 水中砷测试原始数据记录表

样品	V_1/mL	V_2/mL	C_1/(μg/L)	C/(μg/L)
1				
2				

水样地点：

实验环境条件：温度____℃；湿度____%；大气压强____ kPa。

5.28.6 实验数据处理

由校准曲线查得测定溶液中砷的浓度，再根据水样的预处理稀释体积进行计算。

$$C=\frac{V_1C_1}{V_2}$$

式中 C——样品中砷的浓度，μg/L；

V_1——测量时水样的总体积，mL；

V_2——预处理时移取水样的体积，mL；

C_1——从校准曲线上查得相应测定元素砷的浓度，μg/L。

5.28.7 实验分析与讨论

分析实验数据的精确性与准确度及其可靠性。讨论实验收获与不足。

为保证实验数据的精确性与准确度及其可靠性可做以下质控措施。

① 每测定20个样品要增加测定实验室空白一个，当不满20个样品时要测定实验室空白两个。全程空白的测试结果应小于方法检出限。

② 每次样品分析绘制校准曲线，校准曲线的相关系数应大于等于0.995。

③ 每测完20个样品进行一次校准曲线零点和中间的浓度的核查，测试结果的相对偏差应不大于20%。

④ 每批样品至少测定10%的平行双样，样品数小于10时，至少测定一个平行双样。测试结果的相对偏差应大于20%。

⑤ 每批样品至少测定10%的加标样，样品数小于10时，至少测定一个加标样。加标回收率控制在70%～130%之间。

5.28.8 注意事项

分析中所用的玻璃器皿均需用（1+1）硝酸溶液浸泡24h，或热硝酸荡洗后，再用去离子水洗净方可使用。

对所用的每一瓶试剂都应作相应的空白实验，特别是盐酸要仔细检查。配制标准溶液与样品应尽可能使用同一瓶试剂。

所用的标准系列必须每次配制，与样品在相同条件下测定。

5.29 水中总大肠菌群的测定（多管发酵法）

5.29.1 实验目的

掌握多管发酵法测定水中总大肠菌群的方法。

5.29.2 实验原理

总大肠菌群是指一群在37℃培养48h使乳糖发酵产酸产气、需氧及兼性厌氧革兰氏阴性的无芽孢杆菌。主要包括埃希氏菌属、柠檬酸杆菌属、肠杆菌属、克雷伯氏菌属等菌属的细菌。

多管发酵法以最大可能数（most probable number，MPN）来表示试验结果。实际上它是根据统计学理论，估计水体中大肠杆菌密度和卫生质量的一种方法。如果从理论上考虑，并且进行大量的重复检定，可以发现这种估计有大于实际数字的倾向。不过只要每一稀释度试管重复数目增加，这种差异便会减少，对于细菌含量的估计值，大部分取决于那些既显示阳性又显示阴性的稀释度。因此在实验设计上，水样检测所要求重复的数目，要根据所要求数据的准确度而定。

5.29.3 实验仪器、试剂

恒温培养箱、冰箱、电子天平、显微镜、平皿（ϕ90mm）、试管、小倒管、移液枪、枪头（10mL、1mL）、接菌环、锥形瓶、载玻片、500mL磨口广口瓶、牛皮纸、麻绳；NaCl、实验用纯水、革兰氏染液。

5.29.4 实验步骤

（1）采样及样品贮存

① 采样　采样瓶通常采用以耐用玻璃制成的带螺旋帽或磨口玻塞的500mL广口瓶，也可用适当大小、广口的聚乙烯瓶或聚丙烯耐热塑料瓶。要求在灭菌和样品存放期间，该材料不能产生和释放出抑制细菌生存能力或促进繁殖的化学物质。螺旋帽必须配以氯丁橡胶衬垫。采样瓶必须清洗干净，再用牛皮纸等防潮纸将瓶塞、瓶颈处包裹好，置于干燥箱160～170℃干热灭菌2h，或用高压蒸汽灭菌器121℃灭菌15～20min。

② 采样步骤　已灭菌和包好的采样瓶，无论在什么条件下采样，均要小心开启包装纸和瓶盖，避免瓶盖及瓶子颈部受杂菌污染；采样时不需要用水样冲洗采样瓶，采样量为采样容量的80%左右，以便在实验室检测时，能充分振摇混合样品，获得具有代表性的样品。

③ 样品的贮存　采集的水样应尽快分析测定，一般从取样到检测不宜超过2h，否则应使用10℃以下的冷藏设备保存样品，但不得超过6h。

（2）实验前准备

① 培养基准备　为减少配制中的误差，尽量选用市售商品化综合培养基，按照培养基上说明的配制比例进行配制及灭菌。

自制培养基如下。

a. 乳糖蛋白胨培养液　蛋白胨10g，牛肉浸膏3g，乳糖5g，氯化钠5g，1.6%溴甲酚紫乙醇溶液1mL，蒸馏水1000mL。

将蛋白胨、牛肉浸膏、乳糖、氯化钠加热溶解于1000mL蒸馏水中，调节pH7.2～7.4，再加入1.6%溴甲酚紫乙醇溶液1mL，充分混匀，分装于装有小倒管的试管中，置于高压蒸汽灭菌器中115℃灭菌20min，贮存于暗处备用。配制三倍乳糖蛋白胨时，制法同上，试剂使用3倍的量，蒸馏水量不变。

b. 品红亚硫酸钠培养基　蛋白胨10g，乳糖10g，磷酸氢二钾3.5g，琼脂20～30g，无水亚硫酸钠5g左右，5%碱性品红乙醇溶液20mL，蒸馏水1000mL。

将蛋白胨、磷酸盐和琼脂溶解于蒸馏水中，校正pH为7.2～7.4，加入乳糖，混合后分装，置于高压蒸汽灭菌器中115℃灭菌20min。临用时加热熔化琼脂，至50～55℃，以无菌操作形式，根据配制培养基的容量，按1∶50加入已灭菌的5%碱性品红乙醇溶液，按1∶200加入无菌的亚硫酸钠溶液，并充分混合均匀，分装于平皿中（约15mL）。

c. 伊红-亚甲蓝培养基　蛋白胨10g，乳糖10g，磷酸氢二钾2g，琼脂20～30g，蒸馏水1000mL，2%伊红水溶液20mL，5%亚甲蓝水溶液13mL。

将蛋白胨、磷酸盐和琼脂溶解于蒸馏水中，校正pH为7.2～7.4，加入乳糖，混合后分装，置于高压蒸汽灭菌器中115℃灭菌20min。临用时加热熔化琼脂，至50～55℃，加入已灭菌的伊红和亚甲蓝水溶液后，分装于平皿中（约15mL）。

② 器具准备　要求实验过程中使用的器具均必须进行灭菌处理，包括枪头、试管、平皿等。

③ 稀释用水　蒸馏水或生理盐水（0.85%氯化钠溶液）可作为稀释用水。取9mL稀释用水分装于试管中，盖上试管塞，置于高压灭菌器中121℃灭菌15min，冷却至室温后才能使用。

（3）测量步骤

以十五管发酵法为例。

① 乳糖初发酵实验　在超净工作台内，用移液枪取10mL水样接种到5mL三倍乳糖蛋白胨培养液中；取1mL水样接种到10mL单料乳糖蛋白胨培养液中；另取1mL水样注入到9mL灭菌生理盐水（浓度为0.85%氯化钠溶液）中，混匀后吸取1mL（即0.1mL原水样）注入10mL单料乳糖蛋白胨培养液中；每一稀释度接种5管。然后将接种过的培养基试管放入37℃恒温培养箱内，培养（24±2）h；如所有乳糖蛋白胨培养管都不产酸不产气（图5-2），表示总大肠菌群为阴性，即未检出总大肠菌群；如有产酸、产酸产气（图5-3）者，则表示水样中总大肠菌群可能为阳性，需要进行平板分离实验确认是否存在总大肠菌群（发酵管颜色变黄为产酸，小倒管内有气泡为产气）。

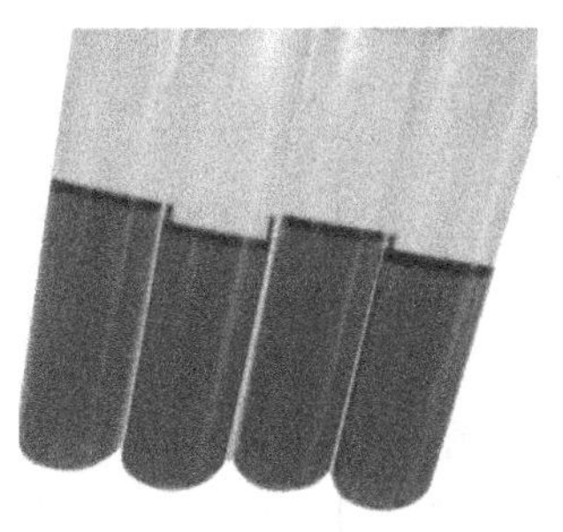

图5-2　不产酸不产气

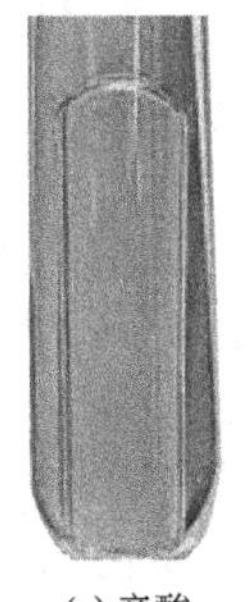

(a) 产酸

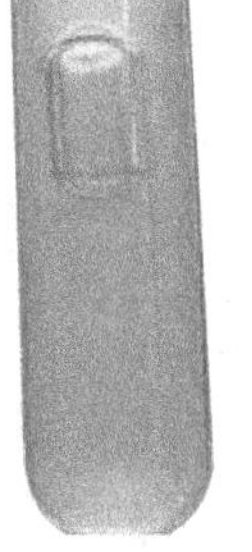

(b) 产酸产气

图5-3　产酸、产酸产气

② 平板分离　经乳糖初发酵实验培养24h后，将上述总大肠菌群可能为阳性的发酵管中的培养液，分别用接种环划线接种于品红亚硫酸钠培养基或伊红-亚甲蓝培养基上，置37℃恒温培养箱内培养18～24h，挑选符合下列特征的菌落，取菌落的一小部分进行涂片、革兰染色、镜检。

a. 品红亚硫酸钠培养基上的典型菌落：紫红色、具有金属光泽的菌落；深红色、不带或略带金属光泽的菌落；淡红色、中心较深的菌落。

b. 伊红-亚甲蓝培养基上的典型菌落：深紫黑色、具有金属光泽的菌落；紫黑色、不带或略带金属光泽的菌落；淡紫红色、中心较深的菌落。

以上典型性菌落为革兰阴性菌落。

③ 复发酵实验　经上述染色镜检为革兰氏阴性无芽孢的杆菌，用接种环挑去该镜检后的菌落，另一部分接种单倍乳糖蛋白胨培养液（内有倒管），置于37℃恒温培养箱内培养24h，有产酸产气者，即证实有总大肠菌群的存在。若无产酸产气者，即证实该种菌群非总大肠菌群。

④ 结果分析

根据证实有大肠菌群存在的阳性管数查MPN表，报告每升水样中的总大肠菌群数。

如果接种水样量不是10mL、1mL、0.1mL，而是较低的或是较高的三个浓度的水样量，也可以查MPN表（表5-17），得出MPN指数，换算成每100mL的MPN值，再将MPN值乘10，即为每升水样中的总大肠菌群数。

表5-17　总大肠菌群MPN检索表

（总接种量55.5mL，其中5份10mL水样，5份1mL水样，5份0.1mL水样）

接种量/mL			总大肠菌群/(MPN/100mL)	接种量/mL			总大肠菌群/(MPN/100mL)
10	1	0.1		10	1	0.1	
0	0	0	<2	0	4	0	8
0	0	1	2	0	4	1	9
0	0	2	4	0	4	2	11
0	0	3	5	0	4	3	13
0	0	4	7	0	4	4	15
0	0	5	9	0	4	5	17
0	1	0	2	0	5	0	9
0	1	1	4	0	5	1	11
0	1	2	6	0	5	2	13
0	1	3	7	0	5	3	15
0	1	4	9	0	5	4	17
0	1	5	11	0	5	5	19
0	2	0	4	1	0	0	2
0	2	1	6	1	0	1	4
0	2	2	7	1	0	2	6
0	2	3	9	1	0	3	8
0	2	4	11	1	0	4	10
0	2	5	13	1	0	5	12
0	3	0	6	1	1	0	4
0	3	1	7	1	1	1	6
0	3	2	9	1	1	2	8
0	3	3	11	1	1	3	10
0	3	4	13	1	1	4	12
0	3	5	15	1	1	5	14

续表

接种量/mL			总大肠菌群/(MPN/100mL)	接种量/mL			总大肠菌群/(MPN/100mL)
10	1	0.1		10	1	0.1	
1	2	0	6	2	4	0	15
1	2	1	8	2	4	1	17
1	2	2	10	2	4	2	20
1	2	3	12	2	4	3	23
1	2	4	15	2	4	4	25
1	2	5	17	2	4	5	28
1	3	0	8	2	5	0	17
1	3	1	10	2	5	1	20
1	3	2	12	2	5	2	23
1	3	3	15	2	5	3	26
1	3	4	17	2	5	4	29
1	3	5	19	2	5	5	32
1	4	0	11	3	0	0	8
1	4	1	13	3	0	1	11
1	4	2	15	3	0	2	13
1	4	3	17	3	0	3	16
1	4	4	19	3	0	4	20
1	4	5	22	3	0	5	23
1	5	0	13	3	1	0	11
1	5	1	15	3	1	1	14
1	5	2	17	3	1	2	17
1	5	3	19	3	1	3	20
1	5	4	22	3	1	4	23
1	5	5	24	3	1	5	27
2	0	0	5	3	2	0	14
2	0	1	7	3	2	1	17
2	0	2	9	3	2	2	20
2	0	3	12	3	2	3	24
2	0	4	14	3	2	4	27
2	0	5	16	3	2	5	31
2	1	0	7	3	3	0	17
2	1	1	9	3	3	1	21
2	1	2	12	3	3	2	24
2	1	3	14	3	3	3	28
2	1	4	17	3	3	4	32
2	1	5	19	3	3	5	36
2	2	0	9	3	4	0	21
2	2	1	12	3	4	1	24
2	2	2	14	3	4	2	28
2	2	3	17	3	4	3	32
2	2	4	19	3	4	4	36
2	2	5	22	3	4	5	40
2	3	0	12	3	5	0	25
2	3	1	14	3	5	1	29
2	3	2	17	3	5	2	32
2	3	3	20	3	5	3	37
2	3	4	22	3	5	4	41
2	3	5	25	3	5	5	45

续表

接种量/mL			总大肠菌群/(MPN/100mL)	接种量/mL			总大肠菌群/(MPN/100mL)
10	1	0.1		10	1	0.1	
4	0	0	13	5	0	0	23
4	0	1	17	5	0	1	31
4	0	2	21	5	0	2	43
4	0	3	25	5	0	3	58
4	0	4	30	5	0	4	76
4	0	5	36	5	0	5	95
4	1	0	17	5	1	0	33
4	1	1	21	5	1	1	46
4	1	2	26	5	1	2	63
4	1	3	31	5	1	3	84
4	1	4	36	5	1	4	110
4	1	5	42	5	1	5	130
4	2	0	22	5	2	0	49
4	2	1	26	5	2	1	70
4	2	2	32	5	2	2	94
4	2	3	38	5	2	3	120
4	2	4	44	5	2	4	150
4	2	5	50	5	2	5	180
4	3	0	27	5	3	0	79
4	3	1	33	5	3	1	110
4	3	2	39	5	3	2	140
4	3	3	45	5	3	3	180
4	3	4	52	5	3	4	210
4	3	5	59	5	3	5	250
4	4	0	34	5	4	0	130
4	4	1	40	5	4	1	170
4	4	2	47	5	4	2	220
4	4	3	54	5	4	3	280
4	4	4	62	5	4	4	350
4	4	5	69	5	4	5	430
4	5	0	41	5	5	0	240
4	5	1	48	5	5	1	350
4	5	2	56	5	5	2	540
4	5	3	64	5	5	3	920
4	5	4	72	5	5	4	1600
4	5	5	81	5	5	5	>1600

注：摘自 GB/T 5750.12—2006。

5.29.5 实验原始数据记录

见表 5-18。

表 5-18 总大肠菌群测试原始数据表

项目	初发酵实验			平板分离			复发酵实验			MPN指数	实验结果
样品	10mL	1mL	0.1mL	10mL	1mL	0.1mL	10mL	1mL	0.1mL		
1#	0	0	0	—	—	—	—	—	—	<2	未检出或<2MPN/100mL
2#	5	3	1	5	3	1	5	3	1	110	1.1×10^3 MPN/L
3#	5	3	1	5	3	1	5	3	0	79	790MPN/L
4#	5	3	1	5	0	0	5	0	0	23	230MPN/L

注："0"表示该稀释度所有发酵管均为阴性，即未产酸产气；实验结果以最终阳性结果为准。

5.29.6 实验数据处理

总大肠菌群数计算式：

$$\text{MPN 值}=\text{MPN 指数}\times\frac{10(\text{mL})}{\text{原始样品接种量大的一管}(\text{mL})}$$

5.29.7 实验分析与讨论

无菌性质量控制，以无菌水为水样，检查培养基、稀释水、玻璃器皿和其他器具的无菌性。如果检查结果表明有杂菌污染，证明有交叉污染，本次实验失败，应弃去水样试验结果，重取水样检验。

培养基质量控制，每批次配制的培养基，都要进行无菌检验，证明无菌，同时，用已知阳性菌种（一般采用大肠埃希氏菌作为阳性菌种）检查在培养基上的生长繁殖情况，符合要求后方可使用。

影响实验结果的除了实验本底外，操作过程非常重要。操作过程属于无菌操作，要避免交叉污染，在操作过程中有造成污染可能的行为要及时改正，例如：枪头不小心碰触采样瓶外壁或是台面，要立即更换枪头；超净工作台使用时处于正压状态；操作人员动作要轻，操作人员周围避免人员流动，可以减小空气流动，避免实验室空气造成交叉污染的可能。

总之，应做好质量控制，避免交叉污染，熟练实验操作步骤，确保实验结果的准确。

5.29.8 注意事项

① 样品时效性比较短，拿到样品后要尽快测定，冷藏保存可以延长至6h。

② 实验过程中的耗材及器具都必须提前进行灭菌处理，避免交叉污染。

③ 水样的实际情况不明，实验时要同时进行2～3个稀释度样品的测定。

④ 灭菌后的采样瓶，两周内未使用，需要重新灭菌。

⑤ 实验操作过程中，更换稀释度样品时要同时更换枪头；枪头在使用过程中如果不小心碰触其他物品时，要更换枪头防止交叉污染。

⑥ 超净台要定期进行无菌验证，按正确的操作流程使用，每次实验前后都要用紫外线照射。

⑦ 高压蒸汽灭菌器每次使用都要进行灭菌效果验证。

⑧ 平板分离时，接种环在接菌前后要注意灼烧灭菌，并冷却至室温再使用。

⑨ 实验操作人员身后周围尽量避免人员流动，以免造成较大的空气流动。

⑩ 恒温培养箱使用时每天检查两次，记录使用区温度是否准确和稳定，温度变化不可以超过±0.5℃。

5.30 生活饮用水中pH的测定——玻璃电极法

5.30.1 实验目的

① 学会 pH 计使用，掌握生活饮用水 pH 的测定方法。

② 测定生活饮用水中 pH 指标，以判断其是否符合《生活饮用水卫生标准》，使人类饮用安全的水。

5.30.2 实验原理

以玻璃电极为指示电极，饱和的甘汞电极为参比电极，插入溶液中组成原电池。当氢离子浓度发生变化时，玻璃电极和甘汞电极之间的电动势也随着变化，在 25℃时，每单位 pH 值标度相当于 59.1mV 电动势变化值，在仪器上直接以 pH 读数表示。

5.30.3 实验仪器、试剂

(1) 实验仪器

精密酸度计，测量范围 0～14 pH 单位，读数精度小于等于 0.02pH 单位；玻璃电极；饱和甘汞电极；塑料烧杯 50mL。

(2) 试剂

① 苯二甲酸氢钾标准缓冲溶液。称取 10.21g 在 105℃烘干 2h 的苯二甲酸氢钾，溶于纯水中，并稀释至 1000mL，此溶液 pH 值在 20℃为 4.00。

② 混合磷酸盐标准缓冲溶液。称取 3.40g 在 105℃烘干 2h 的磷酸二氢钾和 3.55g 磷酸二氢钠，溶于纯水中，并稀释至 1000mL，此溶液 pH 值在 20℃为 6.88。

③ 四硼酸钠标准缓冲溶液。称取 3.81g 四硼酸钠，溶于纯水中，并稀释至 1000mL，此溶液 pH 值在 20℃为 9.22。

表 5-19 为 pH 标准缓冲溶液在不同温度时的 pH 值。

表 5-19 pH 标准缓冲溶液在不同温度时的 pH 值

温度/℃	标准缓冲溶液的 pH		
	苯二甲酸氢钾缓冲溶液	混合磷酸盐缓冲溶液	四硼酸钠缓冲溶液
0	4.00	6.98	9.46
5	4.00	6.95	9.40
10	4.00	6.92	9.33
15	4.00	6.90	9.18
20	4.00	6.88	9.22
25	4.01	6.86	9.18
30	4.02	6.85	9.14
35	4.02	6.84	9.10
40	4.04	6.84	9.07

注：配制上述缓冲溶液所用纯水均为新煮沸并放冷的蒸馏水，配成的溶液应贮存在聚乙烯瓶或硬质玻璃瓶内，此类溶液可以稳定 1～2 个月。

5.30.4 实验步骤

① 玻璃电极在使用前应放入纯水中浸泡24h以上。

② 仪器校正。仪器开启后30min按仪器使用说明书进行操作。

③ pH定位。选用一种与被测水样pH值接近的标准缓冲溶液，重复定位1～2次，当水样pH＜7.0时使用苯二甲酸氢钾标准缓冲溶液定位，以四硼酸钠或混合的磷酸盐标准溶液进行复定位；如果水样pH＞7.0时使用四硼酸钠标准缓冲溶液定位，以苯二甲酸氢钾或混合的磷酸盐标准溶液进行复定位。

注：如发现三种缓冲溶液定位值不成线性，应检查玻璃电极质量。

用洗瓶以纯水缓缓淋洗两个电极数次，再以水样淋洗6～8次，然后插入水样中，1min后直接从仪器上读取pH值。

注：1. 甘汞电极为氯化钾的饱和溶液，当室温升高后，溶液可能由饱和状态变为不饱和状态，故应保持一定量的氯化钾晶体。

2. pH值大于9的溶液，应使用高碱玻璃电极测定pH值。

5.30.5 实验原始数据记录

见表5-20。

表5-20 pH测试原始数据记录表

样品	1	2	3
pH			

水样地点：

实验环境条件：温度____℃；湿度____%；大气压强____ kPa。

5.30.6 实验数据处理

pH结果应取最接近0.1pH单位，如有特殊要求时可根据需要及仪器的精确度确定结果的有效数字位数。

5.30.7 实验分析与讨论

分析实验数据的精确性与准确度及其可靠性，并讨论实验收获与不足。

读数精度小于等于0.02pH单位。

5.30.8 注意事项

① 取样后应当立即测定，以免空气中的CO_2影响测定结果。

② 有些玻璃电极反应速率较慢，特别是对某些弱缓冲液需数分钟后才能平衡，因此测定时必须将供试液轻轻振摇混匀，稍停再读数。

③ 每次更换标准缓冲液或供试液前，应用纯化水充分洗涤电极，然后将水吸尽，也可用所换的标准缓冲液或供试液洗涤。

④ 测定弱缓冲液（如水）时，先用pH＝4的标准缓冲液校正仪器后测定供试液，并重

取供试液再测，直至pH值的读数在1min内改变不超过0.05；然后再用pH=9的标准缓冲液校正仪器，再如上法测定；两次pH值的读数相差应不超过0.1。

⑤ 标准缓冲液一般可保存2～3个月，但发现有浑浊、发霉或沉淀等现象时，不能继续使用，应重新配制。

5.31 土壤中水分的测定

5.31.1 实验目的

① 学会土壤试样的制备。

② 测定土壤中水分含量，了解土壤水分测定的意义，以及与其他污染指标如金属、有机物含量的关系。

5.31.2 实验原理

土壤样品在(105±5)℃烘至恒重，以烘干前后的土样质量差值计算水分的含量。

5.31.3 实验仪器、试剂

① 鼓风干燥箱，(105±5)℃。

② 干燥器，装有无水变色硅胶。

③ 分析天平，精度为0.01g。

④ 具盖容器，防水材质且不吸附水分。用于烘干风干土壤时容积应为25～100mL，用于烘干新鲜潮湿土壤时容积应至少为100mL。

⑤ 样品勺。

⑥ 样品筛，2mm。

5.31.4 实验步骤

(1) 采样及样品贮存

土壤采样器具包括：

工具类：铁锹、铁铲、圆状取土钻、螺旋取土钻、竹片等；

器材类：GPS、罗盘、照相机、卷尺、样品袋、样品箱等；

文具类：样品标签、采样记录表、铅笔、资料夹等；

安全防护用品：工作服、工作鞋、安全帽、药品箱等。

一般采集表层土壤，采样深度为0～20cm，取1kg左右，用聚乙烯袋装好，贴好样品标签，注明采样点位及GPS、样品编号、测试项目等信息。

采集后的土壤如需做新鲜样品应及时测定，干样的水分应在样品风干后进行测定。

(2) 试样制备

① 风干土壤试样　取适量新鲜样品平铺在干净的搪瓷盘或玻璃上，避免阳光直射，且环境温度不超过40℃，自然风干，去除石块、树枝等杂质，过2mm样品筛。将>2mm的土块粉碎后过2mm样品筛，混匀，待测。

② 新鲜土壤试样　取适量新鲜土壤样品撒在干净、不吸收水分的玻璃板上，充分混匀，去除直径大于2mm的石块、树枝等杂质，待测。

(3) 水分的测定

① 风干土壤样品水分的测定　具盖容器和盖子于(105±5)℃下烘干1h，稍冷，盖好盖子，然后置于干燥器中至少冷却45min，测定带盖容器的质量m_0，精确至0.01g。用样品勺将10～15g风干土壤试样转移至已称重的具盖容器中，盖上容器盖，测定总质量m_1，精确至0.01g。取下容器盖，将容器和风干土壤试样一并放入烘箱中，在(105±5)℃烘干至恒重，同时烘干容器盖。盖上容器盖，置于干燥器中至少冷却45min，取出后立即测定带盖容器和烘干土壤的总质量m_2，精确至0.01g。

② 新鲜土壤样品水分的测定　具盖容器和盖子于(105±5)℃下烘干1h，稍冷，盖好盖子，然后置于干燥器中至少冷却45min，测定带盖容器的质量m_0，精确至0.01g。用样品勺将30～40g新鲜土壤试样转移至已称重的具盖容器中，盖上容器盖，测定总质量m_1，精确至0.01g。取下容器盖，将容器和新鲜土壤试样一并放入烘箱中，在(105±5)℃烘干至恒重，同时烘干容器盖。盖上容器盖，置于干燥器中至少冷却45min，取出后立即测定带盖容器和烘干土壤的总质量m_2，精确至0.01g。

5.31.5 实验原始数据记录

见表5-21。

表5-21 水分测试原始数据记录表

样品编号	具盖容器质量 m_0/g		具盖容器及土壤试样总质量 m_1/g		具盖容器及烘干土壤总质量 m_2/g		水分含量 w_{H_2O}/%	备注

5.31.6 实验数据处理

土壤中水分含量计算式：

$$W_{H_2O}=(m_1-m_2)\times100/(m_2-m_0)$$

式中　W_{H_2O}——土壤样品中水分含量，%；

m_0——带盖容器的质量，g；

m_1——带盖容器及风干土壤试样或带盖容器及新鲜土壤试样的总质量，g；

m_2——带盖容器及烘干土壤的总质量，g。

测定结果精确至0.1%。

5.31.7 质量保证和质量控制

① 测定风干土壤样品，当水分含量≤4%，两次测定结果之差的绝对值应≤0.2%(质量分数)；当水分含量>4%时，两次测定结果的相对偏差应≤0.5%。

② 测定新鲜土壤样品，当水分含量≤30%时，两次测定结果之差的绝对值应≤1.5%（质量分数）；当水分含量>30%时，两次测定结果之差的绝对值应≤5%。

5.31.8 注意事项

① 样品应尽快分析以减少其水分的蒸发。

② 试验过程中应避免具盖容器内土壤细颗粒被气流或风吹出。

③ 一般情况下，在（105±5）℃下有机物的分解可以忽略。但是对于有机质含量>10%（质量分数）的土壤样品，应将干燥温度改为50℃，然后干燥至恒重，必要时，可抽真空，以缩短干燥时间。

④ 土壤水分含量是基于干物质量计算的，所以其结果可能超过100%。

5.32 海洋沉积物中铜的测定

5.32.1 实验目的

掌握原子吸收分光光度计原理及定性定量分析方法。

了解原子吸收分光光度计的基本结构及操作步骤。

初步学会海洋沉积物中铜的测定方法。

了解原子吸收分光光度计使用注意事项及实验安全常识。

5.32.2 实验原理

沉积物样品用硝酸-高氯酸消化后，在稀硝酸介质中，铜在324.7nm波长处进行无火焰原子吸收测定。

5.32.3 实验仪器、试剂

无火焰原子吸收分光光度计，铜空心阴极灯，自动进样器，氩气（纯度99.9%）聚四氟乙烯杯，电热板，浓硝酸（优级纯），硝酸溶液（1+1），高氯酸（优级纯），盐酸，铜标准溶液，具塞比色管，移液管。

5.32.4 实验样品

（1）表层沉积物分析样品的采取

用塑料刀或勺从采泥器耳盖中仔细取上部0～1cm和1～2cm的沉积物，分别代表表层和亚表层。如遇沙砾层，可在0～3cm层内混合取样。一般情况下，每层各取3～4份分析样品，取样量视分析项目而定。如一次采样量不足，应再采一次。取500～600g湿样，放入已洗净的聚乙烯袋中，扎紧袋口。供测定铜、铅、锡、锌、铬、砷及硒用。取500～600g湿样，盛入500mL磨口广口瓶中，密封瓶口。供测定含水率、粒度、总汞、油类、有机碳、有机氯农药及多氯联苯用。

（2）柱状沉积物分析样品的采取

样柱上部30cm内按5cm间隔，下部按10cm间隔（超过1m时酌定）用塑料刀切成小段，小心地将样柱表面刮去，沿纵向剖开三份（三份比例为1∶1∶2），两份量少的分别盛入50mL烧杯（离子选择电极法测定硫化物，如用比色法或碘量法测定硫化物时，则盛于125mL磨口广口瓶中，充氮气后，密封保存）和聚乙烯袋中，另一份装入125mL磨口广口瓶中。

（3）样品的制备

将聚乙烯袋中的湿样转到洗净并编号的陶瓷蒸发皿中，置于80～100℃的烘箱内。烘干过程中用玻璃棒经常翻动样品并把大块压碎，以加速干燥。将烘干的样品摊放在干净的聚乙烯板上，剔除石块和颗粒较大的动植物残骸，将样品装入玛瑙钵中，放入玛瑙球在研磨机上研磨至全部通过160目尼龙筛，将研磨后的样品充分混匀。四分法分取10～20g制备好的样品，放入样品袋备用。

（4）样品的消化

称取0.1g制备好的沉积物样品于30mL聚四氟乙烯杯中，用少量水润湿样品，加入5mL硝酸，置于电热板上由低温升到180～200℃，蒸至近干，加入1mL硝酸、2mL高氯酸，蒸干。用少许水仔细淋洗聚四氟乙烯杯壁并蒸至白烟散尽，取下稍冷加入1.0mL盐酸，微热浸提，将溶液及残渣全量转入25mL具塞比色管中，用水稀释至标线，混匀，澄清，上清液待测，同时作空白分析。

5.32.5 实验步骤

（1）原子吸收分光光度计的操作步骤

① 打开电脑，打开原子吸收主机电源，双击图标进行自检。等自检完成后进行元素灯选择，仪器配有八个灯位置，用鼠标点选欲测灯位置，再点击元素周期表相应元素按钮即可完成一次选择，重复该过程可以选择其他的灯，选完所有待测灯后，选择工作灯，选择所测元素所在的灯位置，然后选预热灯。按【下一步】进入工作灯工作条件，系统会自动调入标准条件；按【确定】完成，按【取消】放弃。根据向导提示进行寻峰操作

② 打开石墨炉电源，打开氩气（压力0.6～0.8MPa），点击进样器进行进样器调节，选择启用自动进样器，通信端口设为“COM1”，点击“联机”，然后初始化进样器，点击“位置调节”，调节时用镜子看采样针是否插到石墨管里，用完把镜子搬回，按“抬起”。点击样品图标设置样品曲线方程，选择一次 $[C]=k_1[A]+k_0$，按【下一步】选择标准样品的个数和浓度，按【下一步】选择每10个样品作一次空白校正，按【下一步】选择未知样品的数量、名称和起始编号。点击参数图标进行参数设置，点击信号处理，计算方式选峰高，积分时间在6s，滤波系数为0.1。点击“仪器(I)”中的“原子化器位置(P)”进行原子化器位置的调整。点击“仪器(I)”中的“扣背景方式”，待测元素波长小于300nm的选择“氘灯扣背景”，波长大于300nm的选择“自吸收扣背景”。点击能量图标调整能量，调节“窄脉冲”“宽脉冲”电流，把两个指针调到一个位置，然后调节负高压，把能量调到100%左右。打开冷却水，点击加热设置升温程序，单击“加热”图标，查石墨炉专家系统设置待

测元素的升温程序。点击 空烧 空烧三次后，点击清洗，清洗一次。点击 测量 开始测量。测量结束后依次关闭冷却水、氩气、石墨炉电源，关闭主机。

（2）标准曲线的绘制

量取一定量的铜标准溶液用稀硝酸逐级稀释成铜含量分别为0μg/mL、0.02μg/mL、0.04μg/mL、0.06μg/mL、0.08μg/mL、0.10μg/mL的标准液。在选定的条件下测量标准溶液的吸光度A_i。以测得的吸光度（A_i）减去标准空白吸光度（A_0）为纵坐标，以铜的浓度为横坐标，绘制标准曲线。

（3）样品的测定

取样品消化液100μL加500μL硝酸混匀，按选定的参数测定样品中铜的吸光度（A_s）及空白的吸光度（A_b）以（A_s-A_b）值计算铜的浓度。

（4）计算沉积物中铜的浓度

沉积物干样中铜的含量，按照下式进行计算：

$$W=\rho VD/M$$

式中 W——沉积物干样铜的含量，μg/g；

ρ——由曲线计算的铜的浓度，μg/mL；

V——测定时样品消化液体积，mL；

D——稀释倍数；

M——样品取样量，g。

5.32.6 维护保养

（1）空心阴极灯

每个空心阴极灯上都有最大允许使用电流，工作时切勿超过规定，否则损坏灯或减少寿命；不允许用手触摸透光窗口，以防沾污，使透光率下降；长期搁置不用的灯，建议每隔3～6个月点燃一次，每次1～2h。

（2）火焰原子化器

每次测定完成之后，都必须用去离子水冲洗10min，洗去黏附在燃烧器和雾室中的酸液和盐类。

（3）雾化器及雾化室

喷雾的样品溶液一定要彻底澄清，防止堵塞雾化器；如轻微堵塞，可以用去离子水吸喷至正常为止；如未能改善堵塞情况，需拧开螺丝，取下雾化器，摘掉撞击球，用空压机进行吹，如不起作用，应更换雾化器。通堵完成之后，在喷雾情况下，安装撞击球，通过小角度的旋转找出喷雾的最佳位置，然后安装。雾化室必须定期清洁：取下燃烧器，用去离子水冲洗。

（4）燃烧器

当燃烧器有盐类、炭粒沉淀在缝口处，火焰呈锯齿、缺口等不规则形状时，应熄灭火焰，用滤纸插入缝口擦拭，或者在通空气的情况下，用单面刀片的非刀刃部位，沿缝细心刮除。

（5）废液

应定期把废液倒掉，尽快使废液管不要插入液面下。

5.32.7 实验原始数据记录

见表5-22。

表5-22 铜测试原始数据记录表

样品编号	取样量/g	样品吸光度/A	空白吸光度/A	消化液体积/mL	稀释倍数	样品的质量分数/(μg/g)

实验环境条件：温度____℃；湿度____%；大气压强____ kPa。

5.32.8 实验分析与讨论

分析实验数据的精确性与准确度及其可靠性，讨论实验收获与不足。

5.32.9 注意事项

① 如果开机顺序不对，可能出现COM口被占用，无法联机的现象，这时需要关闭原子吸收主机电源开关，重新启动计算机，等待Windows完全启动后再开启原子吸收主机电源开关，将联机正常。如果上次开机用的是火焰吸收法，本次开机后要先调整测量方法为石墨炉，再联机自动进样器，若不如此则会出现COM口被占用。

② 开机初始化时，如果在工作灯位置没有元素灯，或原子化器挡光，可能造成初始化过程中的波长电极初始化失败。工作中：如果工作灯位置上元素灯设置的元素和实际元素灯元素不同，或原子化器挡光，将造成寻峰失败，出现灯能量不足，负高压超上限的提示。

③ 点火前后，乙炔钢瓶压力可能有变化，注意调节出口压力。当燃气流量小于1200时可能点火失败或吸喷溶液后自动熄火，这时需要调高燃气流量到1500以上，再次点火即可。

5.33 固体废物中铅的测定

5.33.1 实验目的

学会绘制标准工作曲线，掌握原子吸收分光光度计的使用方法；

学会固体废物中铅的测定方法，通过测定固废中铅的含量，对固体废物浸出毒性有个初步认识。

5.33.2 实验原理

将固废浸出液直接喷入火焰，在空气-乙炔火焰中，铅的化合物离解为基态原子，并对空心阴极灯的特征辐射谱线产生选择性吸收。在给定条件下，测定铅的吸光度。

5.33.3 实验试剂

本实验均使用符合国家标准或专业标准的试剂，用水为去离子水或同等纯度的水。

硝酸，优级纯，1.42g/mL。

硝酸溶液，1+1、0.2%、0.4%。

金属标准贮备液，1.000g/L；分别称取1.000g光谱纯金属铅，用20mL硝酸（1+1）溶解后，定容至1000mL。

金属混合标准溶液：用铅的标准贮备液和硝酸溶液（0.2%）配制成含铅40.0mg/L的混合标准溶液。

抗坏血酸（1%），用时现配。

5.33.4 实验仪器

原子吸收分光光度计；铅空心阴极灯；乙炔钢瓶或乙炔发生器；空气压缩机，应备有除水、除油和除尘装置。

仪器参数：测定波长283.3nm；通带宽度2.0nm；火焰性质贫燃；其他可选谱线217.0nm/261.4nm。

5.33.5 样品保存

浸出液如不能很快进行分析应加浓硝酸达1%，保存时间不超过一周。

5.33.6 前处理过程

浸提容器：1L具密封塞高型聚乙烯瓶。

浸提装置：转速为（30±2）r/min的翻转式搅拌机。

浸提剂：去离子水或同等纯度的蒸馏水。

称取干基试样70.0g，置于1L浸提容器中，加入700mL浸提剂，盖紧瓶盖后固定在翻转式搅拌机上，调节转速为（30±2）r/min，在室温下翻转搅拌浸提18h后取下浸取容器，静置30min，于预先安装好滤膜（或滤纸）的过滤装置上过滤，收集全部滤液，即为浸出液，摇匀后供分析用。

5.33.7 实验步骤

① 用水代样品，采用和样品相同的步骤和试剂，在测定试样的同时测定空白值。

② 校准曲线的绘制。

工作标准溶液的浓度（mg/L）：0、0.40、0.80、1.60、2.40、4.00；

参考上述浓度，在50mL容量瓶中，用硝酸（0.2%）溶液稀释混合标准溶液，配制至少4个工作标准溶液，其浓度范围应包括试样中铅的浓度。

按所选择的仪器工作参数调好仪器，用硝酸溶液（0.2%）调零后，由低浓度到高浓度顺序测量每份溶液的吸光度，用测得的吸光度和相对应的浓度绘制标准曲线。

③ 在测量标准溶液的同时，测量空白和试样。根据扣除空白后试样的吸光度，从校准曲线查出试样中铅的浓度。测定铬渣浸出液中铅时，除适当稀释浸出液外，为防止铅的测定结果偏低，在50mL的试液中加入抗坏血酸5mL，将六价铬还原成三价铬，以免生成铬酸铅沉淀。

在测定试样的过程中，要定时复测空白和工作标准溶液，以检查基线的稳定性和仪器灵敏性是否发生了变化。

5.33.8 实验原始数据记录

见表5-23。

表5-23 浸出液中铅浓度测试原始数据记录表

项目	样品1	样品2
C_1(被测试样中金属离子浓度)		
V_0(制样时定容体积)		
V(试样的体积)		

固废样品地点：

实验环境条件：温度______℃；湿度______%；大气压强______kPa。

5.33.9 实验数据处理

浸出液中铅浓度计算公式：

$$C(\text{mg/L})=C_1\times\frac{V_0}{V}$$

式中 C_1——被测试料中金属离子浓度，mg/L；

V_0——制样时定容体积，mL；

V——试料的体积，mL。

5.33.10 干扰

当样品中含盐量很高、分析谱线波长又低于350nm时，出现非特征吸收，如高浓度钙产生的背景吸收使铅的测定结果偏高。硫酸对铜、锌、铅的测定有影响，一般不能超过2%，故一般多使用盐酸或硝酸介质。

5.33.11 实验分析与讨论

实验室内对铅1.10mg/L的浸出液进行了6次平行测定，其相对标准偏差为3.8%；两个实验室在含铅2.30mg/L的尾矿渣浸出液中加入铅1.00mg/L，回收率在97.6%～98.3%之间。

可结合上述实验数据对固体废物中铅的精密度进行分析，通过实验过程总结经验与不足。

5.34 浮游生物生态调查

5.34.1 实验目的

掌握海洋浮游生物（包括浮游植物、浮游动物）的分析方法。

5.34.2 实验原理

根据采样技术规范采集浮游生物样品后，利用生物显微镜（或体视显微镜），鉴定浮游生物的种类组成、生物量及数量分布。

5.34.3 实验仪器、试剂

生物显微镜，体视显微镜，卡盖式采水器，浅水Ⅰ、Ⅱ、Ⅲ型浮游生物网，电子天平，筛绢，镊子，滤纸，5%甲醛固定液，广口塑料样品瓶，碘液，抽滤装置，量筒，烧杯，铁架台，塑料小烧杯，移液枪，枪头（1mL、10mL、0.1mL），计数框（1mL），盖玻片，计数槽（5mL），计数器，塑料刻度吸管。

5.34.4 实验步骤

（1）采样及样品贮存

① 采样

a. 浮游植物。一般情况下采集海水作为样品即可，用卡盖式采水器，一般500mL水样量，采样后，应及时按每升水样加6～8mL，碘液固定。如需要详细分析样品种类组成时，则需要进行网采样品。一般使用浅水Ⅲ型浮游生物网自海底至水面作垂直拖网采样。将采集后的样品装于广口塑料样品瓶中，按样品体积比的5%加入甲醛溶液固定。

b. 浮游动物。分别用浅水Ⅱ、Ⅲ型浮游生物网自底至表垂直拖拽采集浮游动物，下网速度不能超过1m/s，钢丝绳保持紧直，起网速度保持在0.5m/s，网口未露出水面前不可停止，网口离开水面后减速及时停止，用水清洗筛绢套，样品全部收入到广口瓶中，按样品体积比的5%加入甲醛溶液固定。

② 样品的贮存　样品采集后要立即加入固定剂，并避光保存运输回实验室。网具在采样结束后，要用淡水冲洗，晾干后收藏。

（2）测量

① 样品前处理

a. 自然沉降。将固定后的浮游生物水样摇匀并倒入适宜的烧杯中，2h后将烧杯轻轻旋转，避免或减少浮游植物附着杯壁，静止24h，使样品自然沉降。

b. 浓缩。样品自然沉降24h后，用虹吸管慢慢吸去上清液。虹吸时管口要始终略低于水面，随着液面的下降，逐渐降低虹吸管口。虹吸过程不可摇动，如果搅动了底部应重新自然沉降。直至水样剩余200mL左右时，停止虹吸。

将浓缩后的水样移至适宜烧杯中，用少量上清液冲洗烧杯2～3次，继续自然沉降24h后，按上述方法吸取上清液，至自然沉降物水样量30～50mL，定容，根据浓缩后的样品量，用量筒确认样品体积。

② 样品分析

a. 浮游植物。将定容后的样品充分混匀，用移液枪取0.1mL样品放置于计数框内，轻轻盖上盖玻片，避免产生气泡，无水样溢出（见图5-4）。在生物显微镜下全片计数，每个样品重复测量2～3次（相当于计数体积的0.2～0.3mL）。样品中种类多，可用计数器计数，如样品较复杂，可加大计数次数。计算时优势种类及常见种类尽可能鉴别到种，注意不

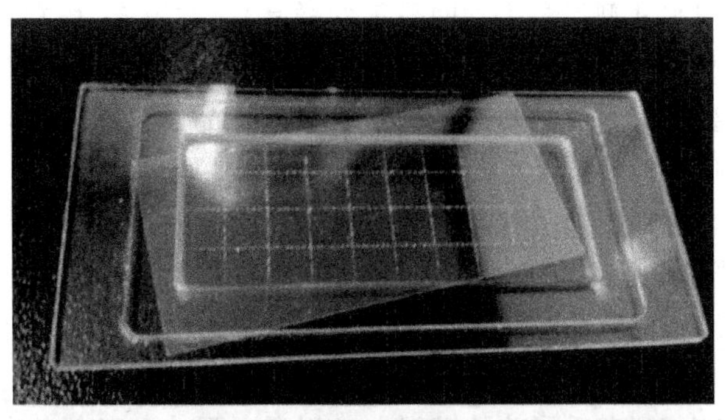

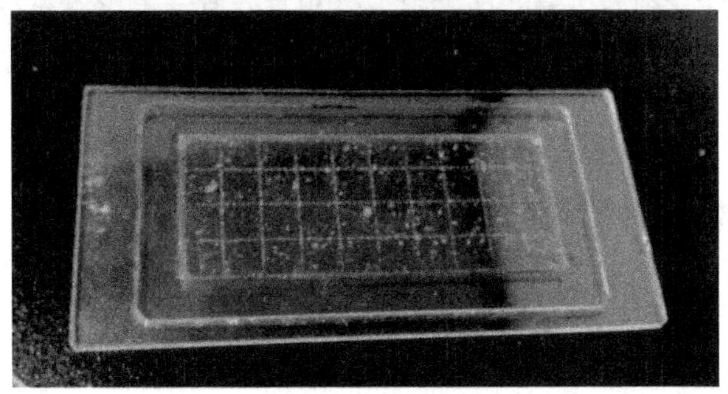

图 5-4 计数框

要把浮游植物当作杂质。

b. 浮游动物包括大型浮游动物、小型浮游动物。

大型浮游动物（浅水Ⅰ型浮游生物网采集的样品）：将自然沉降处理后的样品放入 5mL 计数槽中，置于体视显微镜下计数观察，进行种类组成鉴定并计数。

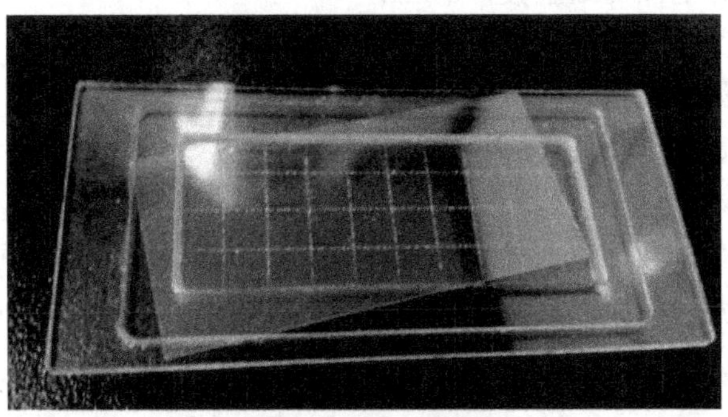

(a) 样品打入计数框

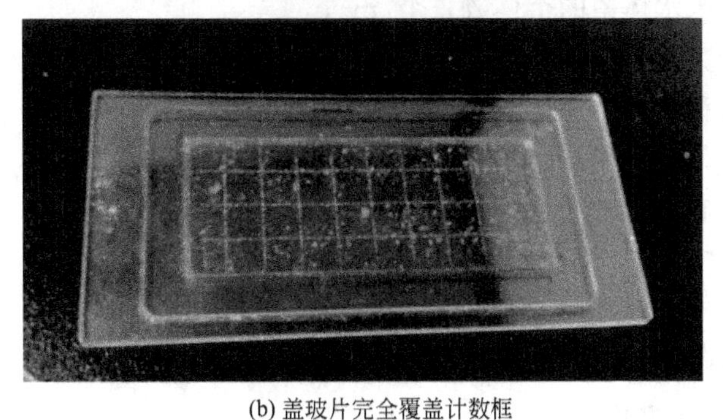

(b) 盖玻片完全覆盖计数框

图 5-5 浮游动物鉴别计数框

小型浮游动物（浅水Ⅱ型浮游生物网采集的样品）：按图 5-5(a) 将盖玻片倾斜 30°角覆盖在计数框上，将样品充分混匀，用移液枪吸取 1mL 样品慢慢从空隙中打入计数框中，将盖玻片完全覆盖在计数框上，注意勿产生气泡，禁止样品溢出［见图 5-5(b)］。将计数框置于生物显微镜下按“U”字形全镜观察，进行种类组成鉴定并计数。一般测量 2～3 次，根据样品实际情况而定，可适当加大计数次数。

③ 浮游生物样品生物量的测定（湿重法）。一般只进行大型浮游动物生物量的测量（即浅水Ⅰ型浮游生物网采集的样品）。

首先将筛绢剪成与布氏漏斗等大，浸湿铺到漏斗中，用真空泵滤去多余水分后，称量筛绢重量。然后将样品转移到布氏漏斗的筛绢上，用真空泵抽去多余水分，将样品连同筛绢转移到滤纸上，进一步吸干水分后，放入电子天平称重。样品重量即等于总重量减去筛绢重量。

5.34.5 实验原始数据记录

① 浮游植物细胞数量计数记录表见表 5-24。

② 浮游动物个体计数记录表见表 5-25。

5.34.6 数据处理

浮游植物水采个体计数计算公式：

$$N=\frac{nV'}{VV''}$$

式中 N——每升水样的藻类细胞数，个/L；

n——取样计数所得的细胞数，个；

V'——水样浓缩的体积，mL；

V''——取样计数的体积，mL；

V——采水量，L。

浮游植物网采个体计数计算公式与浮游动物个体数量计算公式相同。

浮游动物个体数量计算公式：

$$N=\frac{na}{V}$$

式中 N——每立方米水体中的个体数，个/m^3；

n——取样计数所得的个体数，个；

a——取样体积与样品总体积之比；

V——滤水量，m^3。

浮游动物湿重生物量计算公式：

$$B=\frac{S}{V}$$

式中 B——湿重生物量，mg/m^3；

S——样品湿重，mg；

V——滤水量，m^3。

表 5-24 浮游植物细胞数量计数记录表

标本编号______ 站号______ 层次______ m 调查时间______ 年______ 月______ 日

浓缩体积______ mL 计数体积______ mL 计数时间__________ 水量______ mL　共______页第______页

种　名	数量/个	小计/个	密度/(个/L)	备　注
硅藻种数：　个		数量：　个		
甲藻种数：　个		数量：　个		
其　他：　个		总量：　个		

采集者________ 记录者________ 校对者________ 审核者________

表 5-25　浮游动物个体计数记录表

标本编号______ 站号______水深______ m 层次______ m

滤水量______ m^3 取样______ 调查时间______年______月______日计数时间__________

共______页第______页

种　　名	数量/个	小计/个	总计/个	密度/(个/m^3)	备　　注
种数　总个体数：　个					

计数者________统计者________校对者________审核者________

5.34.7 注意事项

湿重法测量浮游动物生物量，过滤时要注意尽可能去除泥沙等杂质，如杂质较多或是有大水母时需要备注。

浮游植物测量时，如样品种类数量较多，采用计数器计数。

浮游生物前处理浓缩虹吸时，要避免搅动底部的沉降样品，否则需要重新自然沉降 24h。

测量所用移液枪头均将枪头头部剪下一小部分，以利于吸取样品。

5.35 大型底栖生物生态调查

5.35.1 实验目的

掌握海洋大型底栖生物测量方法。

5.35.2 实验原理

根据采样技术规范采集大型底栖生物样品后，观察生物体形态特征，鉴定底栖生物种类组成，并进行计数及称重，测量栖息密度及生物量。

5.35.3 实验仪器、试剂

体视显微镜、放大镜、电子天平、采泥器、筛子（40 目）、托盘、镊子、解剖针、培养皿、滤纸、5%甲醛固定液、70%乙醇。

5.35.4 实验步骤

（1）采样及样品贮存

① 采样　包括沉积物采样及拖网采样。

a. 沉积物采样。一般使用 0.1m^2 采泥器，每次取 3 次；在港湾中或无动力设备的小船上，可用 0.05m^2 采泥器，每站取 3 次。特殊情况下，不少于 2 次。采用旋涡分选装置淘洗时，泥样分批倒入筒体，应注意调节分流龙头开关至较大颗粒沉积物不致被搅起溢出筒体，难挑拣的生物连同余渣带回实验室，在体视显微镜下挑拣。淘洗后的样品分装于样品瓶中，加入 5%甲醛溶液固定。

b. 拖网取样。应在调查船低速（2km/h 左右）时进行。航向稳定后投网。拖网绳长一般为水深的 3 倍，近岸浅水区应为水深 3 倍以上，拖网时间为 15min；水深 1000m 以上的深海，拖网绳长为水深的 1.5～2 倍，拖网时间 30min～1h。将采到的拖网样品从网中取出后，按类群或者大小、软硬分别装入样品瓶，避免损坏，加入 5%甲醛溶液固定。

② 样品的贮存　采集样品分拣后，各类样品均可用 5%甲醛溶液固定。

（2）测量

包括定量与定性。

① 淘洗样品　将样品置于 40 目筛网中，用流动的水充分淘洗干净，去除杂质、碎壳、

杂草，只留下生物个体。

② 定量样品分析　用镊子将样品中的生物个体按种类分拣出，如蟹、螺类、蛤类等较大生物，将样品放在滤纸上，吸干表面水分后，确定种类、计数、再称重；分拣出个体较小生物，如环节动物、软体动物等，将样品放于培养皿中，使用体视显微镜观察，确定种类、计数，滤纸吸干多余水分后称重。

③ 定性样品分析　定性样品个体比较大，将样品按种类分拣出，确定种类后计数。

鉴定后的样品，放到样品瓶中，加入适量70%乙醇（加入5%甘油）固定，保存。

5.35.5　实验数据记录

① 大型底栖生物定量采集记录表见表5-26。

② 大型底栖生物定性采集记录表见表5-27。

5.35.6　实验数据处理

栖息密度计算公式（个/m^2）：

$$某物种栖息密度=\frac{该物种个体数}{采样面积}$$

$$总栖息密度=\frac{总体个数}{采样面积}$$

生物量计算公式（g/m^2）：

$$某物种生物量=\frac{该物质样品重量}{采样面积}$$

$$总生物量=\frac{总样品重量}{采样面积}$$

定量样品测量时，每一个样品都要确定种类组成、数量分布及生物量。每一种物种都要进行栖息密度和生物量的计算换算，同时，将各物种个体数量相加求和，计算总栖息密度，各物种重量相加求和，计算总生物量，并注明共有多少种类。定性样品只统计个体数即可，个别物种数量较多时，注明该物种为优势种。

5.35.7　实验分析与讨论

大型底栖生物生态调查内容包括，鉴定生物种类，测定栖息密度和生物量。大型底栖生物个体一般比较大，肉眼可见，便于观察，同一属的物种结构十分相似，要主要观察细节，熟悉种类之间形态特征的差异，才能更准确地完成种类鉴定工作。

大型底栖生物沉积物样品，如环节动物中的多毛纲，大多数物种个体比较小，需要采用体视显微镜观察细节，而且很多的个体都是体节残部，这时候只计有头部的个体；软体动物如贝类、螺类会出现死壳，同样不参与计数。

收集海洋生物生态相关资料与图谱，是海洋大型底栖生物生态调查的前提，这需要测量人员不断努力，提高自己的专业知识，不断累积相关经验。

相关资料：

《海洋监测规范 第7部分：近海污染生态调查和生物监测》（GB 17378.7—2007）；

表 5-26 大型底栖生物定量采集记录表

共______页第______页

站号______编号______时间______年______月______日______时______分
船名______海区______水深______m 沉积物______底温______℃
底盐______采泥器______m^2 取样次数______次
样品厚度______cm 站位:纬度______经度______

次序	类群	种　名	个数	密度 /(个/m^2)	重量 /g	生物量 /(g/m^2)	附　注
1							
2							
3							
4							
5							
6							
7							
8							
9							
10							
11							
12							
13							
14							
15							
16							
17							
18							
19							
20							

采集者______称重者______计算者______校对者______

表 5-27 大型底栖生物定性采集记录表

共______页第______页

站号_______编号_______时间_______年_______月_______日_______时_______分至
_______时_______分_______计_______分 船名_______海区_______水深_______m
沉积物_______底温_______℃ 底盐_______网型_______网宽_______m
拖网距离_______m 站位:纬度_________经度_________

次序	种 名	数量/个	附 注
1			
2			
3			
4			
5			
6			
7			
8			
9			
10			
11			
12			
13			
14			
15			
16			
17			
18			
19			
20			

采集者_______填表者_______校对者_______

《海洋调查规范 第 6 部分 海洋生物调查》(GB/T 12763.6—2007);
《中国海洋物种和图集》(上、下卷)。

5.35.8 注意事项

样品在淘洗过程中，要控制好水的流速，避免把生物体冲出筛网，同时，主要观察较小的生物个体，避免有样品遗漏。

样品分析过程中，很多物种不好鉴别，可以多角度拍照记录，查询资料后确定种类。

标本计数时，对软体动物死壳不计；环节动物会有很多标本体节，计数时只计头部。

5.36 环境空气中苯系物的测定

5.36.1 实验目的

① 了解气相色谱仪（带有氢火焰离子化检测器）的基本原理。

② 学会溶剂解吸前处理方法，熟悉气相色谱仪的基本操作流程，掌握苯系物的测定方法。

③ 测定空气中苯系物的浓度，了解环境本底浓度值及污染源周边无组织排放浓度值，并且提出相应降低其污染程度的方案、方法等有效措施。

5.36.2 实验原理

用活性炭采样管富集环境空气和室内空气中苯系物，用二硫化碳（CS_2）解吸，使用带有氢火焰离子化检测器（FID）的气相色谱仪分析。

5.36.3 实验仪器、试剂

① 气相色谱仪。配有 FID 检测器。

② 色谱柱。DB-5 毛细管色谱柱，30m×0.250mm×1.0μm。

③ 二硫化碳。色谱纯或分析纯（经色谱鉴定无干扰峰）。

④ 苯系物。有证标准溶液。

⑤ 活性炭采样管。采样管内有两段特制的活性炭，一段为 100mg 采样段，另一段为 50mg 指示段。

⑥ 载气。高纯氮气，纯度 99.999%。

⑦ 燃烧气。氢气，纯度 99.99%。

⑧ 助燃气。空气，用净化管净化。

5.36.4 实验步骤

(1) 采样及样品贮存

① 样品采集　敲开活性炭采样管的两端，与采样器相连（活性炭管一段为气体入口），检查采样系统的气密性。以 0.2～0.6L/min 的流量采气 1～2h（废气采样时间 5～10min）。同时记录采样器流量、当前采样温度、气压及采样时间和地点。

采样完毕前，再次记录采样流量，取下采样管，立即用聚四氟乙烯帽密封。

② 现场空白样品的采集　将活性炭管运输到采样现场，敲开两端后立即用聚四氟乙烯帽密封，并同已采集样品的活性炭管一同存放并带回实验室分析。每次采集样品，至少带一个现场空白样品。

③ 样品的贮存　采集好的样品，立即用聚四氟乙烯帽将活性炭采样管的两端密封，避光密闭保存，室温下 8h 内测定。否则放入密闭容器中，保存于−20℃冰箱中，保存期限为 1d。

（2）样品的前处理

将活性炭采样管中的两段取出，分别放入磨口具塞试管中，每个试管中各加入 1.00mL 二硫化碳密闭，轻轻振动，在室温下解吸 1h 后，待测。

（3）色谱条件分析

程序升温：45～110℃；升温速率 10℃/min，老化 30min；进样口温度：250℃；检测器温度：300℃。

载气流量：氮气 30mL/min；氢气 40mL/min；空气 400mL/min。

（4）校准曲线的绘制

使用有证标准溶液，配制浓度为 0.5μg/mL、1.0μg/mL、10μg/mL、20μg/mL、50μg/mL 的校准系列。分别注射到气相色谱仪进样口进行分析。根据各目标组分质量和响应值绘制校准曲线。

（5）样品上机分析

取制备好的试样过滤转移至样品瓶中，放置于自动进样器中。设置仪器分析程序，调整分析条件，目标组分由色谱柱分离后，FID 进行检测。记录色谱峰的保留时间和响应值。

（6）定性与定量分析

根据标准溶液的保留时间对样品进行定性。由校准曲线计算目标组分含量。

5.36.5 实验原始数据记录

见表 5-28。

表 5-28　苯系物测试原始数据记录表

仪器名称：______仪器型号：______仪器编号：______

收样日期：__________分析日期：______温度：______℃ 相对湿度：______%

<table>
<tr><td>分析方法</td><td colspan="8"></td></tr>
<tr><td>标准物质名称</td><td colspan="4"></td><td rowspan="3">标准物质配制过程</td><td colspan="3" rowspan="3">取标液至容量瓶中定容，再取上述溶液至容量瓶中定容。</td></tr>
<tr><td>标准物质编号</td><td colspan="4"></td></tr>
<tr><td>检出限</td><td colspan="4"></td></tr>
<tr><td>计算公式</td><td colspan="4"></td><td>样品类型</td><td colspan="3"></td></tr>
<tr><td>样品编号</td><td>标况体积/L</td><td>取样量（　）</td><td>定容体积（　）</td><td>测试值（　）</td><td>分析结果（　）</td><td>标况流量/(m^3/h)</td><td>排放速率/(kg/h)</td><td>备注</td></tr>
<tr><td></td><td></td><td></td><td></td><td></td><td></td><td></td><td></td><td></td></tr>
<tr><td></td><td></td><td></td><td></td><td></td><td></td><td></td><td></td><td></td></tr>
<tr><td></td><td></td><td></td><td></td><td></td><td></td><td></td><td></td><td></td></tr>
<tr><td></td><td></td><td></td><td></td><td></td><td></td><td></td><td></td><td></td></tr>
<tr><td></td><td></td><td></td><td></td><td></td><td></td><td></td><td></td><td></td></tr>
<tr><td></td><td></td><td></td><td></td><td></td><td></td><td></td><td></td><td></td></tr>
</table>

5.36.6 结果计算及表示

气体中苯系物浓度计算式：

$$C=[(W-W_0)V]/V_{nd}$$

式中 C——气体中被测组分浓度，mg/m^3；

W——由校准曲线计算的样品解吸液的浓度，$\mu g/mL$；

W_0——由校准曲线计算的空白解吸液的浓度，$\mu g/mL$；

V——解吸液体积，mL；

V_{nd}——标准状态下（101.325kPa，0℃）的采样体积，L。

当测定结果小于 $0.1mg/m^3$ 时，保留到小数点后四位；大于等于 $0.1mg/m^3$ 时，保留三位有效数字。

5.36.7 质量保证和质量控制

采样前后的流量相对偏差应在10%以内。

活性炭采样管的吸附效率应在80%以上，即二段活性炭所收集的组分应小于一段的25%，否则应重新采样。

每批样品分析时应带一个校准曲线中间浓度校核点，其测定值与校准曲线相应点浓度的相对误差应不超过20%。若超出允许范围，应重新配制中间浓度点标准溶液，若还不能满足要求，应重新绘制标准曲线。

5.36.8 注意事项

① 二硫化碳在使用前应经过气相色谱仪鉴定是否存在干扰峰。如有干扰峰，需用二硫化碳提纯或换一批次试剂。

② 采样前应对采样器进行流量校准。在采样现场，将一只采样管与空气采样装置相连，调整采样装置流量，此采样管仅作为调节流量用，不用作采样分析。

③ 若现场大气中含有较多颗粒物，可在采样管前连接过滤头。

④ 现场空白活性炭采样管与已采样的样品管同批测定。

5.37 海水中砷的测定

5.37.1 实验目的

① 学会气相色谱仪的工作原理及使用方法，掌握六六六、DDT的测定方法。

② 测定海水样中六六六、DDT的含量及执行标准，以判断其污染程度。

③ 学习分液漏斗的使用及注意事项。

5.37.2 实验原理

水样中六六六、DDT经正己烷萃取、净化和浓缩，样品经色谱柱分离后，被电子捕获检测器测定，以色谱峰的保留时间定性，峰高定量。

5.37.3 实验仪器、试剂

(1) 主要试剂

① 硫酸。超纯。

② 无水硫酸钠。600℃灼烧4h以上，冷却后密闭保存，有效期1个月。

③ 硫酸钠溶液。将20g无水硫酸钠（1.3.1.2）溶于水中，纯水稀释至1000mL。

④ 正己烷。农残级。

⑤ 六六六、DDT混合标准贮备液。浓度为50μg/mL（可购买国家有证标准物质）。

⑥ 六六六、DDT混合标准使用液（0.5μg/mL）。取浓度为50μg/mL的六六六、DDT混合标准贮备液10μL溶于正己烷中，定容至1mL，临用现配。

(2) 仪器及测量条件

① 气相色谱仪。配电子捕获检测器。

② 锥形分液漏斗。1000mL。

③ 旋转蒸发器：带真空泵。

④ 氮吹仪：带0.5mL刻度。

⑤ 砂芯漏斗：G4（脱水柱）。

⑥ 微量注射器：1μL、10μL、100μL。

⑦ 定量加液器：5mL、10mL。

测量条件：SE-54毛细管柱（30m×0.32mm×0.25μm），进样口温度230℃，检测器温度300℃，分流比是10∶1。程序升温：初始100℃，每分钟10℃升至220℃，每分钟8℃升至250℃，保持10min。

5.37.4 实验步骤

(1) 采样及样品贮存

采水器应在使用之前用清水洗净，运输过程中避免污染。样品应选用1L棕色玻璃容器采集，采样时不应用样品预洗采样瓶，以防止样品的沾染或吸附，采样瓶应完全注满，倒置无气泡。4℃，可保存10天。

(2) 样品预处理

① 样品萃取。量取500mL海水样品于锥形分液漏斗中，加入10.0mL正己烷，剧烈振荡2min（振摇分液漏斗时注意放气），静置分层后弃去水层。

② 净化。正己烷相用硫酸净化2次，每次5mL，剧烈振荡1min（使用浓硫酸时注意随时放气，以防受热不匀引起爆裂）。再用硫酸钠溶液洗涤2次，每次10mL，振荡1min（振摇分液漏斗时注意放气）。正己烷经无水硫酸钠柱脱水。用10mL正己烷分两次洗涤分液漏斗并经脱水柱。最后用5mL正己烷冲洗脱水柱。所有流经脱水柱的正己烷均收集在浓缩瓶内。

③ 浓缩。将浓缩瓶装到旋转蒸发器上，在80～90℃的水浴中浓缩至3～5mL。取下浓缩瓶，在常温下用氮吹仪吹拂使体积小于0.5mL，最后用正己烷定容至0.5mL。若不能立即进行色谱测定，将溶液封存在安瓿瓶内，冰箱保存。

(3) 校准曲线绘制

分别取 5μL、10μL、20μL、50μL、100μL 六六六、DDT 混合标准使用液溶于正己烷中，定容至 1mL，使各组分浓度分别为 2.5ng/mL、5.0ng/mL、10.0ng/mL、25.0ng/mL、50.0ng/mL，临用现配。

通过自动进样器或 10μL 微量注射器浓度由低到高分别移取 1μL，按照测量条件注入气相色谱仪测定各异构体峰高，以峰高为纵坐标，浓度为横坐标，绘制校准曲线。

(4) 样品测定

进样方式：自动进样器或 10μL 微量注射器。

进样量：1μL。

操作：用正己烷润洗微量注射器的针头和针筒 10 次，再用试样润洗 3 次，抽取待测样品排除针筒中的气泡，迅速注入气相色谱进样口，进行分析。

(5) 空白试验

处理样品同时，取 10mL 正己烷按样品相同步骤分析试剂空白。

5.37.5 实验原始数据记录

见表 5-29。

表 5-29 海水中六六六、DDT 测试原始数据记录表

样品	组分名称	取样量 V_1/mL	定容体积 V_2/mL	样品测试值 C/(ng/mL)	空白测试值 $C_{空}$/(ng/mL)	分析结果 ρ/(ng/mL)
	α-六六六					
	β-六六六					
	γ-六六六					
	δ-六六六					
	PP′-DDE					
	OP′-DDT					
	PP′-DDD					
	PP′-DDT					

水样地点：

实验环境条件：温度______℃；湿度______%；大气压强______ kPa。

5.37.6 实验数据处理

记录样品空白和水样中的各异构体的峰高，由校准曲线查得测定溶液中各异构体的浓度，再根据水样的预处理浓缩体积进行计算。

$$\rho=\frac{(C-C_{空})V_2}{V_1}$$

式中 V_1——测量时水样的总体积，mL；

V_2——提取液浓缩后定容体积，mL；

C——从校准曲线上查得样品中各异构体的浓度，ng/mL；

$C_{空}$——从校准曲线上查得样品空白中各异构体的浓度，ng/mL。

5.37.7 实验分析与讨论

分析实验数据的精确性与准确度及其可靠性，讨论实验收获与不足。

为保证实验数据的精确性与准确度及其可靠性可做以下质控措施。

每批样的全程空白数量不少于该批样品数量的10%。

全程空白的测试结果应小于方法检出限。

每个工作日应做中间浓度核查，测试结果的相对偏差应不大于10%。

每批样品至少测定10%～20%的平行双样，测试结果的相对偏差不应大于30%。

空白加标回收率控制在70%～130%之间。

5.37.8 注意事项

分析中所用的玻璃器皿均先用洗涤剂刷洗，自来水彻底冲洗，再用普通蒸馏水和净化蒸馏水各荡洗3次。除分液漏斗自然晾干外，其余均烘干，置于干净的柜内避尘保存。

为减少微量注射器引起的误差，标准系列和样品均使用同一支注射器，且注射体积相同。

如果水样有机质含量较高，可增加硫酸净化次数。使用浓硫酸净化样品时注意随时放气，以防受热不匀引起爆裂。

提取液浓缩时应保持溶液呈微沸状态，以减少损失。

海水样品必须存放在全玻璃容器内，并尽快进行分析。塑料容器不适用于水样的存放。

第 6 章 综合实训项目

6.1 污泥脱水性能强化训练项目

6.1.1 实验目的

① 通过实验掌握污泥比阻的测定方法，掌握用布氏漏斗实验选择混凝剂，探索降低污泥比租的污泥调理剂，确定最佳污泥调理剂投加量。

② 锻炼学生综合运用知识和创新能力，能够针对目标设计实验方案并组织实施。

③ 训练实验小组团结协作和沟通能力。

6.1.2 实验原理

污泥脱水是污泥处理费用中较高但又极其关键的过程之一，污泥脱水性能的好坏直接关系到整个污泥处理系统的优劣。污泥在脱水前添加化学药剂进行调理，是世界各国采用的较普遍，也是非常有效的方法，可以提高污泥的脱水速率，增加脱水后泥饼的含固率，而且泥饼容易脱离滤布，从而提高机械脱水的工作效率。

目前，对污泥脱水性能改善的研究主要在以下两方面。①致力于探索新的高效率污泥脱水调理剂、设备及方法；②研究污泥脱水性能及脱水过程中的影响因素，并试图找到最佳工艺条件来改善污泥的脱水性能或强化絮凝效果。针对不同的污泥条件，选用适当的调理剂对污泥脱水起着非常重要的作用，现在为了改善污泥的脱水性能，污泥进行机械脱水前一般均匀加入适量的有机高分子聚合物聚丙烯酰胺（PAM）来降低污泥比阻，使其易于脱水。

PAM是一种黏稠状浆体，很容易附着在滤布上，阻塞滤孔，影响过滤的效率，PAM很容易导致污泥颗粒脱水后胶状颗粒包覆，形成聚丙烯酰胺的包覆结构，不易溶解，犹如污泥外面有一层壳，不利于污泥进一步的处理；絮凝剂聚丙烯酰胺（PMA）的单体有毒性、难降解，存在二次污染问题。鉴于此，积极研究开发高效、价格低廉的调理剂，可用于调理污泥，能形成颗粒大、孔隙多、结构强的泥饼，利于过滤操作，不仅能增加脱水速度，还能够改变脱水的程度，即能有效降低泥饼的含水率。

污泥比阻是表示污泥过滤特性的综合性指标，它的物理意义是：单位质量的污泥在一定压力下过滤时在单位过滤面积上的阻力。求此值的作用是比较不同的污泥（或同一污泥加入不同量的混合剂后）的过滤性能。污泥比阻愈大，过滤性能愈差。

过滤时滤液体积 V（mL）与推动力 p（过滤时的压强降，gf/cm^2；$1MPa=10000gf/cm^2$）、过滤面积 $F(cm^2)$、过滤时间 t（s）成正比；而与过滤阻力 R（$cm \cdot s^2/mL$）、滤液黏度 μ［$g \cdot s/cm^2$；$1Pa \cdot s=0.01g \cdot s/cm^2$］成反比。

$$V=\frac{pFt}{\mu R} \tag{6-1}$$

过滤阻力由滤渣阻力 R_z 和过滤隔层阻力 R_g 构成。而阻力只随滤渣层的厚度增加而增大，过滤速度则减慢。因此将式(6-1) 改写成微分形式。

$$\frac{dV}{dt}=\frac{pF}{\mu(R_z+R_g)} \tag{6-2}$$

由于 R_g 比 R_z 相对较小，为简化计算，姑且忽略不计。

$$\frac{dV}{dt}=\frac{pF}{\mu\alpha'\delta}=\frac{pF}{\mu\alpha\ \frac{C'V}{F}} \tag{6-3}$$

式中　α'——单位体积污泥的比阻；

δ——滤渣厚度；

C'——获得单位体积滤液所得的滤渣体积。

如以滤渣干重代替滤渣体积，单位质量污泥的比阻代替单位体积污泥的比阻，则 (6-3) 式可改写为：

$$\frac{dV}{dt}=\frac{pF^2}{\mu\alpha CV} \tag{6-4}$$

式中　α——污泥比阻，在 CGS 制中，其量纲为 s^2/g，在工程单位制中其量纲为 cm/g。

在定压下，在积分界线由 0 到 t 及 0 到 V 内对式(6-4) 积分，可得：

$$\frac{t}{V}=\frac{\mu\alpha C}{2pF^2}\times V \tag{6-5}$$

式(6-5) 说明在定压下过滤，t/V 与 V 成直线关系，其斜率 b 为：

$$b=\frac{t/V}{V}=\frac{\mu\alpha C}{2pF^2}$$

$$\alpha=\frac{2pF^2}{\mu}\times\frac{b}{C}=K\ \frac{b}{C} \tag{6-6}$$

需要在实验条件下求出 b 及 C。

b 的求法。可在定压下（真空度保持不变）通过测定一系列的 t-V 数据，用图解法求斜率（见图 6-1）。

C 的求法。根据所设定义：

$$C=\frac{(Q_0-Q_y)C_d}{Q_y}(\text{g 滤饼干重/mL 滤液}) \tag{6-7}$$

式中　Q_0——污泥量，mL；

Q_y——滤液量，mL；

C_d——滤饼固体浓度，g/mL。

根据液体平衡　　$Q_0=Q_y+Q_d$

根据固体平衡　　$Q_0C_0=Q_yC_y+Q_dC_d$

式中 C_0——污泥固体浓度，g/mL；

C_y——污泥固体浓度，g/mL；

Q_d——污泥固体滤饼量，mL。

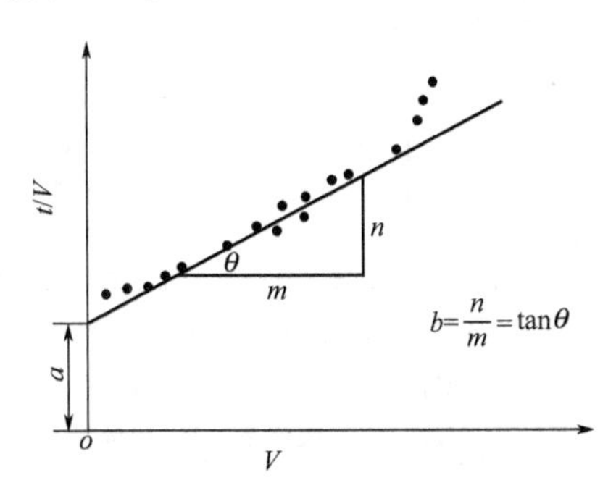

图 6-1 图解法求 b 示意图

可得：

$$Q_y=\frac{Q_0(C_0-C_d)}{C_y-C_d}$$

代入式(6-7)，化简后得：

$$C=\frac{(C_y-C_0)C_d}{C_0-C_d} \quad (\text{g 滤饼干重/mL 滤液}) \tag{6-8}$$

上述求 C 值的方法，必须测量滤饼的厚度方可求得，但在实验过程中测量滤饼厚度是很困难的且不易量准，故改用测滤饼含水比的方法，求 C 值。

$$C=\frac{1}{\dfrac{100-C_i}{C_i}-\dfrac{100-C_f}{C_f}}(\text{g 滤饼干重/mL 滤液})$$

式中 C_i——100g 污泥中的干污泥量；

C_f——100g 滤饼中的干污泥量。

例如污泥含水率 97.7%，滤饼含水率为 80%。

$$C=\frac{1}{\dfrac{100-2.3}{2.3}-\dfrac{100-20}{20}}=\frac{1}{38.48}=0.0260(\text{g/mL})$$

一般认为比阻在 $10^9\sim10^{10}\,s^2/g$（$10^{12}\sim10^{13}\,cm/g$）的污泥算作难过滤的污泥，比阻在 $(0.5\sim0.9)\times10^9\,s^2/g[(0.5\sim0.9)\times10^{12}\,cm/g]$ 的污泥算作中等，比阻小于 $0.4\times10^9\,s^2/g$（$0.4\times10^{12}\,cm/g$）的污泥容易过滤。

投加混凝剂可以改善污泥的脱水性能，使污泥的比阻减小。对于无机混凝剂如 $FeCl_3$、$Al_2(SO_4)_3$ 等投加量，一般为污泥干质量的 5%～10%；高分子混凝剂如聚丙烯酰胺、碱式氯化铝等，投加量一般为干污泥质量的 1%。

6.1.3 实验设备与试剂

实验装置如图 6-2 所示。

所需物品：秒表；滤纸；烘箱；污泥调理剂三氯化铁、硫酸铝、PAM 等或自选；布氏漏斗。

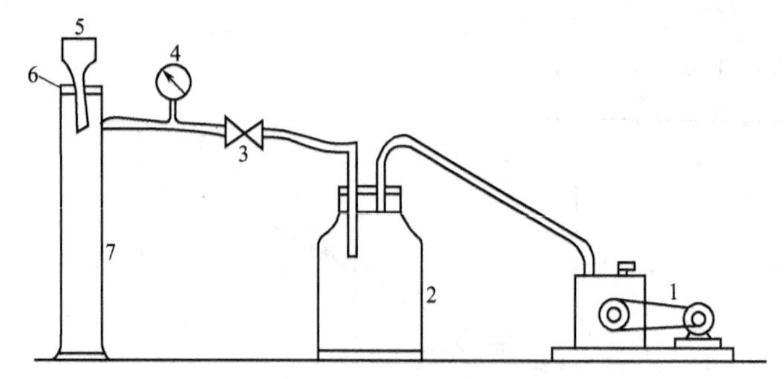

图 6-2 比阻实验装置图

1—真空泵；2—吸滤瓶；3—真空调节阀；4—真空表；
5—布式漏斗；6—吸滤垫；7—计量管

6.1.4 实验方法与操作步骤

① 测定污泥的含水率，求出其固体浓度 C_0。

② 配制 $FeCl_3$(10g/L)、$Al_2(SO_4)_3$(10g/L)、PAM 等污泥调理剂。

③ 用混凝剂调节污泥（每组加一种混凝剂)，加量分别为干污泥质量的 0%、3%、6%、9%、12%（无机混凝剂)，0%、0.3%、0.6%、0.9%、1.2%（有机混凝剂)。

④ 在布氏漏斗上放置滤纸，用水润湿，贴紧周底。

⑤ 开动真空泵，调节真空压力，大约比实验压力小 1/3 [实验时真空压力采用 266mmHg（35.46kPa）或 532mmHg（70.93kPa）] 关掉真空泵。

⑥ 加入 100mL 需实验的污泥于布氏漏斗中，开动真空泵，调节真空压力至实验压力；达到此压力后，开始启动秒表，并记下开动时计量管内的滤液 V_0。

⑦ 每隔一定时间（开始过滤时可每隔 10s 或 15s，滤速减慢后可隔 30s 或 60s）记下计量管内相应的滤液量。

⑧ 一直过滤至真空破坏，如真空长时间不破坏，则过滤 20min 后即可停止。

⑨ 关闭阀门取下滤饼放入称量瓶内称量。

⑩ 称量后的滤饼于 105℃的烘箱内烘干称量。

⑪ 计算出滤饼的含水比，求出单位体积滤液的固体量 C_0。

6.1.5 实验报告记载及数据处理

① 测定并记录实验基本参数：原污泥的含水率及固体浓度 C_0；实验真空度（mmHg)；不加混凝剂的滤饼的含水率；加混凝剂滤饼的含水率。

② 将布氏漏斗实验所得数据按表 6-1 记录并计算。

③ 以 t/V 为纵坐标，V 为横坐标作图，求 b。

④ 根据原污泥的含水率及滤饼的含水率求出 C。

⑤ 列表计算比阻值 α（表 6-2 比阻值计算表)。

⑥ 以比阻为纵坐标，混凝剂投加量为横坐标，作图求出最佳投加量。

6.1.6 注意事项

① 检查计量管与布氏漏斗之间是否漏气。

表 6-1 布氏漏斗实验所得数据

时间/s	计量管滤液量 V'/mL	滤液量 $V=V'-V_0$/mL	$\frac{t}{V}$/(s/mL)	备注

表 6-2 比阻值计算表

污泥含水比/%	污泥固体浓度/(g/cm³)	混凝剂用量/%	$\tan\theta=\frac{n}{m}=b$ /(s/cm⁶)	$k=\frac{2pF^2}{\mu}$						皿+滤纸重/g	皿+滤纸滤饼湿重/g	皿+滤纸滤饼干重/g	滤饼含水比/%	单位面积滤液的固体量 C/(g/cm³)	比阻值 α/(s²/g)
				布氏漏斗直径 d/cm	过滤面积 F/cm²	面积平方 F^2/cm⁴	滤液黏度 μ/[g/(cm·s)]	真空压力 p/(gf/cm²)	K值/s·cm³						

② 滤纸称量烘干，放到布氏漏斗内，要先用蒸馏水湿润，而后再用真空泵抽吸一下，滤纸要贴紧不能漏气。

③ 污泥倒入布氏漏斗内时，有部分滤液流入计量筒，所以正常开始实验后记录量筒内滤液体积。

④ 污泥中加混凝剂后应充分混合。

⑤ 在整个过滤过程中，真空度确定后应始终保持一致。

6.1.7 思考题

测定污泥比阻在工程上有何实际意义。

6.2 SBR法有机质降解动力学参数检测训练项目

6.2.1 实验目的

① 熟悉活性污泥法的有机质降解动力学过程，掌握动力学参数的含义及求解。

② 锻炼学生综合运用知识和创新能力，能够针对目标设计实验方案并组织实施。

③ 训练实验小组团结协作和沟通能力。

6.2.2 实验原理

SBR（sequencing batch reactor），即序批式活性污泥法，是一种间歇运行的污水生物处理工艺。该方法具有工艺简单、经济、处理能力强、耐冲击负荷、占地面积少、运行方式灵活和不易发生污泥膨胀等优点，是处理中小水量废水，特别是间歇排放废水的理想工艺。

直到20世纪80年代以后，SBR法才重新引起各国重视。我国在1985年建成首座处理肉类加工废水的SBR系统后，又陆续在城市污水和鱼品、家禽、啤酒、漂油、制药等工业废水方面有所研究和应用。

关于SBR法的基质降解动力学过程，主要有两种观点：一是认为SBR法的基质降解过程服从莫诺（Monod）关系式，即遵从 $V=V_{max}S/(K_s+S)$ 关系，这是一相说的观点；另一种观点认为，SBR法的基质降解在进水期服从零级反应动力学关系，即 $-dS/dt=K_1X$，在进水期完成后的曝气期服从一级动力学关系 $-dS/dt=K_2XS$，后者基本是二相说的观点。

BOD具有测定时间长和准确度差等严重缺点，在确定动力学关系及其常数时，不如COD方便，以COD代表基质浓度来对 $V=V_{max}S/(K_s+S)$ 作图求解 V_{max} 和 K_s 具有一定的近似性。

（1）低基质浓度下有机质降解动力学

在较低基质浓度条件下，进水后曝气期的SBR法基质降解速率应该服从一级反应动力学关系，即：

$$-dS/dt=K_2XS \tag{6-9}$$

式中 S——可降解溶解性COD浓度，mg/L；

t——曝气时间，h；

X——混合液污泥浓度，mg/L；

K_2——COD降解速率常数，L/(mg·h)。

在正常运行期，污泥浓度 X 较高，此时，可假定反应器中污泥浓度的变化速率 dX/dt 的变化与 X 相比小至忽略不计，于是 X 可作为常数对待，于是在设 $t=0$ 时 $S=S_0$，$t=t$ 时 $S=S_e$ 条件下，对式(6-9) 积分可得：

$$S_e=S_0 e^{-K_2 Xt} \tag{6-10}$$

式中　S_0——进水后可降解溶解性COD浓度，mg/L；

S_e——曝气 t 时间的可降解溶解性COD浓度，mg/L。

完全混合曝气池内，以BOD去除量为基础的BOD-污泥去除负荷（Nrs）为：

$$\text{Nrs}=(S_0-S_e)/(Xt)=K_2 S_e=V_{max} S_e/(K_s+S_e) \tag{6-11}$$

在稳定运行条件下，完全混合曝气池内各点的有机底物降解速率是一个常数，可以通过实验数据求解。

（2）常数值 K_2、V_{max} 和 K_s 值的确定

① K_2 的确定　将 $(S_0-S_e)/(Xt)=K_2 S_e$ 按直线方程 $y=aX$ 考虑，以 $(S_0-S_e)/(Xt)$ 为纵坐标，以 S_e 为横坐标作图（图6-3），直线斜率即为 K_2。

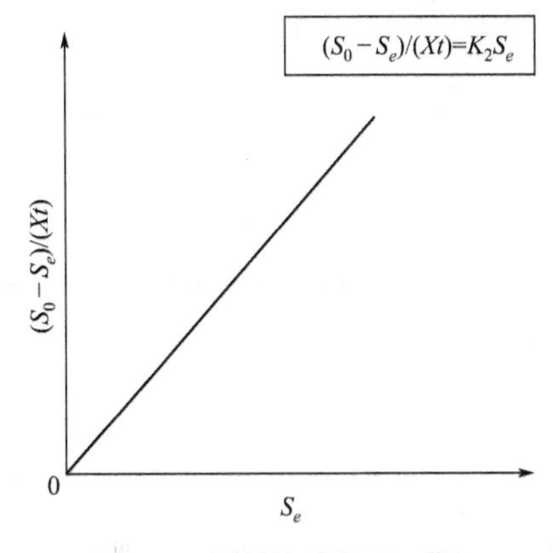

图6-3　图解法确定 K_2 值

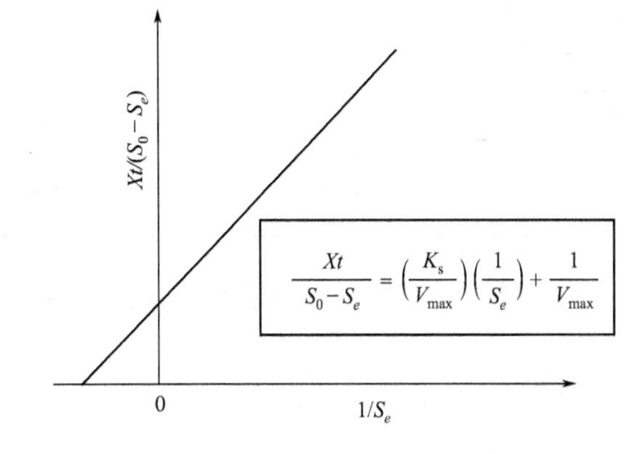

图6-4　图解法确定 V_{max} 和 K_s 值

② V_{max} 和 K_s 值的确定　取公式(6-11) 的倒数：

$$\frac{Xt}{S_0-S_e}=\left(\frac{K_s}{V_{max}}\right)\left(\frac{1}{S_e}\right)+\frac{1}{V_{max}}$$

将上式按直线方程 $y=aX+b$ 考虑，以 $\frac{Xt}{S_0-S_e}$ 为纵坐标，以 $\frac{1}{S_e}$ 为横坐标作图（图6-4），直线斜率为 $\left(\frac{K_s}{V_{max}}\right)$，在纵坐标上的截距为 $\frac{1}{V_{max}}$，在横坐标上的截距为 $-\frac{1}{K_s}$，进而求得 V_{max} 和 K_s。

6.2.3　实验设备及检测指标

实验设备：SBR反应器、COD检测仪器、MLSS检测仪器。
检测指标：COD、NH_3-N、TP、TN、MLSS。

6.2.4　实验步骤

（1）选择和设计反应器

学生自主选择SBR反应器的填料，对比有无填料SBR反应器中有机质降解特点。

(2) 实验运行

① 启动阶段　填料挂膜过程。

② 正式运行阶段　进水0.5h，曝气7h，沉淀1h，排水0.5h；检测各项指标。

③ 动力学研究　稳定运行后，检测有机物降解动力学：以0h、1h、3h、5h、7h时间点取样测定上清液COD浓度；0h、7h两个时间点取样测定MLSS，取平均值作为最终X值。

6.2.5　实验数据及结果整理

见表6-3。

表6-3　SBR法有机质降解动力学实验数据及结果整理

S_e	S_0	S_1	S_3	S_5	S_7			
COD/(mg/L)								
S_r		S_0-S_1	S_0-S_3	S_0-S_5	S_0-S_7			
COD去除量/(mg/L)								
MLSS(X)								
$S_r/(Xt)$								
Xt/S_r								
$1/S_e$								

通过作图求解动力学参数K_2、V_{max}和K_s值。

6.2.6　思考题

求解动力学参数过程中用MLSS代替X和用MLVSS代替X有什么区别？哪个更合适？利用COD代表基质浓度的优缺点是什么？

6.3 污水强化除磷训练项目

6.3.1　实验目的

通过不同除磷剂的效果比较，探索最佳除磷效果的条件和参数，达到污水除磷的目的。在此过程中，学生不但可以通过实践加强对理论的认知，同时可以掌握化学除磷的机理和过程；培养学生的动手能力和针对目标变化解决问题的能力；通过分析总结提高学生写作能力；同时对污水生物处理了解更全面。加强学生对科学问题的求知欲和通过实验寻求结果的兴趣，从而更有效地达到实践和理论相结合的目的，强化学生对科学问题的理解和认识。同时，尝试实验报告论文化，初步训练学生基于实验数据的写作综合能力。具体做到：

① 确定最佳除磷剂；

② 确定最佳除磷剂投加量；

③ 确定最佳除磷效果的pH值条件。

6.3.2 实验原理

目前污水处理中的除磷方法主要有两大类：化学法除磷和生物法除磷。

化学法除磷包括化学沉淀、离子交换、反渗透、电渗析等方法。以化学沉淀法应用最广，后几种方法因处理费用太高而难以使用。化学沉淀法除磷利用磷酸根离子能与 Ca^{2+}、Fe^{2+}、Fe^{3+} 和 Al^{3+} 等阳离子反应生成不溶于水的沉淀，通过固液分离而去除污水中过量的磷。通过人为投加化学絮凝剂，化学法除磷的去除率在75%左右，处理系统操作简单，抗冲击性强。

(1) 金属盐混凝沉淀

① 铝盐除磷

$$Al^{3+}+PO_4^{3-}(\text{正磷酸离子})=AlPO_4(\text{难溶})$$

$$Al_2(SO_4)_3+2PO_4^{3-}=2AlPO_4+3SO_4^{2-}$$

$$Al_2(SO_4)_3+6HCO_3^-=2Al(OH)_3+6CO_2+3SO_4^{2-}$$

化学法除磷，使用铝盐注意事项：

a. 注意 pH 值，介于 5～7 之间无影响，无须调整；

b. pH 降低，应注意排放水对 pH 的要求；

c. 沉淀污泥回流，污泥中有 $Al(OH)_3$，能提高对磷的去除率；

d. pH 值上升，$AlPO_4$ 溶解度上升。

② 铁盐除磷　有二价铁和三价铁，形成 $FePO_4$ 和 $Fe(OH)_3$。

$$Fe^{3+}+PO_4^{3-}\longrightarrow FePO_4$$

二价铁有硫酸亚铁、氯化亚铁（铁的酸洗废水含这两种）；三价铁有氯化铁和硫酸铁。$FePO_4$ 的最小溶解度，pH 为 5 时，为 0.1mg/L。

(2) 石灰混凝除磷

① 石灰与磷的反应

$$5Ca^{2+}+4OH^-+3HPO_4^{2-}\longrightarrow Ca_5(OH)(PO_4)_3+3H_2O$$

② 除磷效果影响因素

a. pH 值碱性。pH 升高，P 的含量下降。

b. 磷的形式。正磷酸盐（PO_4^-）＞聚磷酸盐［焦磷酸盐（$P_2O_7^{4-}$）＞三聚磷酸盐（$P_3O_{10}^{5-}$）］＞偏磷酸盐（PO^{3-}）（去除易难程度）

c. 原水中 Ca^{2+} 的浓度。pH＞10.5，钙＞40mg/L，处理水中磷＜0.25mg/L。

(3) 贝壳除磷剂

扇贝壳体的 $CaCO_3$ 成分在酸性环境中逐渐被溶解，并释放出 Ca^{2+}，这些 Ca^{2+} 能够与 PO_4^{3-} 结合形成磷酸钙沉淀，同时 pH 回升。目前，对于磷酸钙尚未有一个简单且明确的定义，因为它不是一个分子，而是包括多种不同的形态，如磷酸氢钙 $CaHPO_4\cdot 2H_2O$（DCPA）、磷酸八钙 $Ca_4H(PO_4)_3\cdot 2.5H_2O$（OCP）、无定形磷酸钙（ACP）、多羟基磷灰石 $Ca_5OH(PO_4)_3$（HAP）、磷酸三钙 $Ca_3(PO_4)_2$（TCP）等含有不同量结晶水的水合复合物，其中 HAP 是热力学最稳定的磷酸钙盐。钙与磷酸盐形成沉淀的反应式如下：

$$CaCO_3+H^+\longrightarrow Ca^{2+}+HCO_3^-$$

$$H_2PO_4^-\longrightarrow HPO_4^{2-}+H^+$$

$$2Ca^{2+}+HPO_4^{2-}+2OH^- \longrightarrow Ca_2HPO_4(OH)_2\downarrow$$

$$3Ca_2HPO_4(OH)_2 \longrightarrow Ca_5(PO_4)_3OH\downarrow+Ca^{2+}+2OH^-+3H_2O$$

$$5Ca^{2+}+4OH^-+3HPO_4^{2-} \longrightarrow Ca(OH)(PO_4)_3\downarrow+3H_2O$$

$$Ca^{2+}+2H_2O+HPO_4^{2-} \longrightarrow CaHPO_4 \cdot 2H_2O\downarrow$$

$$Ca^{2+}+PO_4^{3-} \longrightarrow Ca_3(PO_4)_2\downarrow$$

在进行上述反应的同时，利用磷酸根和被酸溶出的 Fe^{2+} 和 Fe^{3+} 进行化学反应，此时 Fe^{2+} 被氧化为 Fe^{3+}，生成不溶于水的沉淀，反应式如下（式中的 $n=0$，1，2）。

主反应：　$Fe^{3+}+H_nPO_4^{3-n} \longrightarrow FePO_4\downarrow+nH^+$

副反应：　$Fe^{3+}+3HCO_3^- \longrightarrow Fe(OH)_3\downarrow+3CO_2$

$$Fe^{3+}+3OH^- \longrightarrow Fe(OH)_3\downarrow$$

从反应方程式可以看出，随着反应的进行，pH 值是降低的。因此，提高 pH 值有利于反应向右进行，但 pH 值过高，会导致 $Fe(OH)_3$ 的生成，但是由于 $Fe(OH)_3$ 具有絮凝作用，在沉淀的过程中能够吸附不易沉淀的含磷的悬浮物，这样也有助于总磷的去除。

由于水样中有 Ca^{2+} 和 CO_3^- 存在，根据经验公式，沉淀物可用下式表示（下标字母代表经验系数）。

主产物：　$Ca_kFe_m(H_2PO_4)_f(OH)_h(HCO_3)_c$

副产物：　$Fe_x(OH)_y(HCO_3)_z$

反应 $CaCO_3+H^+ \longrightarrow Ca^{2+}+HCO_3^-$ 和 $Fe^{3+}+H_nPO_4^{3-n} \longrightarrow FePO_4\downarrow+nH^+$ 分别是使 pH 值上升和下降的过程，理论上两个反应可以相互促进。

化学反应不断向生成物方向进行，根据上述原理不难发现磷的去除依靠沉淀和吸附两种作用。一方面，聚磷酸盐通过水解反应生成正磷酸盐，其中的磷酸根与 Ca^{2+}、Fe^{2+} 和 Fe^{3+} 反应生成非溶解性的沉淀；另一方面，生成的沉淀由于呈絮状，又能吸附聚磷酸盐而去除一部分磷。这样再通过固液分离，就得到了净化的污水和化学污泥，污水中的磷就去除了。

6.3.3 实验设备与试剂

实验装置：六联搅拌机，烘箱，TP 测定装置。

所需物品：滤纸，量筒，三角漏斗，烧杯，双氧水，三氯化铁，硫酸铝，PAM，自制贝壳除磷剂，学生自选除磷剂。

6.3.4 实验指导

① 配制含磷废水，TP 范围：2～6mg/L。

② 自行配制 $FeCl_3$、$Al_2(SO_4)_3$、PAM、贝壳除磷剂溶液。

③ 自行选择单一或复合除磷剂，根据含磷废水的 TP 浓度初步确定除磷剂投加量，通过四组不同投加量检测 TP 去除率，确定最佳投加量或组合。

④ 根据所选除磷剂的特点，测试 pH 值的影响，确定最佳的 pH 值。

⑤ 要求除磷处理后的水中 TP 浓度<0.5mg/L。

6.3.5 实验报告记载及数据处理

见表 6-4。

表 6-4 污水强化除磷实验数据

原水 TP 浓度/(mg/L)	原水 pH 值	除磷剂	除磷剂投加量	处理水 TP 浓度/(mg/L)	处理后水的 pH

6.3.6 思考题

如何实现贝壳在污水除磷中的资源化利用。

6.4 石油污染海水净化训练项目

6.4.1 实验目的

通过不同吸附剂的效果比较，探索最佳除石油污染海水净化效果的条件和参数，达到石油污染海水净化的目的。在此过程中，学生不但可通过实践加强对理论的认知，同时可掌握物理吸附的机理和过程；培养学生的动手能力和针对目标变化解决问题的能力；通过分析总结提高学生写作能力；同时对污水处理了解更全面。加强学生对科学问题的求知欲和通过实验寻求结果的兴趣，从而更有效地达到实践和理论相结合的目的，强化学生对科学问题的理解和认识。同时，尝试实验报告论文化，初步训练学生基于实验数据的写作综合能力。具体做到：

① 确定最佳吸附剂；

② 确定最佳吸附剂投加量。

6.4.2 实验原理

稻壳是稻谷脱壳后分离出来的谷壳，它由 2 片退化的叶子内颖（内稃）和外颖（外稃）组成，内外颖的两缘相互钩合包裹着糙米，构成完全封闭的谷壳。谷壳约占稻谷总质量的 20%，它含有较多的纤维素（30%）、木质素（20%）、灰分（20%）、戊聚糖（20%）、蛋白质（3%），脂肪和维生素的含量很少，其灰分主要由 SiO_2 组成。

东南亚国家是世界稻谷的主要产区，而我国是世界上第一产稻大国，占世界稻谷总产量的 1/3 以上。若按我国年产 2×10^8t 稻谷计，每年可生产大米 1.4×10^8t，谷壳 4000×10^4t，米糠 2000×10^4t，还有稻草 2×10^8t。

炭化稻壳可作为保温介质及改良土壤之用，其功能优点如下：稻壳炭化后为黑色材料，可增强吸热作用，使地温、水温上升，促进植物生长及减少寒害；质松多孔性质使透气良好，增加根部氧气供应；使沙质土壤保水力增强，减少干害，黏质土壤松软，减少湿害；主要成分为二氧化硅，与土壤成分相近，可视为土壤代用品；含可溶性硅多，可增强植物抗病性；盐基置换良好，可帮助植物吸附养分，使茎叶较厚且健全；肥分含量虽不多，但会促进P、K、Ca、Mg的有效性，尤以P、K溶出量较多；pH值7以上，为酸性土壤的良好改良剂；吸附力大，有吸收毒素的作用，减少连作为害，并减少肥分流失及散发；可去除禽畜粪的异味；撒布于植物周围可防止虫类（如软体动物）等入侵。主要理化指标见表6-5。

表6-5 炭化稻壳的理化指标

SiO_2/%	C/%	灰分/%	体积密度/(g/cm^3)	导热系数	H_2O/%
≤50	≥40	≤45	0.1～0.3	≤0.05	≤3

图6-5 稻壳炭外观

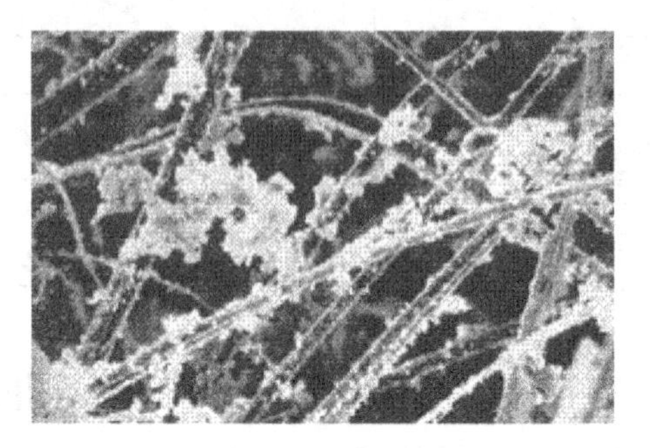

图6-6 稻壳炭微孔扫描电镜照片

稻壳炭（图6-5）是活性炭中吸附剂的一种，而活性炭是一种由含碳材料制成的外观呈玄色、内部孔隙结构发达、表面积大、吸附能力强的一类微晶质碳素材料。稻壳炭对吸附质分子的吸附，主要取决于表面的物理结构和化学结构，稻壳炭以其表面大量的不饱和碳构筑成了独特的吸附结构，它是一种典型的微孔炭（图6-6）。其含有的许多不规则结构（杂环结构）或含有的表面官能团结构，具有极大的表面积，也就造成了微孔相对孔壁分子共同作用形成强大的分子场，提供一个吸附总分子物理和化学变化的高压体系。稻壳炭不含大孔，其微孔占大多数，当微孔与分子尺寸大小相当时，在范得华力作用下相距很近的吸附场发生叠加，引起微孔内吸附势的增加。而活性炭纤维表面的孔口多，容易吸附和脱附，而且吸脱行程短，因此，稻壳炭是一种优良的吸附剂。除了内因外，活性炭的吸附能力还受以下外因的影响：①压力越高，吸附力越强；②温度越低，吸附力越强；③被吸附组分浓度越高，吸附力越强。

基于以上分析，针对石油污染后残留在海水的溶解态和乳浊态石油，可用稻壳炭吸附的方法进行净化处理，这对彻底清除海水石油污染、缓解海洋生物遭受石油污染的危害具有重要意义。

6.4.3 实验设备与试剂

实验装置：UV-2450 UV-Visible Spectrophotometer、砂芯过滤装置、SHZ-D(Ⅲ)循环水式真空泵等。

所需物品：滤纸，量筒，三角漏斗，烧杯，自选吸附剂如稻壳炭等。

6.4.4 实验指导

(1) 水中石油浓度的测定

① 标准曲线的绘制

a. 把油标准贮备液用正己烷稀释为200μg/mL油标准使用液。

b. 分别移取0mL、0.25mL、0.50mL、0.75mL、1.00mL、1.25mL标准油使用液于盛有少量正己烷的10mL容量瓶中，加正己烷稀释至标线，混匀。

c. 将溶液移入1cm石英测定池中，于波长225nm处，以正己烷作参比，测定吸光度值A_i和A_0（标准空白）。

d. 以吸光度值A_i-A_0为纵坐标，相应的油浓度（μg/mL）为横坐标，绘制标准曲线。通过绘制吸光度对标准油浓度的标准曲线，得出油标准曲线回归方程。

② 水样油浓度的测定

a. 实验方法。紫外分光光度法。

b. 实验仪器。UV-2450 UV-Visible Spectrophotometer、砂芯过滤装置500mL、SHZ-D（Ⅲ）循环水式真空泵。

c. 实验步骤。于500mL水样中加入5mL（1+1）硫酸酸化，全部移入1000mL分液漏斗中，再加10mL正己烷，加塞摇匀2min（注意放气），静置分层。把下层水样放入原采样瓶中，用滤纸卷吸干锥形分液漏斗管径内水分，正己烷萃取液放入20mL带刻度比色管中；振荡水样瓶，将萃取过的水样倒回原分液漏斗，加10.0mL正己烷重复提取水样一次。将下层水样放入1000mL量筒中，测量萃取后水样体积。萃取液合并于上述带刻度比色管中，用正己烷定容至标线。测量水样体积，减去硫酸溶液用量得水样实际体积。

按标准步骤测定吸光值A_w。同时取500mL蒸馏水测定分析空白吸光度值A_b。

（2）海水中石油去除率及吸附剂吸附量的确定

首先计算吸附剂吸附石油浓度去除率，然后通过物质平衡关系来表示单位质量的稻壳活性炭吸附的油的质量（mg/g）。

① 吸附剂投加量的效果研究　分别称量0g、5g、10g、15g、20g、25g的稻壳炭于1000mL的三角锥形瓶中，同时各加入750mL的含油水样，于室温条件下吸附3d。经由玻璃砂芯漏斗G4（0.45μm）过滤，测定石油含量。

绘制稻壳炭的质量与吸附之后水样中的油浓度关系曲线图和不同稻壳炭投加量下吸附海水样中油类的去除效率的关系图，分析去除效果。

② 吸附时间的效果研究　分别称取0g、10g、10g、10g、10g稻壳炭于1000mL锥形瓶中，在各瓶中分别加入750mL含油海水样，振荡混匀。分别静止吸附0h、1h、2h、3h、4h后，用0.45μm玻璃砂芯漏斗过滤。取500mL滤液测定石油浓度。

绘制吸附之后油浓度随时间变化的关系图，得出在稻壳炭的吸附作用下海水中石油浓度随吸附时间的变化规律。

绘制稻壳炭吸附效率随时间的变化曲线，分析稻壳炭吸附效率与时间的关系。

（3）实验设计

① 自行配制石油污染海水。

② 自选吸附剂2种进行比较。

③ 参照（2）中的参考步骤进行试验，确定吸附剂投加量和吸附时间。

6.4.5 实验报告记载及数据处理

见表6-6。

表 6-6 石油污染海水净化实验数据

海水石油类浓度/(mg/L)	吸附剂	吸附剂投加量	净化后海水石油类浓度/(mg/L)	备注

6.4.6 思考题

如何在实际中实现废弃物在海水石油污染净化中的资源化利用?

6.5 污水污泥生物毒性检测训练项目

6.5.1 实验目的

通过发光细菌对不同干化条件下活性污泥的生物毒性进行检测，研究归纳不同时间和不同干化条件下污泥生物毒性的规律。加强学生对科学问题的求知欲和通过实验寻求结果的兴趣，从而更有效地达到实践和理论相结合的目的，强化学生对科学问题的理解和认识。同时，尝试实验报告论文化，初步训练学生基于实验数据的写作综合能力。具体做到：

① 测定不同时期污泥干化床中污泥生物毒性的变化；

② 测定不同污泥干化床中污泥生物毒性的变化。

6.5.2 实验原理

发光机理的研究表明，不同种类的发光细菌的发光机理是相同的，都是由特异性的荧光酶（LE）、还原性的黄素（$FMNH_2$）、八碳以上长链脂肪醛（RCHO）、氧分子（O_2）所参与的复杂反应，大致历程如下：

$$FMNH_2 + LE \longrightarrow FMNH_2 \cdot LE + O_2 \longrightarrow LE \cdot FMNH_2 \cdot O_2 + RCHO$$
$$\longrightarrow LE \cdot FMNH_2 \cdot O_2 \cdot RCHO \longrightarrow LE + FMN + H_2O + RCOOH + \text{光}$$

概括地说就是，细菌生物发光反应是由分子氧作用，胞内荧光酶催化，将还原态的黄素单核苷酸（$FMNH_2$）及长链脂肪醛氧化为 FMN 及长链脂肪酸，同时释放出最大发光强度在波长为 450～490nm 处的蓝绿光。

发光菌法测定生物毒性主要通过检测发光菌的发光强度来反映检测体系中的污染状况。凡是能够干扰、破坏发光细菌呼吸、生长、新陈代谢等生理过程的任何有毒物质都可以通过发光强度的变化来测定。

因此，本实验基于稳定污泥对农用安全性的考虑，应用发光细菌测定不同干化条件下污泥的生物毒性。

6.5.3 实验设备与试剂

BioFix Lumi-10 生物毒性分析仪（由德国 MACHEREY-NAGEL 公司提供），冻干发光细菌套件（内含冻干发光细菌、菌体复苏液、渗透压调节液），SZCL-2型磁力搅拌仪，SHZ-D(Ⅲ）循环水式真空泵，AR124CN电子天平，100～1000μL移液枪，2%氯化钠溶液，0.45μm滤纸，专用测试试管，密封取样袋，100mL烧杯。

6.5.4 实验指导

（1）采样与保存

试验系统位于大连开发区污水处理厂，由污泥泵、进泥箱和芦苇床组成。传统污泥干化床、通风芦苇床以及无通风芦苇床规格均为3.0m×1.0m×1.3m。系统运行了两年，积存污泥高度大约15cm。用采样器对干化污泥进行分层取样。底层：泥沙界面至以上5cm范围；表层：泥沙界面以上10～15cm范围。取出样品装入密封袋密封保存。

（2）样品检测

用天平称取10g泥样于100mL烧杯中，加入40mL浓度为2%的氯化钠溶液，用磁力搅拌器搅拌20min后静置10min，取10mL上清液真空过滤后备用。检测时取1mL上清液加入0.1mL渗透压调节液轻轻摇匀，对照组取去离子水1mL，加入0.1mL渗透压调节液。取冻干发光细菌加入菌体复苏液后加入样品，20℃培养15min后进行生物毒性检测。

（3）发光细菌生物毒性检测等级标准见表6-7所示。

表6-7 生物毒性等级标准

等级	相对发光率/%	毒性等级	等级	相对发光率/%	毒性等级
Ⅰ	>70	低毒	Ⅳ	30～0	高毒
Ⅱ	50～70	中毒	Ⅴ	0	剧毒
Ⅲ	30～50	重毒			

6.5.5 实验报告记载及数据处理

见表6-8。

表6-8 污水污泥生物毒性检测实验数据

项目	1B	1D	2B	2D	3B	3D
发光抑制率 I/%						

注：B表示表层污泥生物毒性，D表示底层污泥生物毒性。

6.5.6 思考题

不同干化条件下污泥生物毒性出现差异的原因？分析不同时间对污泥生物毒性造成影响的原因。

6.6 污水酸化预处理强化除磷训练项目

6.6.1 实验目的

由于我国城市化进程的加快和社会主义新农村的建设，村镇污水量不断增加。鉴于我国村镇的经济状况，投资并运营污水处理难度很大，因此需要开发适合村镇的低能耗污水处理技术。

近年来，污水酸化预处理技术得到广泛关注。因其能耗低、水力停留时间短并能大幅降低后续处理负荷，无疑是一种可行的原位污水处理技术选择。为提高酸化处理效果，通常在酸化反应器中投加一些填料。传统填料的作用是使附着更多的生物膜，且国内外针对污水酸化预处理的研究主要集中在提高污水的可生化性和去除有机物方面，而针对生活污水酸化预处理阶段除磷的研究较少。利用海产品废弃物贝壳作为酸化反应器的填料，以期利用贝壳富含钙盐和具有丰富的天然多孔表面的特点，增强污水处理效能，尤其是提高酸化反应器的除磷功能。

通过酸化反应器不同水力停留时间效果的比较，探索最佳贝壳除磷的条件和参数，达到贝壳除磷的目的。在此过程中，学生不但可通过实践加强对理论的认知，同时可掌握除磷的机理和过程；培养学生的动手能力和针对目标变化解决问题的能力；通过分析总结提高学生写作能力；同时对污水处理了解更全面。加强学生对科学问题的求知欲和通过实验寻求结果的兴趣，从而更有效地达到实践和理论相结合的目的，强化学生对科学问题的理解和认识。同时，尝试实验报告论文化，初步训练学生基于实验数据的写作综合能力。具体做到：

① 确定最佳水力停留时间；

② 对比不同水质贝壳除磷的效果。

6.6.2 实验原理

贝类动物种类繁多，且各种贝类的壳在形状、构造、颜色方面都有很大的不同，根据这些方面的不同，人们可以将贝类分类。贝壳在物理结构上可以分成三层：最外层是由硬蛋白质组成的角质层，能耐酸腐蚀；中间为棱柱壳层，由方解石构成，是贝壳的主要组成部分；内层为珍珠层，富有光泽，也由方解石构成。贝壳在化学成分上主要由碳酸钙组成，大约占贝壳质量的95%左右，其他为少量的有机贝壳素。碳酸钙会与水中的磷离子发生化学反应生成沉淀而达到除磷效果；贝壳具有丰富的天然多孔表面，粗糙多孔的表面是生物膜的天然载体，可以增加生物附着量来增强生物在反应中的作用，从而增强除磷效果。

6.6.3 实验设备与材料

酸化反应器为长30cm、宽15cm、高20cm的长方体，内装贝壳填料。填料为片状扇贝贝壳，平均粒径5cm，填充高度12cm，空隙度为28.9%。贝壳的化学组成主要有95%的碳酸钙和少量的贝壳素，常量元素钾、钠、钙、镁的质量分数分别为0.01%、0.35%、15.1%和0.17%。

原水采用人工配制，加适量微量元素。主要水质指标为：NH_4^+-N35～45mg/L；TP 4～6mg/L；COD 350～550mg/L；pH6～6.5。微量元素投加量为：$CuSO_4 \cdot 5H_2O$ 0.8mg/L，$CoSO_4 \cdot 7H_2O$ 0.3mg/L，$FeSO_4 \cdot 7H_2O$ 3mg/L，$MgSO_4 \cdot 7H_2O$ 50mg/L，$MnCl_2 \cdot 4H_2O$ 5mg/L。

所需物品：量筒；试管；烧杯；联华科技生产的5B-3（B）型水质多参数测定仪；PHS-3C型酸度计等。

6.6.4 实验指导

（1）反应器运行

水可以人工配备，根据试验所需配制不同 TP 和 COD 浓度的废水。配制的废水经均质后泵入水解酸化池，利用厌氧菌将水中大分子有机物、杂环类有机物分解成低分子有机物，同时利用厌氧菌的水解作用提高废水的可生化性。通过流量控制酸化池的水力停留时间。

采用预填好氧活性污泥并用原水培养酸化菌。在培养过程中考察生物膜的生长情况和总磷、COD 的去除情况。原水进入反应器后，取城市污水处理厂回流污泥混合液倒入反应器中。活性污泥在重力作用下下沉，下沉过程中受立体填料阻隔，褐色污泥絮体在隔室空间内挂满填料。随后按照水力停留时间 24h 的流量进水，填料上布满乳白色酸化菌，反应器启动成功。考察水力停留时间（HRT）分别设定为 4h、8h 和 12h 条件下，pH 值的变化以及除磷效果。

（2）TP 浓度的测定

① 实验方法　采用钼酸铵分光光度法。

② 实验仪器　联华科技生产的 5B-3（B）型 COD 多元速测仪。

③ 实验步骤

a. 计算出原水水质的含量浓度。

b. 取随机配带的反应管数支。洗净并烘干后置于冷却架上。并向冷却架后排孔内加入自来水作为冷却水。

c. 准确量取所需的蒸馏水放入 0 号试管。再依次准确量取各待测污水样 nmL 加入各反应管（1～n）内。

d. 依次向各试管内加入过硫酸钾 1mL。

e. 将瓶塞拧紧，摇匀水样。

f. 消解器。120℃报警后，依次放入反应管，按“自定义”键，定时 30min，密封消解。

g. 打开主机开关，调整测量模式为四，方法为：先按键盘上“取消”键，再按“模式六”键。

h. 定时报警声响起后，按“▲”键或“▼”键取消报警，将反应管取出放入冷却槽水冷 2min。

i. 水冷两分钟后，拧开瓶盖，在各反应管中加入 p1 试剂 1mL。

j. 在各反应管中加入 p2 试剂 1mL，并摇匀。静置 10min（注：p1、p2 试剂是联华科技生产的专用试剂标号）。

k. 把反应管外壁擦干，将水样依次倒入对应编号的 3cm 比色皿，0 号比色皿为空白水样。

l. 打开主机比色盖，将 0 号比色皿放入比色槽中，闭合上盖，按“空白”键，几秒钟后，屏幕上显示“C=0.000”。

m. 再将其他比色皿依次放入比色槽中，并关闭上盖。等 3～4s 仪器稳定后，此时屏幕上显示值即为该样品的总磷浓度。

（3）COD 浓度的测定

① 实验仪器　联华科技生产的 5B-3（B）型 COD 多元速测仪。

② 实验步骤

a. 计算出原水水质的含量浓度。

b. 取随机配带的反应管数支。洗净并烘干后置于冷却架上。并向冷却架后排孔内加入自来水作为冷却水。

c. 准确量取0mL蒸馏水放入0号试管。再依次准确量取各待测污水样0mL加入各反应管（1－n）内。

d. 依次向各试管内加入D试剂0.7mL。

e. 依次向各反应管内加入E试剂4.8mL。然后将溶液摇均匀，必须做到溶液无分层。

f. 消解器。165℃报警后，依次放入反应管，按“消毒”键，定时10min。（165℃加热10min）。

g. 打开主机开关，调整测量模式为COD模式，方法为：先按键盘上“取消”键，再按“模式二”键。

h. 定时报警声响起后，按“▲”键或“▼”键取消报警，将反应管取出放入冷却槽水冷2min。

i. 从冷却槽拿出后，空冷两分钟后，在反应管中依次加入2.5mL蒸馏水并摇匀。做到溶液无分层。水冷槽加入自来水。

j. 将各反应管放入水冷槽中，在水槽中水冷2min。

k. 把反应管外壁擦干，将水样依次倒入对应编号的3cm比色皿，0号比色皿为空白水样。

l. 打开主机比色盖，将0号比色皿放入比色槽中，闭合上盖，按“空白”键，几秒钟后，屏幕上显示“C=0.000”。

m. 再将其他比色皿依次放入比色槽中，并关闭上盖。等3～4sC值稳定后，屏幕上显示的COD值即为该样品的COD浓度。

（4）实验设计

① 污水自行配制水质标准。

② 自选不同水力停留时间进行比较。

③ 参照（2）、（3）中的参考步骤进行试验，确定最佳水力停留时间，对比不同水质处理效果。

6.6.5 实验报告记载及数据处理

见表6-9、表6-10。

表6-9 TP浓度测定的试验数据

水力停留时间/h	原水磷浓度	出水磷浓度	去除率/%	备注

表 6-10 COD浓度测定的试验数据

水力停留时间/h	原水COD浓度	出水COD浓度	去除率/%	备注

6.6.6 思考题

1. 如何在实际中实现贝壳废弃物在生活污水净化中的资源化利用？
2. 贝壳填料更新期限为多久？

6.7 紫外光降解苯酚废水

6.7.1 实验目的

① 了解光催化氧化降解有机废水的机理。
② 了解紫外光催化装置，熟悉光催化处理废水的工艺流程。
③ 了解光催化动力学参数测定的意义，并探讨不同实验条件下光催化降解的效果。

6.7.2 实验原理

光催化氧化法氧化能力强，要求的反应条件温和，是目前处理含低浓度难降解有机物废水的一种高级氧化法。

光催化氧化法，是以N型半导体的能带理论为基础的。当能量大于带阵能量Eg（TiO_2的Eg为3.2eV）的光照射半导体催化剂时，价带（valency band）上电子被激发，跃过禁带进入导带（conduction band），形成高活性电子（e^-），并在价带上产生带正电荷的空穴（h^+），从而引发反应。以TiO_2为例说明：

$$TiO_2 + h\nu \longrightarrow h^+ + e^-$$

水溶液中的光催化氧化反应，在半导体表面失去的电子主要是水分子，水分子经一系列变化后产生氧化能力极强的羟氧自由基（·OH），可以氧化各种有机物，并使之矿化为CO_2。

TiO_2是常用的光催化剂，主要有锐钛型和金红石型两种晶型。二氧化钛的化学性质和光化学性质十分稳定，无毒价廉，货源充足。TiO_2是一种半导体氧化物，它有充满电子的价带和缺电子的导带，在光照下价电子上留下的空穴有氧化性，导带上的电子具有还原性，降解物在TiO_2表面发生氧化还原后，价带又得到电子，光再次照射时，价带上电子又同样发生跃迁，故将使用过的TiO_2通过过滤收集起来，在阴暗处自然晾干，重复使用，不影响其催化活性。

影响二氧化钛光催化氧化过程的因素有很多，主要有：光催化剂的性质和结构、光催化剂的投加量、废水的pH值和浓度等。

研究表明，TiO_2为催化剂的光催化氧化反应速率r可Langmuir-Hinshelwood描述：

$$r = \frac{kKC}{1+KC} \tag{6-12}$$

$$\frac{1}{r}=\frac{1}{kK}\frac{1}{C}+\frac{1}{k} \tag{6-13}$$

式中 C——反应物浓度，mmol/L；

K——表观吸附平衡常数，L/mmol；

k——表面反应速率常数，mol/h。

取不同浓度的废水进行光催化降解实验，由此得到不同的初始反应速率 r，并绘制出 $1/r$-$1/C$ 关系图，图中直线的斜率为 $1/(kK)$ 值，截距为 $1/k$ 值。就可以得到 K 值和 k 值。

6.7.3 实验设备与试剂

KL-1 型紫外光催化实验装置，苯酚浓度用 COD 表征。

6.7.4 实验方法与操作步骤

① 将浓度为 100mg/L 的有机废水放入水箱至一定体积，废水量必须大于照射反应器的有效容积。

② 容器废水中定量加入光催化剂（TiO_2），投加量为 3.0g/L，并搅拌均匀，使催化剂悬浮在容器中。

③ 打开循环泵开关，让循环水进入照射反应器并从上端排入原水容器中，形成水循环，调整流量计至适度流量，运行 3～5min，使其中的催化剂均匀地分布于水中。

④ 打开紫外灯开关，并打开定时器开始计时。

⑤ 每隔 20min 测量一次容器中苯酚的浓度，测量时将水中的催化剂过滤。实验运行时间 1.5h。

⑥ 改变原水浓度，分别为 50mg/L、75mg/L、125mg/L、150mg/L，重复以上实验，并记录（表 6-11）。

⑦ 在原水苯酚浓度为 100mg/L 的条件下，改变光催化剂 TiO_2 的投加量，分别为 1.0g/L、2.0g/L、4.0g/L、4.5g/L。重复（1）～（5）实验，并记录（表 6-12）。

⑧ 在原水苯酚浓度为 100mg/L、TiO_2 投加量为 3.0g/L 的条件下，调节原水的 pH 值，分别为 4、6、10、12，重复（1）～（5）的实验，并记录（表 6-13）。

⑨ 实验全部结束后，在原水容器中加入清水，打开循环泵将清水泵入照射反应器中进行彻底清洗。

6.7.5 实验报告记载与数据处理

① 根据表 6-11 的实验记录，作图计算出动力学参数 K、k 值。

表 6-11 不同初始浓度的紫外光催化氧化实验记录

初始浓度/(mg/L)	反应时间/min	出水浓度/(mg/L)

② 根据表 6-12 的实验记录，讨论催化剂的最佳投加量。

③ 根据表 6-13 的实验记录，讨论反应的最佳初始 pH 值。

表 6-12 不同投加量的紫外光催化氧化实验记录

投加量/(g/L)	反应时间/min	出水浓度/(mg/L)

表 6-13 不同 pH 值的紫外光催化氧化实验记录

原水 pH 值	反应时间/min	出水浓度/(mg/L)

6.7.6 思考题

分析光催化法降解有机污染物的优缺点。

6.8 恒压膜过滤活性污泥性能检测训练项目

6.8.1 实验目的

① 考察污泥恒压过滤过程中通量或阻力随压力变化的变化。

② 能够通过比较过滤比阻、通量衰减指数等指标来考察不同介质（如混凝介质、多孔介质等）对膜过滤性能的改善作用。

6.8.2 实验原理

过滤中的膜通量表达为：

$$J=\frac{\Delta V}{A\Delta t}=\frac{\mathrm{d}V}{A\,\mathrm{d}t} \tag{6-14}$$

式中 J——膜通量，$\mathrm{L/(m^2 \cdot h)}$；

ΔV——滤液的体积；

t——过滤时间；

A——膜表面积。

同时过滤过程中通量满足达西定律（Darcy's law）：

$$J=\frac{\Delta P}{\mu R} \tag{6-15}$$

式中 ΔP——膜两侧的压力差，Pa；

μ——透过液黏度，Pa·s；

R——过滤总阻力。

从理论上讲，过滤总阻力 R 包括清洁膜的固有阻力 R_m、过滤过程中的浓差极化阻力 R_{cp}、凝胶层阻力 R_g、堵塞阻力 R_p 和吸附阻力 R_a。广义的膜污染指：除了膜的固有阻力外，其余阻力都可以认为是膜过滤的污染阻力，如图 6-7 所示。

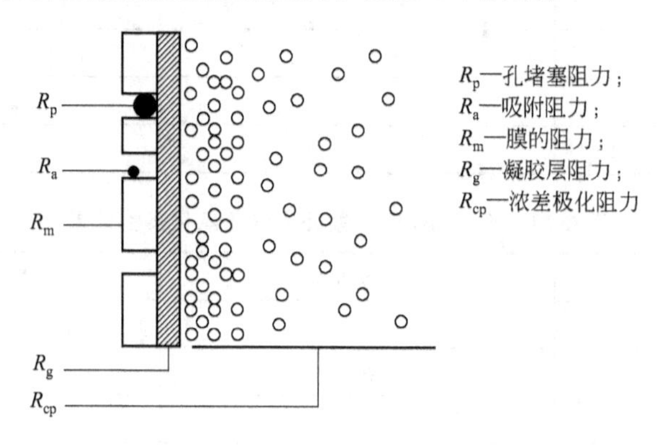

图 6-7　膜过滤阻力分布示意图

对膜过滤活性污泥中的各项污染阻力的测定过程如下：①在一定的压力下，先用清洁膜对蒸馏水进行过滤，通过达西方程计算出膜固有阻力 R_m；②在相同压力下用该膜对活性污泥进行过滤（过滤过程中不搅拌），取最初过滤时（第 15s）所得瞬时阻力为总阻力 R；③将活性污泥从过滤器中取出，并加入等量蒸馏水，在不加压的情况下通过磁力搅拌将膜清洗 5min，然后弃掉清洗液，再加入等量的蒸馏水，在相同压力下进行过滤实验，所测得的阻力值从总阻力中扣除，即被认为是凝胶极化阻力 R_g；④之后再将料液倒掉，将膜取出，并用脱脂棉擦去膜面沉积物，再将膜重新装好，加入等量蒸馏水，在相同压力下测过滤阻力，该阻力扣除膜固有的阻力即为内部污染阻力 R_i，而将该值从上次所测阻力中扣除即得外部污染阻力 R_e。该测试过程可以通过图 6-8 来反映。

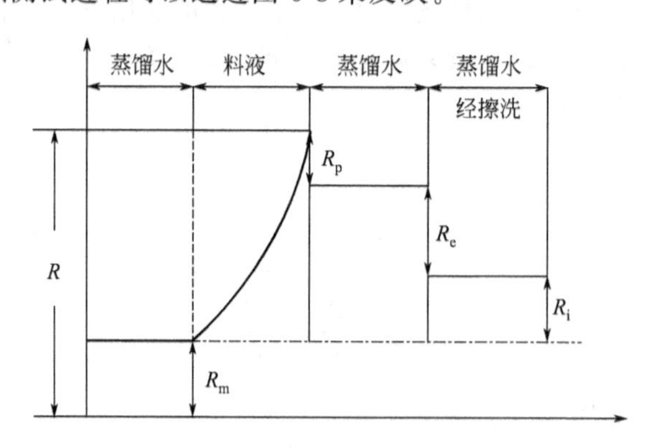

图 6-8　阻力计算示意图

式(6-15) 可进一步表达为：

$$J=\frac{\Delta P}{\mu(R_m+R_a+R_p+R_{cp}+R_g)} \tag{6-16}$$

对活性污泥的过滤，污染阻力主要是膜面沉积层，即（$R_{cp}+R_g$），因此，式(6-16) 简化为：

$$J=\frac{\Delta P}{\mu(R_m+R_c)} \tag{6-17}$$

$$R_c=r\frac{CV}{A}=rM \tag{6-18}$$

式中 r——单位表示的污泥比阻，m/kg；

M——沉积层密度，kg/m^2；

C——污泥浓度，kg/m^3。

根据：

$$\frac{dV}{A\,dt}=\frac{\Delta P}{\mu(R_m+R_c)}=\frac{\Delta P}{\mu\left(R_m+r\frac{CV}{A}\right)}$$

$$\frac{dV}{dt}=\frac{\Delta PA}{\mu\left(R_m+r\frac{CV}{A}\right)} \tag{6-19}$$

恒压过滤时，式(6-19) 对时间积分

$$\int_0^t dt=\int_0^V\left(\frac{\mu CVr}{PA^2}+\frac{\mu R_m}{PA}\right)dV \tag{6-20}$$

$$\frac{t}{V}=\frac{\mu CVr}{2PA^2}+\frac{\mu R}{PA} \tag{6-21}$$

斜率：

$$b=\frac{\mu Cr}{2PA^2}$$

截距：

$$a=+\frac{\mu R_g}{PA}$$

因此比阻公式为：

$$r=\frac{2PA^2}{\mu}\times\frac{b}{C} \tag{6-22}$$

污泥比阻（或称比阻抗）是表示污泥脱水性能的综合指标，污泥比阻愈大，脱水性能愈差，反之脱水性能愈好，可以通过投加 $FeCl_3$ 和 $Al_2(SO_4)_3$ 等混凝剂进行试验。

6.8.3 实验设备与试剂

实验装置如图 6-9 所示，图中终端过滤反应器是一个容积为 350mL 的有机玻璃杯式滤器，内设磁力搅拌器，在本试验中用于提供对膜的水力清洗；外加压力通过高压氮气提供；料液从顶部带旋钮的孔中加入；滤液流入电子天平上的容器中，通过检测重力的变化，再折算为体积。试验用膜为 PVDF 平板膜，其直径为 6.5cm，膜面积为 $0.00332m^2$，孔径为 0.1～0.2μm。

实验设备和试剂包括：①终端过滤器 1 个，容积 350mL；②磁力搅拌器 1 台；③电子天平 1 台；④氮气瓶 1 个；⑤减压阀 1 个；⑥实验用膜（0.22μm）若干；⑦漏斗 2 个；⑧烧杯 500mL，2 个；⑨温度计 1 支；⑩量筒 250mL，3 个；⑪混凝剂（三氯化铝或三氯化铁）；⑫粉末活性炭；⑬抽滤装置。

6.8.4 实验方法与操作步骤

（1）膜过滤试验方法

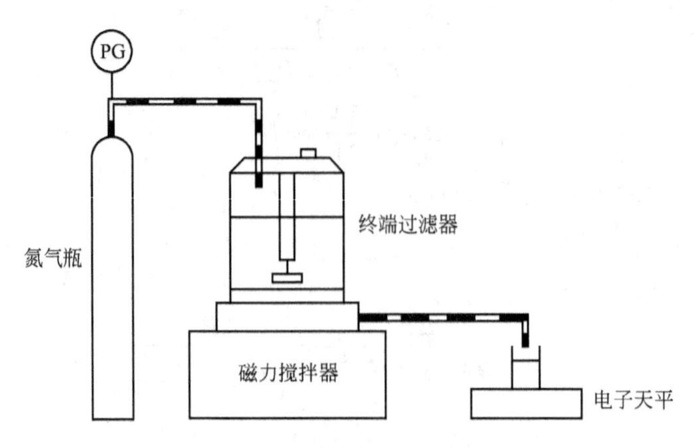

图 6-9　实验装置图

试验过程中先用清洁的膜对蒸馏水进行过滤，测得初始通量；然后再对一定体积的污泥混合液进行过滤，从产生滤液开始，每 10～15s 记录一次滤液质量。过滤时间在 5～10min 左右，由所得的值可以计算出膜通量。试验中为了便于比较膜通量，不仅需要避免不同膜片所带来的差异，而且需要考虑（不同阶段实验中）料液温度不同所带来的影响，为此需采用相对通量值，并将不同温度下测得的过滤通量折算到 25℃下的通量值。相对通量值定义为：J_t/J_0，其中 J_t 为 t 时刻的膜通量，J_0 为清洁膜的纯水通量，该比值扣除了不同膜片之间的差异，因此具有可比性。J_t/J_0 随过滤时间的衰减趋势可表示为：

$$\frac{J_t}{J_0}=At^m \tag{6-23}$$

式中　A——系数；

　　m——通量衰减指数，为负值。

对通量变化中不同压力下的过滤曲线按上式进行回归，可得到 m 值。

（2）混凝剂对污泥比阻的改变

配备 20g/L $FeCl_3$ 或 $AlCl_3$ 溶液，分别考察在 250mL 活性污泥中投 0mL、1mL、2mL、3mL、4mL、5mL 浓度为 20g/L 的 $FeCl_3$（转换为投加量 0g/L、0.08g/L、0.16g/L、0.24g/L、0.32g/L、0.40g/L）。污泥过滤前，用 330r/min 的磁力搅拌器搅拌 1min 进行混凝反应。按步骤(1) 进行，考察通量变化及污泥比阻的变化。

（3）注意事项

正确使用氮气瓶。

6.8.5　实验报告记载及数据处理

① 比较不同压力下，普通相对通量随时间的变化 J_t/J_0-t，求取通量系数 A 和衰减指数 m。

② 根据式(6-22) 求取污泥比阻，并比较普通活性污泥和混凝剂不同投加量的污泥比阻。

③ 实验数据记录。

a. 测定并记录实验基本参数。

压力________ kPa；膜面积________ m^2；污泥浓度 C ________（可假定 2g/L）；滤液温度________℃。

b. 不同压力下通量变化、污泥比阻和衰减指数比较。见表 6-14。

表 6-14 压力 0.06MPa、0.08MPa、0.10MPa 下不同时间的滤液体积

0.06MPa	t_0/s	10	20	30	40	50	60	70	80	90	100	110	120	130	140
	V/mL														
	t_1/s	10	20	30	40	50	60	70	80	90	100	110	120	130	140
	V														
0.08MPa	t_0/s	10	20	30	40	50	60	70	80	90	100	110	120	130	140
	V/mL														
	t_1/s	10	20	30	40	50	60	70	80	90	100	110	120	130	140
	V														
0.10MPa	t_0/s	10	20	30	40	50	60	70	80	90	100	110	120	130	140
	V/mL														
	t_1/s	10	20	30	40	50	60	70	80	90	100	110	120	130	140
	V														

c. 介质对膜过滤特性的改善作用。见表 6-15。

投加药剂______；选取压力______MPa；投加量（1）______mg/L；投加量（2）______mg/L；投加量（3）______mg/L。

表 6-15 不同投加量对膜过滤特性的改善作用

投加量（1）	t_0/s	10	20	30	40	50	60	70	80	90	100	110	120	130	140
	V/mL														
	t_1/s	10	20	30	40	50	60	70	80	90	100	110	120	130	140
	V														
投加量（2）	t_0/s	10	20	30	40	50	60	70	80	90	100	110	120	130	140
	V/mL														
	t_1/s	10	20	30	40	50	60	70	80	90	100	110	120	130	140
	V														
投加量（3）	t_0/s	10	20	30	40	50	60	70	80	90	100	110	120	130	140
	V/mL														
	t_1/s	10	20	30	40	50	60	70	80	90	100	110	120	130	140
	V														

6.8.6 思考题

1. 通过本实验，膜过滤过程中拟采用低压运行还是采用高压运行？
2. 本实验操作中哪些因素对实验结果影响较大？

6.9 絮凝法处理垃圾渗滤液训练项目

6.9.1 实验目的

① 理解和掌握混凝的基本原理。

② 掌握正交试验设计和数据处理方法。采用正交试验考察絮凝剂种类、投加量、pH值、搅拌时间等因素对絮凝效果的影响，确定最佳试验条件。

6.9.2 实验原理

化学混凝法通常用来除去废水中的胶体污染物和细微悬浮物。化学混凝机制主要是通过混凝剂在水中水解，对水中胶体产生压缩双电层、吸附架桥和网捕等三方面的作用，促使胶体凝聚，形成絮凝体，最终通过沉淀作用得以去除。混凝包括凝聚和絮凝两个步骤，凝聚是指在化学药剂作用下使胶体和细微悬浮物脱稳、聚集为微絮体的过程，而絮凝则是指微絮体在水流紊动作用下，长大成为絮凝体的过程。

一般水处理中，混合阶段的 G 值约为 500～1000s^{-1}，混合时间为 10～30s，一般不超过 2min；在反应阶段，G 值约为 10～100s^{-1}，停留时间一般为 15～30min；沉淀 30～40min。

6.9.3 实验设备与试剂

混凝试验搅拌机；浊度仪；pH 计或精密 pH 试纸；温度计；10mL 移液管、1000mL 量筒。混凝剂：100g/L 聚合氯化铝（PAC）、50mg/L 聚丙烯酰胺（PAM）；10%盐酸，10%氢氧化钠；垃圾渗滤液；硫酸亚铁铵、重铬酸钾、硫酸-硫酸银、试亚铁灵。

6.9.4 实验方法与操作步骤

① 分析垃圾渗滤液的 COD 和浊度。

② 确定最佳 PAC、最佳 PAM 投加量及最佳 pH。

正交试验设计：选定 PAC 投加量、PAM 投加量和 pH 值作为影响处理效果的 3 个因素，每个因素选定 4 个水平，进行正交试验（表 6-16）。采用 $L_{16}(4^3)$ 正交试验表（表 6-17）。

表 6-16 因素水平表

水平	因素		
	PAC/(mg/L)	PAM/(mg/L)	pH
1	400(A1)	5(B1)	4(C1)
2	500(A2)	10(B2)	6(C2)
3	700(A3)	15(B3)	7(C3)
4	800(A4)	20(B4)	8(C4)

表 6-17 $L_{16}(4^3)$ 正交试验表

试验号	因素			试验号	因素		
	PAC	PAM	pH		PAC	PAM	pH
1	A1	B1	C1	9	A3	B1	C3
2	A1	B2	C2	10	A3	B2	C4
3	A1	B3	C3	11	A3	B3	C1
4	A1	B4	C4	12	A3	B4	C2
5	A2	B1	C2	13	A4	B1	C4
6	A2	B2	C1	14	A4	B2	C3
7	A2	B3	C4	15	A4	B3	C2
8	A2	B4	C3	16	A4	B4	C1

用量筒量取800mL水样于混凝实验杯中，测量废水的温度，进行记录；按照正交试验表$L_{16}(4^3)$，分别用移液管加入一定量的混凝剂PAC与PAM、盐酸或氢氧化钠至实验杯中，然后快搅（150r/min）1min，中速搅拌（45r/min）8min，慢转（35r/min）7min，再沉淀30min；取上清液分析COD和浊度。

③ 确定最佳混凝条件。

正交试验设计：选定中速转速、中速搅拌时间、慢速转速、慢速搅拌时间作为影响处理效果的4个因素，每个因素选定3个水平，进行正交试验（表6-18）。采用L_9（3^4）正交试验表（表6-19）。

表6-18 因素水平表

水平	因素			
	中速/(r/min)	中速时间/min	慢速/(r/min)	慢速时间/min
1	45(A1)	4(B1)	15(C1)	7(D1)
2	65(A2)	6(B2)	25(C2)	9(D2)
3	85(A3)	8(B3)	35(C3)	11(D3)

表6-19 $L_9(3^4)$正交试验表

试验号	因素			
	中速/(r/min)	中速时间/min	慢速/(r/min)	慢速时间/min
1	A1	B1	C1	D1
2	A1	B2	C2	D2
3	A1	B3	C3	D3
4	A2	B1	C2	D3
5	A2	B2	C3	D1
6	A2	B3	C1	D2
7	A3	B1	C3	D2
8	A3	B2	C1	D3
9	A3	B3	C2	D1

用量筒量取800mL水样于混凝实验杯中，测量废水的温度，进行记录；按照最佳投加量加入PAC及PAM。按照正交试验表6-19，进行混凝操作。沉淀30min；取上清液分析COD和浊度。

6.9.5 实验报告记载及数据整理

计算表6-20和表6-21的COD和浊度去除率，进行正交试验数据处理，求出各水平效应值K以及极差R，确定PAC及PAM的最佳投加量及最佳pH值、最佳混凝条件。

表6-20 $L_{16}(4^3)$正交试验记录

试验号	因素			COD/(mg/L)	浊度
	PAC	PAM	pH		
1	A1	B1	C1		
2	A1	B2	C2		

续表

试验号	因素			COD/(mg/L)	浊度
	PAC	PAM	pH		
3	A1	B3	C3		
4	A1	B4	C4		
5	A2	B1	C2		
6	A2	B2	C1		
7	A2	B3	C4		
8	A2	B4	C3		
9	A3	B1	C3		
10	A3	B2	C4		
11	A3	B3	C1		
12	A3	B4	C2		
13	A4	B1	C4		
14	A4	B2	C3		
15	A4	B3	C2		
16	A4	B4	C1		

表 6-21 $L_9(3^4)$ 正交试验记录

试验号	因 素				COD /(mg/L)	浊度
	中速/(r/min)	中速时间/min	慢速/(r/min)	慢速时间/min		
1	A1	B1	C1	D1		
2	A1	B2	C2	D2		
3	A1	B3	C3	D3		
4	A2	B1	C2	D3		
5	A2	B2	C3	D1		
6	A2	B3	C1	D2		
7	A3	B1	C3	D2		
8	A3	B2	C1	D3		
9	A3	B3	C2	D1		

6.9.6 思考题

根据实验结果以及实验中所观察到的现象，简述影响混凝的主要因素。

6.10 食品加工行业剩余污泥粗蛋白质检测训练项目

6.10.1 实验目的

海参具有丰富的营养价值，其人工配合饲料中需要添加海泥作为蛋白质来源的重要补充。然而因季节原因，近岸底泥中粗蛋白质含量变化幅度较大（5%～20%之间）。因此，当蛋白质含量较低时还需添加其他高蛋白物质，导致养殖成本增加。食品加工行业（麦芽厂、啤酒厂）剩余污泥中粗蛋白质含量丰富，将其作为海参饲料的蛋白质来源，有利于节约饲料成本，同时可达到废物资源化的目的。通过对上述企业污水处理沉淀池中剩余污泥以及海参养殖圈周边近岸底泥粗蛋白质的测定，不但能够让学生了解凯氏定氮法测定的基本原理，掌握半微量凯氏定氮法测定污泥粗蛋白质的方法，掌握污泥粗蛋白质含量的计算方法，同时还能对固体废物资源化利用更了解，培养学生对科学问题的求知欲以及动手能力。

6.10.2 实验原理

有机物质在还原性催化剂（如 $CuSO_4$、K_2SO_4 或 Na_2SO_4 或 Se 粉）的作用下，用浓硫酸进行消化作用，使蛋白质和其他有机态氮（在一定处理下也包括硝酸态氨）都转变成 NH_4^+ 并与 H_2SO_4 化合成 $(NH_4)_2SO_4$，而非含氮物质则以 $CO_2\uparrow$、$H_2O\uparrow$、$SO_2\uparrow$ 状态逸出。消化液在浓碱的作用下进行蒸馏，释放出的铵态氮，用硼酸溶液吸收并结合成为四硼酸铵，然后以甲基红溴甲酚绿作指示剂，用 HCl 标准溶液（0.1mol/L）滴定，求出氮的含量，根据不同的饲料再乘以一定的系数（通常用 6.25 系数计算），即为粗蛋白质的含量。

其主要化学反应如下：

$$2NH_4(CH_2)_2COOH+13H_2SO_4 \longrightarrow (NH_4)_2SO_4+6CO_2+12SO_2+16H_2O\text{(丙氨酸)}$$

$$(NH_4)_2SO_4+2NaOH \longrightarrow 2NH_3+2H_2O+Na_2SO_4$$

$$4H_3BO_3+NH_3 \longrightarrow NH_4HB_4O_7+5H_2O$$

$$NH_4HB_4O_7+HCl+5H_2O \longrightarrow NH_4Cl+4H_3BO_3$$

本法不能区别蛋白氮和非蛋白氮，只能部分回收硝酸盐和亚硝酸盐等含氮化合物。在测定结果中除蛋白质外，还有氨基酸、酰胺以及铵盐和部分硝酸盐、亚硝酸盐等，故以粗蛋白质表示。

6.10.3 实验仪器与试剂

（1）仪器

研钵；分析筛：孔径 0.45mm（40 目）；分析天平：感量 0.0001g；消煮炉或电炉；滴定管：酸式，25mL 或 50mL；凯式烧瓶：100mL 或 500mL；凯氏蒸馏装置：半微量水蒸气蒸馏式；锥形瓶：150mL 或 250mL；容量瓶：100mL。

（2）试剂

硫酸（化学纯，98%，无氮）；混合催化剂（0.9g 五水硫酸铜，15g 硫酸钾，均为化学纯）；40%氢氧化钠（化学纯）；2%硼酸（化学纯）；混合指示剂（甲基红 0.1%乙醇溶液，溴甲酚绿 0.5%乙醇溶液，两溶液等体积混合）；0.1mol/L 盐酸标准溶液；蔗糖（分析纯）；硫酸铵（分析纯）。

6.10.4 实验指导

（1）采样与保存

将沉淀池污泥以及海参圈近岸海泥取回后放置于干燥箱中，40℃烘干 12～16h 直至样品完全烘干，利用研钵将每份样品 100g 研磨成粉末，粉碎后全部通过 40 目筛，装入密封容器中待用，防止样品成分变化。

（2）分析步骤

① 样品消煮　称取0.5～1g不同试样（含氮量5～80mg），准确至0.0002g，无损失地放入凯氏烧瓶中，加入硫酸铜0.9g、无水硫酸钾（或硫酸钠）15g，与试样混合均匀，再加硫酸25mL和2粒玻璃珠，在消煮炉上小心加热，待样品焦化，泡沫消失，再加强火力（360～410℃）直至溶液澄清后，再加热消化15min。

② 氨的蒸馏　半微量水蒸气蒸馏法。上述试样的消煮液冷却，加蒸馏水20mL转入100mL容量瓶，冷却后用水稀释至刻度，摇匀，为试样分解液。取2%硼酸溶液20mL，加混合指示剂2滴，使半微量蒸馏装置的冷凝管末端浸入此溶液；蒸馏装置的蒸汽发生器的水中应加甲基红指示剂数滴、硫酸数滴，且保持此液为橙红色，否则应补加少许硫酸。准确移取试样分解液10～20mL注入蒸馏装置的反应室中，用少量蒸馏水冲洗进样入口，塞好入口玻璃塞，再加10mL 40%氢氧化钠溶液，小心提起玻璃塞使之流入反应室，将玻璃塞塞好，并在入口处加水密封好，防止漏气，蒸馏4min，使冷凝管末端离开吸收液面，用蒸馏水洗冷凝管末端，洗液均流入吸收液。

③ 滴定　用硼酸吸收氨后，立即用0.1mol/L的HCl标准溶液滴定，仍以甲基红或混合甲基红为指示剂。溶液由蓝绿色变为灰红色为终点。

④ 空白测定　称取蔗糖0.01g，以代替样品，按上述测定步骤进行空白测定，消耗0.1mol/L盐酸标准溶液的体积应不得超过0.3mL。

⑤ 计算　每毫升的1mol/L盐酸标准溶液相当于0.0140g的N。因此，

$$N\times6.25=粗蛋白质(\%)=\frac{(v_2-v_1)c\times0.0140\times6.25}{m\times\dfrac{v'}{v}}\times100\%$$

式中　v_2——试样滴定时所需盐酸标准溶液的体积，mL；

v_1——空白滴定时所需盐酸标准溶液的体积，mL；

c——盐酸标准溶液的浓度，mol/L；

m——试样的质量，g；

v——试样的分解液总体积，mL；

v'——试样分解液蒸馏用体积，mL；

0.0140——每毫升HCl标准溶液相当于N的质量，g；

6.25——氮换算成蛋白质的平均系数。

每个样品取两个平行样进行测定，以其算术平均值为结果。当粗蛋白质含量在25%以上时，允许相对偏差为1%；当粗蛋白质含量在10%～25%时，允许相对偏差为2%；当粗蛋白质含量在10%以下时，允许相对偏差为3%。

⑥ 测定步骤的检验　精确称取0.2g硫酸铵，代替样品，按（2）分析步骤进行操作，测得硫酸铵含氮量为（21.19±0.2）%，否则应检查加碱、蒸馏和滴定各步骤是否正确。

6.10.5　实验报告记载及数据处理

见表6-22。

表 6-22 食品加工行业剩余污泥粗蛋白质检测实验数据

样品名称	粗蛋白质含量/%
麦芽厂	
啤酒厂	
海参圈	

6.10.6 思考题

如何在实际中实现污泥在海参饲料加工中的资源化利用？

6.11 低温等离子体净化室内悬浮颗粒物训练项目

6.11.1 实验目的

通过利用针阵列直流电晕放电技术去除室内悬浮气态污染物，研究不同放电功率以及不同风量条件下悬浮颗粒物的去除效果。在此过程中，学生能够掌握等离子体室内空气净化技术作用机理，学习净化装置的设计及搭建，培养动手能力和针对目标变化解决问题的能力；通过分析总结提高学生写作能力；同时对室内空气净化了解更全面。加强学生对科学问题的求知欲和通过实验寻求结果的兴趣，从而更有效地达到实践和理论相结合的目的，强化学生对科学问题的理解和认识。

6.11.2 实验原理

目前颗粒物去除技术主要有过滤式净化方法、负离子发生方法、静电除尘和低温等离子体方法等。过滤式对细小颗粒物收集效果好但风阻大，为了获得高的净化效率，滤芯需要定期更换。静电除尘对粒径较小的可吸入颗粒物捕集效率低。相对来说低温等离子体技术具有较高的捕集效率，同时兼具静电除尘低风阻的优点。

低温等离子体捕集室内颗粒污染物的工作原理与静电除尘类似，其工作原理大致可分为以下 3 个阶段。

① 粒子荷电　在放电极与集尘极之间施加直流高电压，使放电极发生电晕放电，气体电离，生成自由电子和正离子。在放电极附近的所谓电晕区内正离子立即被电晕极（假定带负电）吸引过去而失去电荷。自由电子和随即形成的负离子则因受电场力的驱使向集尘极（正极）移动，并充满到两极间的绝大部分空间。含尘气流通过电场空间时，自由电子、负离子与粉尘碰撞并附着其上，便实现了粒子的荷电。

② 荷电粒子运动和捕集　荷电粒子在电场中受库仑力的作用被驱往集尘极，经过一定时间后达到集尘极表面，放出所带电荷而沉集其上。

③ 积尘清除　从集尘极清除已沉积的粉尘，主要目的是防止粉尘重新进入气流，影响净化器的除尘效果。

本实验将采用直流电晕放电技术对室内悬浮颗粒物进行净化研究。实验装置见图 6-10，放电装置见图 6-11。以出风口处悬浮颗粒物去除效率为评价指标衡量不同粒径颗粒物净化效果。

$$去除效率\ \eta(\%)=100\times(C_{进}-C_{出})/C_{进}$$

式中 $C_{进}$——进气口颗粒物数量；

$C_{出}$——出气口颗粒物数量。

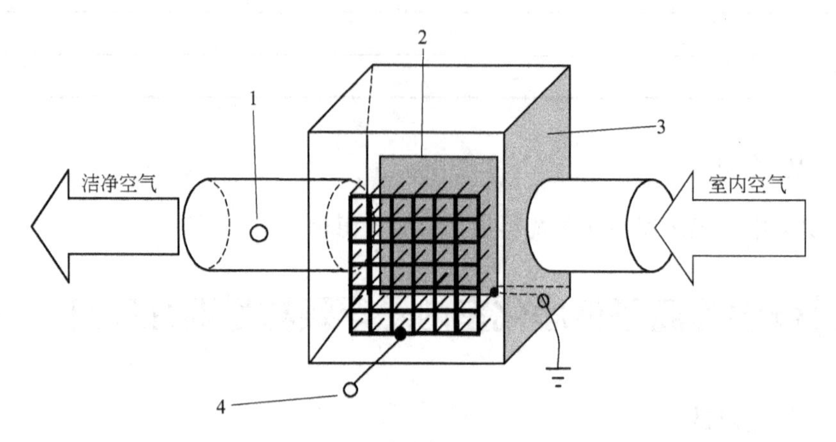

图 6-10 实验装置示意图

1—颗粒计数采样口；2—板状地电极；3—反应器外壳；4—针极

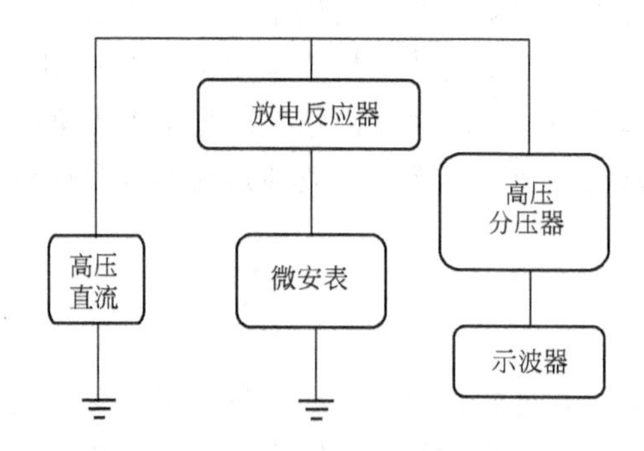

图 6-11 电晕放电实验装置示意图

6.11.3 实验仪器

ZRQF-F30T 型风速仪，针阵列电晕放电反应器，LZJ-01D 尘埃粒子计数器，直流高压电源，微安表（分辨率为 10μA，精度为 0.8%），Tek-P6015A 型电压分压器，TekTDS 3032B 型示波器，小型风机（2123SL 型，SUNON）。

6.11.4 实验指导

（1）电晕放电反应装置搭建

按图 6-11 将高压电源负极端按顺序分别接入分压器、示波器、阵列电极，将正极端接不锈钢板、微安表、地线。按图 6-10 将风机放置于进风口处，尘埃粒子计数器与出风口处采样孔相接。

（2）实验参数设置

调整高压电源，通过调整电压、电流将放电功率分别设置为 4.3W、7.2W、10.9W 和 13.9W。使用 ZRQF-F30T 型风速仪测空气流速，通过调整风机风量将管道中风速分别设为 0.52m/s、1.2m/s 和 2m/s，对应放电反应器中风速分别为 2.6m/s、5.2m/s 和 10.4m/s，

对应空气流量 Q 分别为 $20m^3/h$、$40m^3/h$ 和 $80m^3/h$。

（3）颗粒物计数

使用 LZJ-01D 尘埃粒子计数器在取样口测量可吸入颗粒物的个数浓度，计数颗粒物粒径分六档，分别为 0.3μm、0.5μm、1.0μm、5.0μm 和 10.0μm。放电反应器运行前后分别测量不同粒径颗粒物数量。每次实验反应器运行时间为 10min。

6.11.5 实验报告记载及数据处理

见表 6-23。

表 6-23 低温等离子体净化室内悬浮颗粒物实验数据

风量	$20m^3/h$				$40m^3/h$				$80m^3/h$					
D_p/μm	去除效率 η/%				去除效率 η/%				去除效率 η/%					
P(W)														
0.3														
0.5														
1														
3														
5														
10														

6.11.6 思考题

低温等离子技术在室内颗粒物净化中应用的技术瓶颈是什么？

6.12 土壤养分的生物有效性分析综合训练项目

6.12.1 实验目的

① 掌握区域土壤样品布点和采样方法，理解非均相土壤固体样品前处理方法的原则，理解土壤养分不同形态分析的基本原理，学会土壤速效磷和水溶性有机质的分析方法。

② 通过相关文献理解并掌握土壤养分的生物可利用性的作用和意义。

③ 锻炼学生综合运用知识和创新能力，结合土壤环境问题能够对土壤养分的生物可利用性进行合理性评价和分析。

④ 训练实验小组团对合作和沟通能力。

6.12.2 实验原理

随着工业的迅猛发展，大量农田受到重金属不同程度的污染。土壤是植物生长的必要支撑条件。氮、磷和钾等大量元素在土壤中的化学行为和生物有效性受到多种因素的影响。养分有效性是指土壤中养分能被植物直接、及时吸收可能性的大小。土壤重金属污染直接改变着土壤的物理化学性质，影响土壤中大量、微量元素的分布情况，同时也影响土壤中养分状况，与土壤有机氮、碳等营养元素的分解及其化合物的转换关系十分密切，影响着植物正常生理代谢，严重的会导致作物减产或死亡，更为严重的是重金属能够通过食物链富集使动物致癌、致畸等。

研究重金属胁迫下，土壤养分状况和养分有效性的变化，对预测污染物的生物富集和食物链传递， 以及土壤中重金属的生态风险评估具有重大的意义。

本训练项目以模拟重金属铬污染的种植作物后菜园土为研究对象，通过观测土壤 pH、有效磷、溶解性有机碳的变化，探寻铬胁迫下土壤养分有效性的变化，建立污染物浓度和土壤 pH、有效磷、溶解性有机碳相关性分析关系。以期获得评价铬污染土壤的养分动态变化指标，为土壤中重金属的生态风险评估提供科学依据。

6.12.3 实验方法与操作步骤

采用无污染的土壤，将其中的石子捡取干净，然后充分搅拌土壤，使其中的营养物质分配均匀，然后称取土壤 1.5kg 分别放置在 15 个相同的花盆中。配制 0mg/kg、1.5mg/kg、5mg/kg、10mg/kg、20mg/kg 浓度的硫酸铜溶液，每个浓度设置 3 个重复，用喷瓶将溶液均匀喷洒在土中拌匀。将这 15 个花盆放置在温室中一周，并每天补以一定量的水，使重金属溶液在花盆土壤中充分分散。挑选 600 粒饱满的小麦种子，用 30%双氧水浸泡 10min 消毒备用，配制 0mg/kg、1.25mg/kg、5mg/kg、10mg/kg、20mg/kg 浓度的铬溶液表 6-24，用喷瓶将溶液均匀喷洒在土中拌匀，装盆，在每盆土表面以下 3～5cm 均匀播种 40 粒小麦种子，每盆浇定量水。

采集盆栽后的新鲜土样（1.0kg/盆）立即带回室内，自然风干土壤样品，挑除可见植物根系和残体等土壤异物，过 60 目筛。充分混匀后，磨细，装入样品袋中备用。

表 6-24 铬污染土壤的盆栽实验方案

处理方式	浓度/(mg/kg)				
Cr	0	1.25	5	10	20

（1）土壤溶解性有机质的测定

土壤溶解性有机碳（DOC）是指溶于水或稀盐、能通过 0.45μm 孔径滤膜、结构不均一的简单小分子到复杂有机碳聚合物的连续体。

称取过 2mm 筛鲜土样 25.00g（精确到 0.001g）置入 200mL 塑料瓶中，加入 100mL 0.5mol/L 硫酸钾溶液，于往复式振荡器上振荡 30min（280r/min），土壤浸提液转入离心管离心 20min（4000r/min），离心后清液通过真空抽滤过 0.45μm 微孔滤膜，滤液待测。

吸取 10mL 滤液加入 250mL 体积的定制磨口三角瓶，准确加入 0.4mol/L 重铬酸钾-硫酸混合溶液 10mL 摇匀。再加入适量玻璃珠以防爆沸，摇匀后置于 200～230℃的电砂浴上加热（见图 6-12），当简易空气冷凝管下端落下第一滴冷凝液时，开始计时，消煮（5±0.5）min。

消煮完毕后，将三角瓶从电砂浴上取下，冷却片刻，用水冲洗冷凝管内壁及其底端外壁，使洗涤瓶内溶液的总体积控制在 60～80mL 为宜，加 3～5 滴邻菲罗啉指示剂，用硫酸亚铁标准溶液滴定剩余的重铬酸钾。溶液的变色过程是先由橙黄变为蓝绿，再变为棕红，即达终点。记录滴定所用硫酸亚铁标准溶液的体积 V。

每批试样必须同时做 2～3 个空白标定。取 0.500g 粉末状二氧化硅代替试样，其他步骤与试样测定相同，记录滴定所用硫酸亚铁标准溶液的体积 V_0，取其平均值。

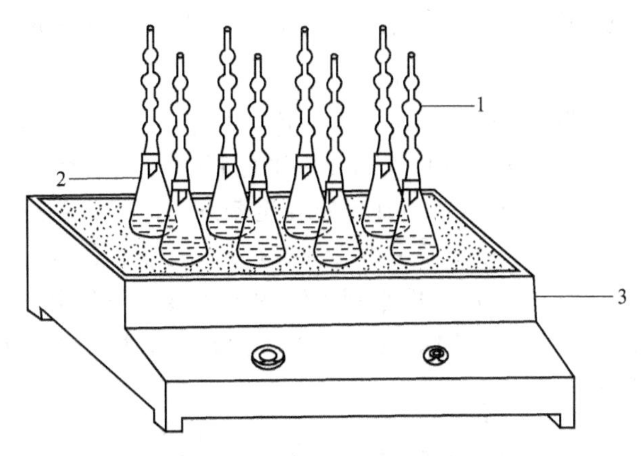

图 6-12 土壤有机质测定简易装置

1—简易空气冷凝管；2—三角瓶；3—电砂锅

土壤溶解性有机质含量 X（按烘干土计算），由下面公式计算：

$$X=\frac{(V_0-V)C\times0.003\times1.724\times10n}{m}\%$$

式中 X——土壤有机质含量，%；

V_0——空白滴定时消耗硫酸亚铁标准溶液的体积，mL；

V——测定试样时消耗硫酸亚铁标准溶液的体积，mL；

C——硫酸亚铁标准溶液的浓度，mol/L；

0.003——1/4 碳原子的摩尔质量，g/mol；

1.724——由有机碳换算为有机质的系数；

m——称取烘干试样的质量，g；

n——滴定滤液的分取倍数。

平行测定的结果用算术平均值表示，保留三位有效数字。

（2）土壤 pH 的测定

称取风干土壤 5.00g（精确到 0.001g）于 50mL 高型烧杯中，加 25mL 去除 CO_2 的水或 1mol/L KCl 溶液（根据土壤具体情况而定），以搅拌器搅拌 1min，使土粒充分分散，放置 30min 后进行测定。将电极插入待测液中（注意玻璃电极球泡下部位于土液界面处，甘汞电极插入上部清液），轻轻摇动烧杯以除去电极上的水膜，促使其快速平衡，静置片刻，按下读数开关，待读数稳定（在 5s 内 pH 值变化不超过 0.02）时记下 pH 值。放开读数开关，取出电极，以水洗涤，用滤纸条吸干水分后即可进行第二个样品的测定。每测 5～6 个样品后需用标准液检查定位。

用酸度计测定土壤 pH 时，直接读取 pH 值，不需计算，结果表示至一位小数，并标明浸提剂的种类以及土壤和浸提液的固液比。

（3）土壤有效磷测定

称取通过 2mm 孔径筛的风干试样 2.50g，置于 150mL 三角瓶中，加入约 1g 无磷活性炭，加入 0.50mol/L（pH＝8.5）碳酸氢钠浸提剂 50.0mL，摇匀，在（25±1）℃温度下，于往复式振荡器上振荡 30min（180r/min），立即用无磷滤纸过滤于干燥的 150mL 三角瓶中。同时作空白试验。

吸取滤液 10.00mL 于 25mL 比色管中，缓慢加入钼锑抗显色剂 5.00mL，慢慢摇动，排出 CO_2 后加水定容至刻度，充分摇匀。在室温高于 20℃处放置 30min，用 1cm 光径比色皿在波长 700nm 处比色，测量吸光度 A_1。

校准曲线绘制。吸取磷标准溶液［ρ（P）= 5mg/L］0mL、0.50mL、1.00mL、1.50mL、2.00mL、2.50mL、3.00mL 于 25mL 比色管中，加入空白试液 10.00mL、钼锑抗显色剂 5mL，慢慢摇动，排出 CO_2 后加水定容至刻度。此标准系列溶液中磷的浓度依次为 0mg/L、0.10mg/L、0.20mg/L、0.30mg/L、0.40mg/L、0.50mg/L、0.60mg/L。在室温高于 20℃处放置 30min 后，用标准系列溶液的零浓度调节仪器零点进行比色，用 1cm 光径比色皿在波长 700nm 处比色，测量吸光度 A，绘制校准曲线或计算回归方程。

有效磷的含量用下式计算：

$$\text{有效磷}(\mathrm{P,mg/kg})=\frac{CVn}{m}$$

式中 C——根据标准曲线求得待测液中 P 的质量浓度，mg/L；

V——比色管体积，25mL；

n——分取倍数，即试样提取液体积/显色时分取体积；

m——风干试样质量，g。

平行测定结果以算术平均值表示，保留小数点后一位。

6.12.4 实验报告记载及数据处理

① 测定并详细记录模拟污染土壤中铬污染物的浓度。

② 土壤有效磷标准曲线按照表 6-25 记录并计算。

③ 以 A 为纵坐标，C 为横坐标作图，绘制 A-C 曲线，建立有效磷吸光度-浓度标线，确立线性方程 $A=kc+b$，求出 k、b 和相关系数 R。

④ 根据化学分析方法对铬污染土壤进行溶解性有机质、土壤 pH 和土壤有效磷测定，记录原始数据于表 6-26～表 6-28，计算土壤中溶解性有机质和有效磷含量、土壤 pH 的大小。

⑤ 建立土壤铬污染胁迫-土壤活性养分之间的相关关系。

⑥ 查阅相关文献，采用多种模型对污染物浓度与酶活性关系进行拟合建模处理，建立铬胁迫下土壤养分有效性分析，探讨重金属污染胁迫的土壤养分可利用性评价方法。

表 6-25 土壤有效磷标准曲线数据

编号	标准溶液加入量 V/mL	标准物质浓度 $C=C_0V/V_0$	A
1			
2			
3			
4			
5			
6			

注：C_0 为磷标准溶液浓度；V_0 为比色管定容体积。

表 6-26 土壤溶解性有机质测定原始数据

样品编号	土壤质量 m/g	浸提液体积 V/mL	吸取滤液体积 V/mL	V_{FeSO_4} /mL	溶解性有机质 X/%
空白1	0				V_0
空白2	0				V_0
空白3	0				V_0
S-C1-1					
S-C1-2					
S-C1-3					
S-C2-1					
S-C2-2					
S-C2-3					
…					

注：样品编号原则，S-Ci-i'，S表示土壤样品；Ci表示土壤污染物浓度梯度；i'=1,2,3表示样品的三个平行。

表 6-27 土壤 pH 测定原始数据

样品编号	土壤质量 m/g	浸提液体积 V/mL	固液比	土壤 pH
S-C1-1				
S-C1-2				
S-C1-3				
S-C2-1				
S-C2-2				
S-C2-3				
S-C3-1				
S-C3-2				
S-C3-3				
…				

注：样品编号原则，S-Ci-i'，S表示土壤样品；Ci表示土壤污染物浓度梯度；i'=1,2,3表示样品的三个平行。

表 6-28 土壤有效磷测定原始数据

样品编号	土壤质量 m/g	浸提液体积 V/mL	吸取滤液体积 V/mL	A_1	土壤有效磷含量/(mg/kg)
空白1	0				
空白2	0				
空白3	0				
S-C1-1					
S-C1-2					
S-C1-3					
S-C2-1					
S-C2-2					
S-C2-3					
…					

注：样品编号原则，S-Ci-i'，S表示土壤样品；Ci表示土壤污染物浓度梯度；i'=1,2,3表示样品的三个平行。

6.12.5 思考题

影响土壤养分有效性的因素有哪些？如何提高污染胁迫土壤的养分有效性？

附件 1 电位法测定土壤 pH 的主要试剂配制

1. 主要仪器设备

① 酸度计（精确到 0.01pH 单位）：有温度补偿功能。

② pH 玻璃电极。

③ 饱和甘汞电极（或复合电极），当 pH 大于 10，须用专用电极。

④ 磁力搅拌器。

2. 主要试剂配制方法

① 去除 CO_2 的水。煮沸 10min 后加盖冷却，立即使用。

② 氯化钾溶液 [c(KCl)=1mol/L]。称取 74.6g KCl 溶于 800mL 水中，用稀氢氧化钾和稀盐酸调节溶液 pH 为 5.5～6.0，稀释至 1L。

③ pH4.01（25℃）标准缓冲溶液。称取经 110～120℃烘干 2～3h 的邻苯二甲酸氢钾 10.21g 溶于水，移入 1L 容量瓶中，用水定容，贮于聚乙烯瓶。

④ pH6.87（25℃）标准缓冲溶液。称取经 110～130℃烘干 2～3h 的磷酸氢二钠 3.533g 和磷酸二氢钾 3.388g 溶于水，移入 1L 容量瓶中，用水定容，贮于聚乙烯瓶。

⑤ pH9.18（25℃）标准缓冲溶液。称取经平衡处理的硼砂（$Na_2B_4O_7 \cdot 10H_2O$）3.800g 溶于无 CO_2 的水中，移入 1L 容量瓶，用水定容，贮于聚乙烯瓶。

硼砂的平衡处理：将硼砂放在盛有蔗糖和食盐饱和水溶液的干燥器内平衡两昼夜。

上述三种标准缓冲溶液也可直接购买 pH 标准缓冲试剂直接配制。

3. 仪器校准

各种 pH 计和电位计的使用方法不尽一致，电极的处理和仪器的使用按仪器说明书进行。将待测液与标准缓冲溶液调到同一温度，并将温度补偿器调到该温度值。用标准缓冲溶液校正仪器时，先将电极插入与所测试样 pH 值相差不超过 2 个 pH 单位的标准缓冲溶液，启动读数开关，调节定位器使读数刚好为标准液的 pH 值，反复几次至读数稳定。取出电极洗净，用滤纸条吸干水分，再插入第二个标准缓冲溶液中，两标准液之间允许偏差 0.1 pH 单位，如超过则应检查仪器电极或标准溶液是否有问题。仪器校准无误后，方可用于样品测定。

4. 注意事项

① 长时间存放不用的玻璃电极需要在水中浸泡 24h，使之活化后才能进行正常反应。暂时不用的可浸泡在水中，长期不用时，应干燥保存。玻璃电极表面受到污染时，需进行处理。甘汞电极腔内要充满饱和氯化钾溶液，在室温下应有少许氯化钾结晶存在，但氯化钾结晶不宜过多，以防堵塞电极与被测溶液的通路。玻璃电极的内电极与球泡之间、甘汞电极内电极和陶瓷芯之间不得有气泡。

② 电极在悬液中所处的位置对测定结果有影响，要求将甘汞电极插入上部清液中，尽量避免与泥浆接触，以减少甘汞电极液接电位的影响。

③ pH 读数时摇动烧杯会使读数偏低，应在摇动后稍加静止再读数。

④ 操作过程中避免酸碱蒸气侵入。

⑤ 标准缓冲溶液在室温下一般可保存 1～2 个月，在 4℃冰箱中可延长保存期限。用过

的标准缓冲溶液不要倒回原液中混存，发现浑浊、沉淀，就不能再使用。

⑥ 温度影响电极电位和水的电离平衡，温度补偿器、标准缓冲溶液、待测液温度要一致。标准缓冲溶液 pH 值随温度稍有变化，校准仪器时可参照附表 1。

⑦ 依照仪器使用说明书，至少使用两种 pH 标准缓冲溶液进行 pH 计的校正。

⑧ 测定批量样品时，最好按土壤类型等将 pH 值相差大的样品分开测定，可避免因电极响应迟钝而造成的测定误差。

⑨ 如果复合电极质量不稳定，会导致读数稳定时间延长，因此，测试期间应经常检查复合电极是否正常。

⑩ 测量时土壤悬浮液的温度与标准缓冲溶液的温度之差不应超过 1℃。

附表 1 标准缓冲溶液在不同温度下的 pH 值变化

温度/℃	pH 值		
	标准缓冲溶液 4.01	标准缓冲溶液 6.87	标准缓冲溶液 9.18
0	4.003	6.984	9.464
5	3.999	6.951	9.395
10	3.998	6.923	9.332
15	3.999	6.900	9.276
20	4.002	6.881	9.225
25	4.008	6.865	9.180
30	4.015	6.853	9.139
35	4.024	6.844	9.102
38	4.030	6.840	9.081
40	4.035	6.838	9.068
45	4.047	6.834	9.038

附件 2 碳酸氢钠提取-钼锑抗比色法（Olsen 法）测定土壤有效磷仪器设备和试剂配制方法

1. 主要仪器设备

① 分光光度计或紫外-可见分光光度计。

② 恒温［(25±1)℃］往复式振荡机。

③ 三角瓶 150mL。

2. 主要试剂配制

① 无磷活性炭粉。如所用活性炭含磷，应先用 1∶1 盐酸溶液浸泡 24h，然后移至平板漏斗抽气过滤，用水淋洗到无 Cl^- 为止（约 4～5 次），再用碳酸氢钠浸提剂浸泡 24h，在平板漏斗上抽气过滤，用水洗尽碳酸氢钠，并至无磷，烘干备用。

② 氢氧化钠溶液［$\rho(NaOH)=100g/L$］。称取 10g 氢氧化钠溶于 100mL 水中。

③ 碳酸氢钠浸提剂［$\rho(NaHCO_3)=0.50mol/L$，pH＝8.5］。称取 42.0g 碳酸氢钠（$NaHCO_3$）溶于约 950mL 水中，用 100g/L 氢氧化钠溶液调节 pH 至 8.5（用酸度计测定），用水稀释至 1L。贮存于聚乙烯瓶或玻璃瓶中备用。如贮存期超过 20d，使用时须重新校正 pH。

④ 酒石酸锑钾溶液｛$\rho[K(SbO)C_4H_4O_6\cdot\frac{1}{2}H_2O]=5g/L$｝。称取 0.5g 酒石酸锑钾溶

于水中，稀释至100mL。

⑤ 钼锑贮备液。称取10.0g钼酸铵[$(NH_4)_6Mo_7O_{24}\cdot 4H_2O$]溶于300mL约60℃水中，冷却。另取208mL浓硫酸缓缓注入800mL水中，搅匀，冷却。然后将稀硫酸注入钼酸铵溶液中，搅匀，冷却。再加入100mL 5g/L酒石酸锑钾溶液，最后用水稀释至2L，盛于棕色瓶中备用。

⑥ 钼锑抗显色剂。称取0.5g抗坏血酸（$C_6H_8O_6$左旋，旋光度+21°～22°）溶于100mL钼锑贮备液中。此溶液有效期不长，应用时现配。

⑦ 磷标准贮备液[$\rho(P)=100mg/L$]。称取经105℃下烘干2h的磷酸二氢钾（优级纯）0.4390g，用水溶解后，加入5mL浓硫酸，然后加水定容至1000mL。该溶液放入冰箱可供长期使用。

⑧ 磷标准溶液[$\rho(P)=5mg/L$]。吸取5.00mL磷标准贮备液于100mL容量瓶中，定容。该溶液用时现配。

3. 注意事项

① 测定时也可采用紫外-可见分光光度计于波长880nm处比色，由于此波长处浸出的有机质已基本无吸收，浸提时可不加活性炭脱色。

② 如果土壤有效磷含量较高，应减少浸提液的吸样量，并将浸提剂补足至10.00mL后显色，以保持显色时溶液的酸度。计算时按所取浸提液的分取倍数计算。

③ 10mL $NaHCO_3$浸提滤液加入钼锑抗显色试剂后，即产生大量的CO_2气体，由于容器瓶口较小，CO_2不易逸出，易造成试液外溢。实际操作过程中也可采用将10.00mL $NaHCO_3$浸提滤液、5.00mL钼锑抗显色试剂和10.00mL水均准确加入50mL三角瓶中，无须再定容进行显色的方式操作。

④ 用$NaHCO_3$溶液浸提有效磷时，温度影响较大，应严格控制浸提温度。

6.13 芬顿试剂氧化处理高浓度有机废水强化综合训练项目

6.13.1 实验目的

① 掌握芬顿试剂氧化处理高浓度有机废水的基本原理和影响因素。

② 掌握多因素多水平正交试验设计和实施以及数据处理方法，并能够运用专业的相关知识分析得到合理有效的结论。

③ 锻炼学生综合运用知识和创新能力，使学生能够针对研究目标设计实验方案并组织实施。

④ 训练实验小组团结协作和沟通能力。

6.13.2 实验原理

电镀废水来源于电镀过程中的镀件清洗、电镀废液及地面冲洗等，由于含有大量的重金属元素，如Cu、Cr、Pb、Zn等，其危害性很大，特别是Cr元素，Cr^{6+}属致癌性物质，被列为国家一类有害物质，污水中Cr^{6+}和总Cr最高允许排放量分别为0.5mg/L和1.5mg/L。目前电镀工业越来越多采用Cr电镀，所造成的Cr污染也越来越严重。因此，如何有效地处理含Cr电镀废水，已成为电镀工业中一个倍受关注的问题。

当前国内外对重金属污染物的治理依据化学处理方法，对含有 Cr(Ⅵ) 废水的先行处理方法是化学还原与化学沉淀二步法，其基本原理是，首先利用化学还原剂如亚硫酸钠等将 Cr(Ⅵ) 还原成 Cr(Ⅲ)，然后再利用氢氧化钠或石灰石等将 Cr(Ⅲ) 转化为沉淀物 Cr(OH) 而除去。这一方法普遍存在设备烦琐与成本高等不利因素。

关于利用铁的硫化物处理含铬 Cr(Ⅵ) 污染物的探索，主要研究影响硫酸亚铁还原 Cr(Ⅵ) 最重要的因素，进而选出处理 Cr(Ⅵ) 的最佳方案。

Fenton 技术所应用的 Fenton 试剂之所以具有很强的氧化能力，是因为其中含有 Fe^{2+} 和 H_2O_2，H_2O_2 被亚铁离子催化分解生成羟基自由基（·OH)，并引发更多的其他自由基，其反应机理如下：

$$Fe^{2+} + H_2O_2 \longrightarrow Fe^{3+} + OH^- + \cdot OH$$

$$Fe^{3+} + H_2O_2 \longrightarrow Fe^{2+} + HO_2. + H^+$$

$$Fe^{2+} + \cdot OH \longrightarrow OH^- + Fe^{3+}$$

$$RH + \cdot OH \longrightarrow R\cdot + H_2O$$

$$R\cdot + Fe^{3+} \longrightarrow R^+ + Fe^{2+}$$

$$R^+ + O_2 \longrightarrow ROO^+ \longrightarrow \cdots \longrightarrow CO_2 + H_2O$$

Fenton 试剂处理有机物的实质就是羟基自由基与有机物发生反应。

Fenton 试剂氧化处理高浓度有机废水的优化因子主要考查污染物浓度、pH、$FeSO_4$ 用量共三个因素，每个因素 4 个水平，采用随机化完全因子实验需要 $4^3=64$ 组实验，因素优化采用正交试验设计，采用 $L_{16}(4^5)$，综合分析确定正交表的表头设计见表 6-29。

表 6-29 正交表 $L_{16}(4^5)$

试验号	1	2	3	4	5	6
	A[Cr(Ⅵ)]	空列	B(pH)	C[Fe(Ⅱ)]	空列	处理编号
1	1	1	1	1	1	$A_1B_1C_1$
2	1	2	2	2	2	$A_1B_2C_2$
3	1	3	3	3	3	$A_1B_3C_3$
4	1	4	4	4	4	$A_1B_4C_4$
5	2	1	2	3	4	$A_2B_2C_3$
6	2	2	1	4	3	$A_2B_1C_4$
7	2	3	4	1	2	$A_2B_4C_1$
8	2	4	3	2	1	$A_2B_3C_2$
9	3	1	3	4	2	$A_3B_3C_4$
10	3	2	4	3	1	$A_3B_4C_3$
11	3	3	1	2	4	$A_3B_1C_2$
12	3	4	2	1	3	$A_3B_2C_1$
13	4	1	4	2	3	$A_4B_4C_2$
14	4	2	3	1	4	$A_4B_3C_1$
15	4	3	2	4	1	$A_4B_2C_4$
16	4	4	1	3	2	$A_4B_1C_3$

6.13.3 实验方法与操作步骤

(1) 实验试剂

重铬酸钾，分析纯；七水硫酸亚铁，分析纯；丙酮，分析纯；二苯碳酰二肼，分析纯；

甲醇；氢氧化钠；磷酸；硫酸；盐酸。

（2）实验仪器

分光光度计，酸度计，电子天平，搅拌器。

（3）实验方法

该研究所有试验均控制搅拌器的转速、反应温度恒定不变。采用二苯碳酰二肼分光光度法测定Cr(Ⅵ)的浓度。

铬的还原率（E）按下式计算：

$$E=(1-C/C_0)\times100\% \quad (6\text{-}24)$$

式中 C_0——铬（Ⅵ）的初始浓度；

C——反应 t 时间后残余的铬（Ⅵ）浓度。

（4）实验试剂的配制

① 重铬酸钾贮备液及铬标准液的配制。称取0.073545g重铬酸钾（分析纯）置于烧杯中，将其溶解，移入500mL容量瓶中，定容。

取5.00mL铬的贮备液于500mL容量瓶中，稀释至刻度。

② 硫酸亚铁溶液的配制。称取0.1112g $Fe_2SO_4\cdot7H_2O$ 放入烧杯中，待其溶解后移入100mL容量瓶中，定容。

③ 显色剂的配制。称取二苯碳酰二肼0.2g，溶于50mL的丙酮中，稀释至100mL，摇匀，贮于棕色瓶，于冰箱中保存。

④ 硫酸溶液的配制（1+1）。将硫酸（H_2SO_4，$\rho=1.84g/mL$，优级纯）溶入同体积的水中。

⑤ 磷酸溶液。将磷酸（H_3PO_4，$\rho=1.69g/mL$）与等体积的水混合。

（5）标准曲线的绘制

取9支50mL比色管，依次加入0mL、0.20mL、0.50mL、1.00mL、2.00mL、4.00mL、6.00mL、8.00mL和10.00mL铬标准使用液，稀释至标线，加入硫酸溶液和磷酸溶液各0.5mL，摇匀，加入2mL显色剂溶液，摇匀。5～10min后，于540nm处，用1cm比色皿，以水为参比，测吸光度，以吸光度为纵坐标，相应的六价铬含量为横坐标绘出标准曲线。

（6）采用正交试验的方法确定去除六价铬的最佳方案

该正交试验采用三因素四水平的试验方法，试验方法如表6-29正交表所示：其中三因素如表中所示，四水平分别是A[Cr(Ⅵ)]=10μmol/L、15μmol/L、20μmol/L、30μmol/L；B(pH)=3、4、5、6；每组实验在0～6min内，每2min内取一次样，之后10min时取一次样，10～30min内每10min取一次样测吸光度。通过实验，选出去除六价铬最佳的实验方案。

6.13.4 实验报告记载及数据处理

① Cr(Ⅵ)标准曲线按照表6-30记录并计算。

② 按照正交表实施实验，每组实验在0～6min内，每2min内取一次样，之后10min时取一次样，10～30min内每10min取一次样测吸光度，利用标准曲线方程，计算Cr(Ⅵ)浓度，计算还原率，记录于表6-31。

③ 利用正交试验数据处理方法，汇总数据于表6-32，利用极差分析，极差 R 的不同说

明各因素水平改变时对实验结果的影响是不相同的，极差越大，表示该因素的数值在实验范围内的变化，会导致指标在数值上更大的变化，所以极差最大的那一列，就是因素的水平对实验结果影响最大的因素，也就是最主要的因素。

④ 最优方案的确定。各因素最优水平的确定与实验指标有关，若指标越大越好，则应选取使指标大的水平，即各列 K_i 中最大的那个值对应的水平；反之，若指标越小越好，则应选取指标小的那个水平。根据数据处理的结果确定最优方案。

表 6-30 Cr(Ⅵ) 标准曲线原始数据

编号	标准溶液加入量 V/mL	标准物质浓度 $C=C_0V/V_0$	A_{540nm}
1			
2			
3			
4			
5			
6			

表 6-31 正交试验测定结果

处理编号	不同时间时的吸光度 A_{540nm}					
	0min	2min	4min	6min	10min	…
$A_1B_1C_1$						
$A_1B_2C_2$						
$A_1B_3C_3$						
$A_1B_4C_4$						
$A_2B_2C_3$						
$A_2B_1C_4$						
$A_2B_4C_1$						
$A_2B_3C_2$						
$A_3B_3C_4$						
$A_3B_4C_3$						
$A_3B_1C_2$						
$A_3B_2C_1$						
$A_4B_4C_2$						
$A_4B_3C_1$						
$A_4B_2C_4$						
$A_4B_1C_3$						

表 6-32 正交试验结果及数理分析

序号	A[Cr(Ⅵ)]/μmol/L	空列	B(pH)	C[Fe(Ⅱ)]/(mmol/L)	空列	还原率
1	1(10)	1	1(3)	1(0.1)	1	
2	1	2	2(4)	2(0.2)	2	

续表

序号	A[Cr(Ⅵ)]/μmol/L	空列	B(pH)	C[Fe(Ⅱ)]/(mmol/L)	空列	还原率
3	1	3	3(5)	3(0.3)	3	
4	1	4	4(6)	4(0.4)	4	
5	2(15)	1	2	3	4	
6	2	2	1	4	3	
7	2	3	4	1	2	
8	2	4	3	2	1	
9	3(20)	1	3	4	2	
10	3	2	4	3	1	
11	3	3	1	2	4	
12	3	4	2	1	3	
13	4(30)	1	4	2	3	0.65
14	4	2	3	1	4	0.49
15	4	3	2	4	1	0.89
16	4	4	1	3	2	0.67
K_1						
K_2						
K_3						
K_4						
R						

6.13.5 思考题

1. 芬顿试剂的氧化原理及影响因素。
2. 正交试验设计的表头设计原则和数据处理方法。

6.14 不同功能群多样性种子萌发对环境胁迫的响应训练项目

6.14.1 实验目的

① 通过实验掌握种子发芽方法，并能够计算发芽率、发芽势、发芽速率、发芽指数等相关指标。

② 了解种子发芽的环境限制条件，比较不同植物种、功能群之间的差异性，掌握基本的统计分析方法。

③ 锻炼学生综合运用知识和创新能力，使学生能够针对目标设计实验方案并组织实施。

④ 训练实验小组团结协作和沟通能力。

6.14.2 实验原理

随着人类活动对自然环境干扰的加剧，极端气候事件频发，土壤环境盐化和旱化程度加剧，限制植物生长。种子萌发期是植物生活史中最为关键的发育阶段，决定着植物能否成功定居。植物种子萌发期和出苗期又是其生活史中抗逆性最薄弱的一个环节，对环境胁迫较为敏感。

生态位是普遍的生态学现象，每种生物在自然界都有其特定的生态位，这是其生存和发展的资源与环境基础。因此，不同植物物种对环境胁迫的响应不一样，不同物种组合对环境胁迫的响应也不一样。不同功能群之间通过生态位互补，提高整个群体抵抗环境污染的能力。

6.14.3 实验设备与试剂

光照培养箱、培养皿、滤纸、氯化钠、PEG6000、植物种子、烧杯、移液管等。

6.14.4 实验方法与操作步骤

纸上发芽法，实验内容如下。

① 不同环境条件（如温度）对单一物种发芽影响的实验。

② 不同环境条件（如温度）对不同功能群发芽影响的实验。

③ 不同胁迫（如盐、干旱）对单一物种发芽影响的实验。

④ 不同胁迫（如盐、干旱）对不同功能群发芽影响的实验。

（学生查阅文献，确定响应的环境条件和不同物种组合，选取科学的实验方案）

示例：

（1）种子的预处理

披碱草、黑麦草、黄花苜蓿用75%的酒精消毒10min，蒸馏水冲洗数次后准备待用。紫花苜蓿使用前需要用硫酸去掉外壳，而后用清水冲洗干净。

（2）器皿准备

取培养皿28套，分别铺好滤纸，编号并贴好标签。

（3）种子的组合

四种组合：黑麦草＋披碱草＋黄花苜蓿＋紫花苜蓿；两种组合：黑麦草＋紫花苜蓿，披碱草＋紫花苜蓿；单个物种：黑麦草，披碱草，黄花苜蓿，紫花苜蓿。

（4）实验方法

按照上述组合，将颗粒饱满、健康的种子均匀散布在培养皿内，实验分为两组，一组作为空白对照，另一组作为盐胁迫处理，每组作两个平行样。每个培养皿放100粒，组合的种子数量要均匀分配。每个培养皿添加适量的200mmol/L的NaCl溶液，盖上盖置于实验室人工气候培养箱中培养。从种子置于培养皿内起开始观察。每天下午13:00左右观察并记录发芽数，适当时间补充蒸馏水，以维持水分的稳定。以胚根长达到种子长度的一半时视为发芽，以具明显胚芽鞘及胚根作为发芽标准。连续14d发芽数不再增长时终止发芽试验。如果培养皿中有5%以上的种子发霉，则应进行消毒或更换培养皿和滤纸。

6.14.5 实验报告记载及数据处理

每天记录基本观测参数（表6-33），实验结束后进行发芽率、发芽势、发芽速率、发芽指数等相关指标的计算和单因素或者多因素方差处理，充分挖掘数据潜力，以论文发表（题目、作者、摘要、前言、材料与方法、结果、讨论、参考文献）格式完成实验报告。

表 6-33 种子萌发记录

处理	空白对照	重复	1d	2d	3d	4d	5d	6d	7d	8d	9d	10d	11d	12d	13d	14d
单物种	黑麦草	黑 1														
		黑 2														
	披碱草	披 1														
		披 2														
	黄花苜蓿	黄 1														
		黄 2														
	紫花苜蓿	紫 1														
		紫 2														
两种混合	黑麦草+紫花苜蓿	黑 1														
		黑 2														
		紫 1														
		紫 2														
	披碱草+紫花苜蓿	披 1														
		披 2														
		紫 1														
		紫 2														
四个物种	黑麦草+披碱草+紫花苜蓿+黄花苜蓿	禾 1														
		禾 2														
		豆 1														
		豆 2														

6.14.6 注意事项

① 实验至少四次重复，并随机排列。

② 每天固定时间观测发芽情况。

③ 需要及时补水防止因蒸发引起培养皿水分不足。

④ 一定要设置对照。

6.14.7 思考题

物种多样性增加是否能提高植物抗环境污染能力？为什么？

6.15 重金属在土壤上的竞争吸附训练项目

6.15.1 实验目的

① 掌握静态批量实验方法测定重金属在土壤-水界面的吸附等温线的方法。

② 理解并掌握等摩尔比法绘制竞争性吸附等温线的基本原理和数据处理方法。

③ 通过相关文献理解并掌握重金属在土壤上竞争吸附行为的环境作用。

④ 锻炼学生综合运用知识和创新能力，使学生结合土壤环境问题能够对土壤养分的生物可利用性进行合理性评价和分析。

⑤ 训练实验小组团对合作和沟通能力。

6.15.2 实验原理

重金属与土壤之间的相互作用是一个非常重要的环境问题，因为这决定着重金属在土壤中的生物可利用性、迁移性和最终的环境归宿。重金属包括铜和锌易于在土壤中累积、经植物吸收或经淋滤作用污染地下水，所以土壤中的重金属污染问题越来越备受关注。在污染的土壤中，多种重金属往往同时存在，彼此相互竞争吸附位点。因此，土壤对重金属的选择性残留和竞争性吸附具有非常重要的环境意义，它影响重金属在环境中的潜在的生物可利用性、对植物的毒性、淋滤性和最终的归宿。

近年来许多研究者对土壤重金属复合污染的吸附行为进行了较为深入的研究，发现重金属复合污染普遍存在，不同的重金属离子共存于土壤溶液中存在着竞争效应，即一种离子的存在对其他共存离子的吸附存在明显的抑制作用。由于重金属之间的竞争效应往往会改变它们在土壤中潜在的生物有效性、移动性、生物毒性和环境迁移的能力。锌和铜都是土壤残留能力较小，移动性较强。很多研究结果表明，影响吸附的物理化学因素很多，主要包括土壤溶液中金属的浓度、土壤的性质、金属的性质和环境条件。

由于工业化和城市化的迅猛发展，不同来源的重金属有可能同时进入土壤环境，重金属复合污染客观存在。选取大连开发区当地棕壤为研究对象，以铜和锌为模型化的重金属污染物，研究两种金属在土壤上的单一组分和二元组分的吸附-解吸行为，探讨多种金属共存对土壤吸附重金属规律的影响，为预测该重金属污染物的迁移行为提供可靠数据和理论基础。

6.15.3 吸附等温线拟合

吸附平衡后的固相浓度（Q_e，μmol/L）由式(6-25)计算：

根据加入溶液的浓度、吸附平衡的浓度和解吸平衡的浓度按照下式计算出土壤中重金属的吸附量。

$$Q_e=\frac{(C_0-C_e)V}{m\times1000} \tag{6-25}$$

式中 Q_e——土壤对金属的吸附量，μmol/g；

C_0——土壤溶液中重金属离子的起始浓度，μmol/L；

C_e——土壤溶液中重金属离子的平衡浓度，μmol/L；

V——土壤溶液的体积，mL；

m——土样重，g。

土壤对重金属的吸附平衡用吸附等温线来表示。实验数据采用 Freundlich 等温方程、Langmuir 吸附等温方程和 Temkin 吸附等温方程进行拟合，方程如下：

Freundlich 方程：

$$Q_e=K_fC_e^n \tag{6-26}$$

式中 K_f——Freundlich 方程中的参数，$(L/g)^n$；

n——Freundlich 方程中的参数，无量纲。

二元金属共存竞争吸附等温线方程：

$$Q_e^i + Q_e^j = K_f^* (C_e^i + C_e^j)^{n^*} \tag{6-27}$$

式中 K_f^*——金属吸附等温方程 Freundlich 的系数；

n^*——金属吸附等温方程 Freundlich 的系数；

Q_e^i——多种金属共存吸附平衡时，单位质量的土壤对 i 金属的吸附量，μmol/g；

Q_e^j——多种金属共存吸附平衡时，土壤对 j 金属的吸附量，μmol/g；

C_e^i——多种金属共存吸附平衡时，土壤溶液中 i 金属的平衡浓度，μmol/L；

C_e^j——多种金属共存吸附平衡时，土壤溶液中 j 金属的平衡浓度，μmol/L。

6.15.4 实验方法与操作步骤

（1）标准曲线的绘制

分别取 7 支 10mL 比色管，依次加入 0mL、0.20mL、0.50mL、1.00mL、2.00mL、4.00mL、5.00mL 0.5μmol/L 铜和锌标准溶液，用 0.1‰稀硝酸稀释至标线，摇匀。原子火焰分光光度计测定已知浓度铜和锌的标液，测定吸光度，以吸光度为纵坐标，相应的金属含量为横坐标绘出标准曲线。

（2）铜和锌在单一金属溶液中的吸附和解吸实验

采用等温静态批量实验的方法。称取 0.5g（准确称量至 0.0001g）的土壤样品（2mm）于 50mL 的聚四氟乙烯离心管中，以 0.01mol/L $CaCl_2$（内含有 0.01mg/L 的 NaN_3，生物抑制剂，预防生物降解作用）为电解质溶液，分别加入浓度分别为 200μmol/L、400μmol/L、600μmol/L、800μmol/L、1000μmol/L、1200μmol/L、1400μmol/L 的 $CuCl_2$ 和 $ZnCl_2$ 单一组分溶液 30mL，通过加入 HCl 或 NaOH 溶液调节 pH 值，使每个溶液的 pH 值均为 5.0，加塞密封。在恒温振荡器中，保持温度为（20±1）℃，转速为 180r/min 振荡 24h，在离心力为 1500g 离心 15min，上清液过 0.45μm 的滤膜，原子火焰分光光度计测定平衡溶液中重金属的浓度，然后利用差减法求得重金属吸附量。

吸附实验结束后立即进行解吸实验。解吸实验具体操作过程如下：

a. 称取离心管中剩余物重量。

b. 向离心管中添加 pH 为 5.0 的 0.01mol/L $CaCl_2$ 溶液（内含有 0.01mg/L 的 NaN_3）20mL，加塞密封。

c. 在恒温振荡器中，保持温度为（20±1）℃，转速为 180r/min 振荡 24h。

d. 在离心力为 1500g 离心 15min，上清液过 0.45μm 的滤膜，原子火焰分光光度计测定解吸平衡溶液中重金属的浓度，然后利用差减法求得重金属解吸后的残留量。每个浓度作三个重复，实验结果用三次结果的平均值来表示。

（3）铜和铅在二元和三元金属溶液中的吸附和解吸实验

二元组分的金属溶液的吸附和解吸实验与单一金属溶液的吸附和解吸方法基本相同。不同之处在于二元金属溶液中每种金属的浓度采取 1∶1 物质的量比的方法，总浓度仍然保持在 200～1400μmol/L。

6.15.5 实验报告记载及数据处理

① 原子火焰分光光度法测定铜和锌的标准曲线按照表 6-34 和表 6-35 记录原始数据并

计算。

② 铜在土壤上的吸附等温线的静态批量试验的原始数据按照表 6-36 记录，并按照公式(6-25) 计算土壤的平衡吸附量。

③ 锌在土壤上的吸附等温线的静态批量试验的原始数据按照表 6-37 记录，并按照公式(6-25) 计算土壤的平衡吸附量。

对表 6-36 和表 6-37 的数据线性归一化，以 $\lg Q_e$ 为纵坐标，$\lg C_e$ 为横坐标作图，绘制 $\lg Q_e$-$\lg C_e$ 曲线，确立线性方程 $\lg Q_e = k\lg C_e + b$，求出 k、b 和相关系数 R，计算 K_f 和 n。

④ 根据等摩尔法静态批量试验绘制铜和锌在土壤表面的竞争吸附等温线，原始数据记录在表 6-38 中。通过差减法分别计算铜和锌的平衡吸附量，根据公式(6-27) 线性归一化，计算 K_f^* 和 n^*。

⑤ 查阅相关文献，采用多种竞争吸附模型对重金属在土壤表面的竞争吸附行为进行拟合建模处理，对比单一金属吸附和竞争吸附对重金属吸附行为的影响，探讨复合重金属污染土壤-水界面的吸附解吸行为对污染物迁移、转化和归宿的影响。

表 6-34 铜标准曲线数据

编号	标准溶液加入量 V/mL	标准物质浓度 $C=C_0V/V_0$	$A_{铜阴极灯}$
1			
2			
3			
4			
5			
6			
7			

注：C_0为铜标准母液浓度；V_0为比色管定容体积。

表 6-35 锌标准曲线数据

编号	标准溶液加入量 V/mL	标准物质浓度 $C=C_0V/V_0$	$A_{锌阴极灯}$
1			
2			
3			
4			
5			
6			
7			

注：C_0 为锌标准母液浓度；V_0为比色管定容体积。

表 6-36 静态批量试验铜吸附等温线原始数据

编号	土壤质量/g	初始 A_0	初始 C_0 /(μmol/L)	平衡 A_e	初始 C_e /(μmol/L)	平衡吸附量 $Q_e=(C_0-C_e)V/m$ /(μmol/g)
0						
1						

续表

编号	土壤质量/g	初始 A_0	初始 C_0/(μmol/L)	平衡 A_e	初始 C_e/(μmol/L)	平衡吸附量 $Q_e=(C_0-C_e)V/m$/(μmol/g)
2						
3						
4						
5						
6						
7						

表 6-37 静态批量试验锌吸附等温线原始数据

编号	土壤质量/g	初始 A_0	初始 C_0/(μmol/L)	平衡 A_e	初始 C_e/(μmol/L)	平衡吸附量 $Q_e=(C_0-C_e)V/m$/(μmol/g)
0						
1						
2						
3						
4						
5						
6						
7						
8						

表 6-38 静态批量试验锌和铜竞争吸附等温线原始数据

编号	土壤质量/g	Cu	Zn	Cu	Zn	Cu	Zn	Cu	Zn
		初始 A_0	初始 A_0	平衡 A_e	平衡 A_e	C_e/(μmol/L)	C_e/(μmol/L)	吸附量 Q_e/(μmol/g)	吸附量 Q_e/(μmol/g)
0									
1									
2									
3									
4									
5									
6									
7									

6.15.6 思考题

重金属在土壤中竞争性吸附行为与其生物可利用性、迁移性和最终的环境归宿的关系。

6.16 重金属污染土壤的微生物活性评价综合训练项目

6.16.1 实验目的

① 掌握外源添加法制备模拟重金属污染土壤样品，理解室内培养法分析土壤酶活性的基本原理，学会土壤过氧化氢酶和磷酸酶的分析方法。

② 掌握单因子实验方差分析方法和运用相关的回归模型进行数学建模，并能够运用专业的相关知识分析得到合理有效的结论。

③ 锻炼学生综合运用知识和创新能力，使学生能够针对研究目标设计实验方案并组织实施。

④ 训练实验小组团结协作和沟通能力。

6.16.2 实验原理

土壤重金属污染是指因人为活动将重金属带入土壤，致使重金属含量明显高于背景值，进而造成生态破坏和环境质量恶化的现象。土壤微生物作为土壤的重要组成部分，其活性能较好地反映土壤各类生物化学反应的强度和动向，同时微生物群落结构及多样性的变化也能反映土壤质量状况，是评价土壤质量的重要生物学指标。土壤酶作为土壤质量的生物活性指标和土壤肥力的评价指标，是评价土壤环境质量的重要生物学指标，可用于监测土壤污染状况和污染物活性的毒性效应。

随着我国工业化的快速发展，大量铜和镉通过多种方式进入土壤，导致农田等土壤受到污染，严重危害人体健康和生态安全。不少发达国家利用生态毒理学理论制定了保护生态的土壤基准，而我国由于缺乏生态毒理学依据并未制定土壤基准。

本训练项目以模拟重金属铜和铬污染的菜园土为研究对象，通过外源添加不同浓度的Cr和Cu，观察土壤过氧化氢酶和磷酸酶的活性随着污染物浓度梯度的变化，探寻生态毒性因子对污染敏感性分析，建立污染物浓度-生态毒性因子的剂量效应关系。以期获得评价铜和铬污染土壤的不同微生物活性指标，为采用生物学指标预警不同土壤重金属污染提供一些科学依据。

6.16.3 实验方法与操作步骤

（1）模拟污染土壤样品的制备

采用室内模拟不同浓度铜和铬污染土壤，氯化铜和氯化铬为模型污染物配制一定浓度的母液，并按表6-39所示浓度。均匀喷洒拌入一定质量的土样中。拌土时要把溶液喷洒均匀以确保土样湿润程度一致；使土壤含水量始终保持不低于土壤最大田间持水量的60%。拌好的土壤置于恒温培养箱37℃培养1周。

表6-39 铜和铬污染土壤的实验方案

（污染物和浓度根据实验具体情况适度调整）

处理方式	浓度/(mg/kg)				
Cu	0	50	100	200	400
Cr	0	5	10	20	40

（2）磷酸酶活性的测定

测定分析土壤的pH，查阅相关资料，确定土壤磷酸酶的分析方法，准备土壤磷酸酶分析测定所需的试剂和仪器设备。下面提供采用磷酸苯二钠比色法测定土壤磷酸酶的分析方法，仅供参考。

称取2.500g土样置于100mL三角瓶中，加1.25mL甲苯，轻摇15min后，加入10mL 0.5%磷酸苯二钠，仔细摇匀后放入恒温箱，37℃下培养24h。然后在培养液加入50mL0.3%硫酸铝溶液并过滤。吸取1.5mL滤液于10mL比色管中，加入2.5mL硼酸缓冲液和2滴氯代二溴对苯醌亚胺试剂，显色30min后用蒸馏水稀释至刻度。用硼酸缓冲液时，呈现蓝色。于分光光度计上660nm处比色。

每一个处理组都作一个无基质对照，以等体积的蒸馏水代替基质，其他操作与样品实验相同。整个实验设置一个无土对照，不加土样，其他操作与样品实验相同，以检验试剂纯度和基质自身分解。如果样品吸光度值超过标准曲线的最大值，则应该增加分取倍数或减少培养的土样。

标准曲线绘制：取0mL、0.5mL、1.5mL、2.5mL、3.5mL、4.5mL、5.5mL、6.5mL酚工作液，置于10mL比色管中，加入2.5mL硼酸缓冲液和2滴氯代二溴对苯醌亚胺试剂，显色30min后用蒸馏水稀释至刻度，在分光光度计上660nm处比色。以显色液中酚含量为横坐标，吸光值为纵坐标，绘制标准曲线。

磷酸酶活性（phosphatase activity），以培养24h后1g土壤中释放出的酚的含量表示磷酸酶活性。

$$\text{磷酸酶活性}=\frac{(C_{\text{样品}}-C_{\text{无土}}-C_{\text{无基质}})Vn}{m} \tag{6-28}$$

式中　$C_{\text{样品}}$——样品中的酚含量，mg；

$C_{\text{无土}}$——无土对照中的酚含量，mg；

$C_{\text{无基质}}$——无基质对照中的酚含量，mg；

V——显色液体积；

n——分取倍数，浸出液体积/吸取滤液体积；

m——烘干土重。

（3）过氧化氢酶活性的测定

过氧化氢酶存在于细胞的过氧化物体内，是催化过氧化氢分解成氧和水的酶。过氧化氢酶是过氧化物酶体的标志酶，约占过氧化物酶体酶总量的40%。其活性与微生物的数量和活性有关，也与土壤有机质含量、植物根系等有关，在一定程度上反映了土壤微生物学过程的强度，其强度可表征土壤腐殖化强度大小和有机质积累程度。本实验采用高锰酸钾滴定法测定过氧化氢酶的活性。

取2g风干土，置于100mL三角瓶中，并注入40mL蒸馏水和5mL0.3%过氧化氢溶液。将三角瓶放在往复式振荡机上，振荡20min。而后加入5mL 1.5mol/L硫酸，以稳定未分解的过氧化氢。再将瓶中的悬液用慢速型滤纸过滤，然后吸取25mL滤液，用0.1mol/L高锰酸钾溶液滴定至淡粉红色终点。

土壤过氧化氢酶活性以振荡30min后1g土壤所消耗的0.1mol/L高锰酸钾的体积表示。

$$\text{过氧化氢酶活性}=(V_0-V)T \tag{6-29}$$

式中　T——高锰酸钾滴定度的校正值；

V——用于滴定土壤滤液所消耗的高锰酸钾体积，mL；

V_0——用于滴定25mL原始过氧化氢混合液所消耗的高锰酸钾体积，mL。

（4）脲酶活性的测定

脲酶存在于大多数细菌、真菌和高等植物中。它是一种酰胺酶，它仅能水解尿素，水解的最终产物是氨、二氧化碳和水。土壤脲酶活性，与土壤的微生物数量、有机物质含量、全氮和速效磷含量成正相关。根际土壤脲酶活性较高，中性土壤脲酶活性大于碱性土壤。人们常用土壤脲酶活性表征土壤的氮素状况。本实验采用苯酚钠-次氯酸钠比色法测定实验土壤的脲酶活性。

称取2.500g土样于50mL三角瓶中，加0.5mL甲苯，振荡均匀，静置15min后加入5mL 10%尿素溶液和10mL柠檬酸盐缓冲溶液（pH6.7），摇匀后在37℃恒温箱培养24h。培养结束后过滤，取0.5mL滤液加入10mL比色管中，再加2mL苯酚钠溶液和1.5mL次氯酸钠溶液，随加随摇匀。显色20min后，定容。1h内在分光光度计于578nm波长处比色（靛酚的蓝色在1h内保持稳定）。

标准曲线制作。在测定样品吸光度值之前，分别取0mL、0.5mL、1.5mL、2.5mL、3.5mL、4.5mL、5.5mL、6.5mL氮工作液（0.01mg/mL硫酸铵溶液），放入10mL比色管中，再加入2mL苯酚钠溶液和1.5mL次氯酸钠溶液，随加随摇匀，显色20min，定容。1h内在分光光度计上于578nm波长处比色。然后以氮含量为横坐标，吸光度值为纵坐标，绘制标准曲线。

每一个处理组应该作一个无基质对照，以等体积的蒸馏水代替基质，其他操作与样品实验相同，以排除土样中原有的氨对实验结果的影响。整个实验设置一个无土对照，不加土样，其他操作与样品实验相同，以检验试剂纯度和基质自身分解。如果样品吸光值超过标准曲线的最大值，则应该增加分取倍数或减少培养的土样。

以培养24h后1g土壤中NH_3-N的含量表示土壤脲酶活性（urease activity）。

$$\text{脲酶活性}=\frac{(C_{\text{样品}}-C_{\text{无土}}-C_{\text{无基质}})Vn}{m} \tag{6-30}$$

式中 $C_{\text{样品}}$——样品中的NH_3-N的含量，mg；

$C_{\text{无土}}$——无土对照中的NH_3-N的含量，mg；

$C_{\text{无基质}}$——无基质对照中的NH_3-N的含量，mg；

V——显色液体积；

n——分取倍数，浸出液体积/吸取滤液体积；

m——烘干土重。

6.16.4 实验报告记载及数据处理

① 测定并详细记录模拟污染土壤中重金属污染物的浓度。

② 磷酸酶活性和脲酶活性标准曲线按照表6-40和表6-41记录并计算。

③ 以A为纵坐标，C为横坐标作图，绘制A-C曲线，建立磷酸酶活性和脲酶活性吸光度-浓度标线，确立线性方程$A=kc+b$，求出k、b和相关系数R。

④ 根据室内培养法对污染土壤进行磷酸酶活性、过氧化氢酶活性和脲酶活性测定的数据按照表6-42～表6-44记录，通过代入标准曲线方程求出样品的浓度$C_{\text{样品}}$，代入相应的公式［式(6-28)～式(6-30)］计算样品中的酶活性大小。

表 6-40 磷酸酶标准曲线实验所得数据

编号	标准溶液加入量 V/mL	标准物质浓度 $C=C_0V/V_0$	A_{660nm}
1			
2			
3			
4			
5			
6			
7			
8			
9			
10			

注：C_0为酚工作液浓度；V_0为比色管定容体积。

表 6-41 土壤样品中磷酸酶活性测定的原始数据

样品编号	土壤质量 m/g	浸提液体积 V/mL	吸取滤液体积 V/mL	A_{660nm}	$C_{样品}$,样品中酚的含量/mg	磷酸酶活性
无土 1	0					
无土 2	0					
无土 3	0					
S-C1-0						
S-C1-0						
S-C1-0						
S-C1-1						
S-C1-2						
S-C1-3						
S-C2-0						
S-C2-0						
S-C2-0						
S-C2-1						
S-C2-2						
S-C2-3						
S-C3-1						
S-C3-2						
S-C3-3						
S-C4-1						
S-C4-2						
S-C4-3						
…						

注：样品编号原则，S-Ci-i'，S 表示土壤样品；Ci 表示土壤污染物浓度梯度；0 表示无基质；i'=1,2,3 表示添加基质的三个平行。

表 6-42　土壤过氧化氢酶活性测定的原始数据记录表

土壤样品编号	V_{KMnO_4}/mL	过氧化氢酶活性=$(V_0-V)T$
$V_{0\text{-}1}$		
$V_{0\text{-}2}$		
$V_{0\text{-}3}$		
S-C1-1		
S-C1-2		
S-C1-3		
S-C2-1		
S-C2-2		
S-C2-3		
S-C3-1		
S-C3-2		
S-C3-3		
S-C4-1		
S-C4-2		
…		

注：V 为用于滴定土壤滤液所消耗的高锰酸钾体积，mL；$V_{0\text{-}i}$ 为用于滴定 25mL 原始过氧化氢混合液所消耗的高锰酸钾体积，mL。

表 6-43　土壤脲酶活性测定原始数据记录表

土壤样品编号	标准溶液加入量 V/mL	标准物质浓度 $C=C_0V/V_0$	A_{578nm}
1			
2			
3			
4			
5			
6			

注：C_0为氮工作液浓度；V_0为比色管定容体积。

表 6-44　土壤样品中脲酶活性测定的原始数据

样品编号	土壤质量 m/g	浸提液体积 V/mL	吸取滤液体积 V/mL	A_{578nm}	$C_{样品}$，样品中 NH_3-N 的含量/mg	脲酶活性
无土 1	0					
无土 2	0					
无土 3	0					
S-C1-0						
S-C1-0						
S-C1-0						
S-C1-1						
S-C1-2						

续表

样品编号	土壤质量 m/g	浸提液体积 V/mL	吸取滤液体积 V/mL	A_{578nm}	$C_{样品}$，样品中 NH_3-N 的含量/mg	脲酶活性
S-C1-3						
S-C2-0						
S-C2-0						
S-C2-0						
S-C2-1						
S-C2-2						

注：样品编号原则，S-Ci-i'，S表示土壤样品；Ci表示土壤污染物浓度梯度；0表示无基质；i'=1,2,3表示添加基质的三个平行。

⑤ 建立土壤重金属污染-微生物活性的效应关系，建立土壤污染物浓度-酶活性的浓度-酶活性效应关系。

⑥ 查阅相关文献，采用多种模型对污染物浓度与酶活性关系进行拟合建模处理，建立土壤重金属污染-微生物活性敏感因子分析，探讨重金属污染胁迫的微生物活性评价方法。

6.16.5 思考题

土壤酶活性和土壤微生物活性的关系。

附录1　磷酸苯二钠比色法测定中性磷酸酶活性的主要化学试剂配制方法

① 柠檬酸盐缓冲液（pH7.0）（视土壤pH而定）。0.1mol/L柠檬酸溶液：称取19.2g $C_6H_7O_8$ 用蒸馏水溶解定容至1L；0.2mol/L磷酸氢二钠溶液：称取53.63g $Na_2HPO_4\cdot7H_2O$ 或者71.7g $Na_2HPO_4\cdot12H_2O$ 用蒸馏水溶解定容至1L；取6.4mL 0.1mol/L柠檬酸溶液加43.6mL 0.2mol/L磷酸氢二钠溶液稀释至100mL。

② 0.5%磷酸苯二钠（用缓冲液配制）。

③ 氯代二溴对苯醌亚胺试剂。称取0.125g氯代二溴对苯醌亚胺，用10mL96%乙醇溶解，贮于棕色瓶中，存放在冰箱里。保存的黄色溶液未变褐色之前均可使用。

④ 甲苯。

⑤ 0.3%硫酸铝溶液。

⑥ 酚标准溶液。酚标准母液：取1g重蒸酚溶于蒸馏水中，稀释至1L，存于棕色瓶中；酚工作液（0.01mg/mL）：取10mL酚原液用蒸馏水稀释至1L。

附录2　高锰酸钾滴定法测定过氧化氢酶活性的主要化学试剂配制方法

① 0.02mol/L高锰酸钾（分子量156.03）标准液　称取 $KMnO_4$（分析纯）3.1605g，用新煮沸冷却蒸馏水配制成1000mL。然后将配好的溶液加热至微沸并保持1h，冷却后倒入棕色试剂瓶中，于暗处静置2d后，用微孔玻璃漏斗过滤，滤液贮存于棕色试剂瓶中。

② 0.1mol/L H_2O_2。市售30% H_2O_2 大约等于17.6mol/L，取市售30% H_2O_2 溶液5.68mL，稀释至1000mL，用标准0.02mol/L $KMnO_4$ 溶液（在酸性条件下）进行标定。

③ 0.1000mol/L $Na_2C_2O_4$。准确称取13.4g（精确至0.0001g）于105～110℃烘至恒重的草酸钠（分析纯），用新煮沸冷却蒸馏水配制成1000mL。

④ 6mol/L硫酸。量取30mL浓硫酸，定容至100mL。

⑤ 高锰酸钾滴定度的测定。

准确量取5.00mL的0.1000mol/L $Na_2C_2O_4$溶液于100mL三角瓶中，注入40mL蒸馏水和5mL 1.5mol/L硫酸，用配制好的0.02mol/L高锰酸钾滴定，近终点时加热至65℃，继续滴定至溶液呈粉红色保持30s，记录消耗高锰酸钾溶液的体积V_1。

上述同样的方法，准确量取5.00mL的0.1mol/L H_2O_2同时作上述实验，记录消耗消耗高锰酸钾溶液的体积V_2。

高锰酸钾溶液滴定度按下式计算：

$$T=V_2/V_1$$

附件3 苯酚钠-次氯酸钠比色法测定土壤脲酶的主要化学试剂配制方法

① 甲苯。

② 10%尿素。称取100g尿素（分析纯），用蒸馏水定容至1000mL。

③ 1.35mol/L苯酚钠溶液。称取62.5g苯酚溶于少量乙醇，加2mL甲醇和18.5mL丙酮，用乙醇稀释至100mL（A液），存于冰箱中；称取27g NaOH溶于100mL水（B液）。将A液、B溶液保存在冰箱中。使用前将A液、B液各20mL混合，用蒸馏水稀释至100mL。

④ 次氯酸钠溶液用水稀释至活性氯的浓度为0.9%，溶液稳定。

⑤ 氮的标准溶液。100mg/L氮的标准母液：精确称取0.4717g于105～110℃烘至恒重的硫酸铵（分析纯）溶于水并稀释至1000mL。

10mg/L氮的工作液：准确量10.00mL浓度为100mg/L氮的标准母液，用蒸馏水定容至100mL。

6.17 有机废水固定化微生物处理技术训练项目

6.17.1 实验目的

固定化微生物技术是利用物理或化学方法将游离微生物体定位于限定的空间区域，使之在不悬于水体同时仍保持其生物活性的一种技术。20世纪60年代发展起来的固定化新技术，最初主要用于工业微生物的发酵生产，目前已广泛用于工业、医学、化学分析、亲和色谱、能源开发、环境监测以及废水处理等方面。

20世纪70年代后期，各国学者开始利用固定化技术将经驯化筛选的或经遗传处理的高效菌株加以固定，以期充分借助固定化细胞的优势开发出高效、低耗的废水生化处理新技术，处理各种废水，尤其是处理难降解污染物。我国学者从20世纪80年代开始研究利用固定化细胞技术处理废水，特别是难降解污染物废水，取得了一定的成果。固定化微生物在废水生物处理中得到广泛的应用，如废水厌氧生物处理，生物脱氮，酚、氰和农药等难降解污染物处理，重金属离子回收和去除等方面。

固定化微生物废水处理优点如下。

① 维持高浓度生物量，提高处理能力，有利于处理装置的小型化。与活性污泥相比，有机负荷可提高2～6倍。

② 剩余污泥少，污泥产量仅为普通活性污泥法的1/5～1/4。

③ 与悬浮系统相比，具有较强的抵抗有毒污染物毒性冲击能力。

④ 可选择性地固定优势高效菌种，提高对难降解有机物的降解效率。

⑤ 固液分离效果好，不需要专门的固液分离装置。

⑥ 运行稳定，耐负荷冲击，不会发生污泥膨胀等问题。

⑦ 为硝化菌、产甲烷菌等生长缓慢细菌提供了良好滞留方法，微生物不易流失。

本实验利用固定化微生物处理有机废水，旨在使学生通过本实验掌握固定化微生物细胞处理废水的基本方法。

6.17.2 实验条件

（1）主要仪器

① 注射器和针头；② 恒温加热搅拌器；③ 生物反应器；④ 蠕动泵；⑤ 容积为 2～5L 的塑料桶；⑥ 紫外可见分光光度计；⑦ 微波消解仪器；⑧ 振荡器。

（2）主要药品

① 固定化　海藻酸钠、氯化钙、聚乙烯醇、硼酸；

② 指标测定　COD_{Cr}、氨氮和磷测定所需药品见方法部分。

（3）微生物固定化方法的选择

细胞的固定化方法主要分为三大类型：吸附法、交联法和包埋法。吸附法是采用物理或化学吸附将细胞与载体固定。该法对生物活性影响较小、制备简单，但单体重量的成品固定化小球细胞量较少。交联法利用功能团直接与微生物细胞表面基团、氨基、羟基等形成共价键以固定细胞。此法对细胞活性影响大，交联剂价格高，很少在废水处理中应用。而包埋法因易操作、强度高，适合于小分子底物与产物的反应等优点得到广泛应用。

（4）包埋剂选择

适宜废水处理的包埋剂应满足以下条件：①水溶性好，微生物活性丧失少；②传质性能好；③力学性能好；④化学性质稳定，耐生物降解；⑤价格低廉，易成形。

能较好地满足上述要求的包埋剂是海藻酸钠和 PVA。海藻酸钠因价格低廉，对细胞相对毒性小，固定化成形方便，传质性能好，对微生物细胞的富集程度高等特点，成为目前废水处理中应用最广的包埋剂之一。聚乙烯醇价格便宜，对生物无毒，机械强度高、化学稳定性好，是一种较为合适的高分子包埋材料。但这两种包埋剂也各有缺点，所以有些学者建议将海藻酸钠和 PVA 结合起来作为包埋剂互相取长补短。

（5）包埋条件

影响固定化效果的包埋条件有：包埋剂的浓度、交联剂浓度、交联时间和微生物包埋量。经比较研究，海藻酸钠和 PVA 最为合适的浓度分别为 3%和 10%。海藻酸钠和 PVA 的交联剂分别是 $CaCl_2$ 和硼酸。$CaCl_2$ 和硼酸较为合适的浓度分别为 4%、饱和溶液。交联时间 24h。适宜的包埋污泥量为 1∶2（质量比），即按质量取浓缩的离心污泥（或高效降解菌株）1 份与 3%海藻酸钠溶液 2 份混合。如果包埋其他单种的微生物可根据预实验的实际情况进行修订。

6.17.3 实验步骤

（1）菌种驯化和培养

从含特定有机污染物废水生化处理装置或活性污泥法生化装置中取定量的活性污泥，连续或间歇式曝气驯化培养，逐步提高进水中的特定有机污染物浓度。筛选出具有特定污染物降解能力的菌株或活性污泥。

（2）人工合成废水配制或实际废水

以葡萄糖或乙酸钠为主要碳源，加入适量氮、磷、镁、钙、Fe、Mn 等营养成分，配成 COD_{Cr} 为 1000～1500mg/L 的人工废水。

（3）海藻酸钠固定法

① 称取一定量的海藻酸钠，加水加热溶解，然后冷却到 40℃，海藻酸钠溶液最后的浓度为 3%。

② 将驯化后的污泥混合液（高效降解菌株）离心浓缩（3000r/min，15min），用生理盐水洗涤悬浮离心两次，然后取离心污泥用生理盐水悬浮，用振荡混合器振荡破坏絮体以获得均匀的分散的细胞悬浮液。

③ 取 3mL 上述细胞悬浮液和 20mL 3%的海藻酸钠溶液混合搅匀。或取洗涤离心后的浓缩污泥（降解性菌株）与 3%的海藻酸钠溶液按质量比 1∶2 混合，振荡使污泥分散均匀。

④ 用注射器将混合液注射到 60mL 的含 4% $CaCl_2$ 溶液中成球，置于 4℃ 冰箱中交联 24h。

⑤ 固化后分别用蒸馏水和生理盐水各洗涤 2 次，即得固定化小球，备用。

（4）PVA 细胞固定法

① 加水溶解一定量的 PVA，配成 10%的溶液。

② 用 10%的 PVA 溶液替代 3%海藻酸钠溶液，质量比改为 1∶1，4% $CaCl_2$ 溶液改为饱和硼酸溶液，其他操作同海藻酸钠固定法，得固定化微生物小球备用。

（5）固定化细胞处理有机废水

① 实验采用全混式生物反应器，以气石曝气供氧。

② 或采用锥形瓶进行摇床培养（120r/min）高效降解性菌种以实现废水的净化。

进水为实际废水或人工废水。定期取水样测定水中 COD_{Cr}、氨氮和正磷酸磷浓度。

（6）指标测定

① COD_{Cr}　重铬酸钾法。

a. 原理。在水样中加入一定量的重铬酸钾和催化剂硫酸银，在强酸性介质中加热一定时间，部分重铬酸钾被可氧化物质还原，用硫酸亚铁铵滴定剩余的重铬酸钾，根据用量算出水样中还原性物质消耗的氧。

b. 范围。本方法测定 COD 的范围为 50～500mg/L。对于化学需氧量小于 50mg/L 的水样，应改用 0.0250mol/L 重铬酸钾标准溶液。回滴时用 0.01mol/L 硫酸亚铁铵标准溶液。对于 COD 大于 500mg/L 的水样应稀释后再测定。

c. 仪器。消解装置、25mL 或 50mL 酸式滴定管、锥形瓶、移液管、容量瓶等。

d. 试剂。(a) 重铬酸钾标准溶液（1/6＝0.2500mol/L）。称取预先在 120℃ 烘干 2h 的重铬酸钾 12.258g 溶于水中，移入 1000mL 容量瓶，稀释至标线，摇匀。(b) 试亚铁灵指示液。称取 1.485g 邻菲罗啉、0.695g 硫酸亚铁溶于水中，稀释至 100mL，贮于棕色瓶内。(c) 硫酸亚铁铵标准溶液。称取 39.5g 硫酸亚铁铵溶于水，边搅拌边缓慢加入 20mL 浓硫酸，冷却后移入 1000mL 容量瓶中，加水稀释至标线，摇匀。临用前用重铬酸钾标准溶液标定。(d) 硫酸-硫酸银溶液。于 2500mL 浓硫酸中加入 25g 硫酸银。放置 1～2d，不时摇动使其溶解（如无 2500mL 容器，可在 500mL 浓硫酸中加入 5g 硫酸银）。(e) 硫酸汞。结晶或粉末。

e. 步骤。首先吸取 5mL 水样于干净的消解罐中，加 5mL 消解液，加 1mL 掩蔽剂，最后缓慢加入 5mL 催化剂，拧紧后摇匀并放入微波炉，消解 10min 后打开微波炉并把消解罐拿出来，放到凉水里冷却到 45℃以下。冷却完把消解液移入锥形瓶里，用 20mL 蒸馏水分三次冲洗消解罐内和盖子，倒入锥形瓶内，总体积控制在 30～40mL。然后用胶头滴管滴 2～3 滴的试亚铁灵，再用滴定管滴硫酸亚铁铵进行滴定，这时候水样的颜色由黄色变成蓝绿色再变成红褐色，在缓慢滴定的同时也要摇匀锥形瓶来观察颜色的变化，颜色变成红褐色，停止滴定再读出滴定用的硫酸亚铁铵的体积。测定水样的同时，取 5mL 蒸馏水，按照同样的操作进行空白实验，记录所用的硫酸亚铁铵的量。得到数据后再代入到以下公式可得出废水的 COD 值。

$$COD_{Cr}(O_2,mg/L)=(V_0-V_1)C\times 8\times 1000/V$$

式中 C——硫酸亚铁铵的标定浓度；

V_0——滴定蒸馏水时硫酸亚铁铵的用量；

V_1——滴定废水时硫酸亚铁铵的用量；

V——水样的体积；

8——氧（$1/4O_2$）的摩尔质量。

② 氨氮的测定 纳氏试剂分光光度法。

a. 方法原理。以游离态的氨或铵离子等形式存在的氨氮与纳氏试剂反应生成淡红棕色络合物，该络合物的吸光度与氨氮含量成正比，于波长 420nm 处测量吸光度。

b. 适用范围。本标准适用于地表水、地下水、生活污水和工业废水中氨氮的测定。本方法的检出限为 0.025mg/L，测定下限为 0.10mg/L，测定上限为 2.0mg/L（均以 N 计）。

c. 仪器和设备。可见分光光度计：具 20mm 比色皿。氨氮蒸馏装置：由 500mL 凯式烧瓶、氮球、直形冷凝管和导管组成，冷凝管末端可连接一段适当长度的滴管，使出口尖端浸入吸收液液面下。亦可使用 500mL 蒸馏烧瓶。

d. 干扰及消除。水样中含有悬浮物、余氯、钙镁等金属离子、硫化物和有机物时会产生干扰，含有此类物质时要作适当处理，以消除对测定的影响。若样品中存在余氯，可加入适量的硫代硫酸钠溶液去除，用淀粉-碘化钾试纸检验余氯是否除尽。在显色时加入适量的酒石酸钾钠溶液，可消除钙镁等金属离子的干扰。若水样浑浊或有颜色时可用预蒸馏法或絮凝沉淀法处理。

e. 试剂和材料。除非另有说明，分析时所用试剂均使用符合国家标准的分析纯化学试剂，实验用水为按 4∶1 制备的水。

(a) 无氨水，在无氨环境中用蒸馏法制备。在 1000mL 的蒸馏水中，加 0.1mL 硫酸（$\rho=1.84g/mL$），在全玻璃蒸馏器中重蒸馏，弃去前 50mL 馏出液，然后将约 800mL 馏出液收集在带有磨口玻璃塞的玻璃瓶内。每升馏出液加 10g 强酸性阳离子交换树脂（氢型）。

(b) 轻质氧化镁（MgO）。不含碳酸盐，在 500℃下加热氧化镁，以除去碳酸盐。

(c) 盐酸，$\rho(HCl)=1.18g/mL$。

(d) 纳氏试剂，可选择下列方法的一种配制。

方法一：氯化汞-碘化钾-氢氧化钾（$HgCl_2$-KI-KOH）溶液。

称取 15.0g 氢氧化钾（KOH），溶于 50mL 水中，冷却至室温。

称取 5.0g 碘化钾（KI），溶于 10mL 水中，在搅拌下，将 2.50g 氯化汞（$HgCl_2$）

粉末分多次加入碘化钾溶液中，直到溶液呈深黄色或出现淡红色沉淀溶解缓慢时，充分搅拌混合，并改为滴加氯化汞饱和溶液，当出现少量朱红色沉淀不再溶解时，停止滴加。

在搅拌下，将冷却的氢氧化钾溶液缓慢地加入到上述氯化汞和碘化钾的混合液中，并稀释至100mL，于暗处静置24h，倾出上清液，贮于聚乙烯瓶内，用橡皮塞或聚乙烯盖子盖紧，存放暗处，可稳定1个月。

方法二：碘化汞-碘化钾-氢氧化钠（HgI_2-KI-NaOH）溶液。

称取16.0g氢氧化钠（NaOH），溶于50mL水中，冷却至室温。

称取7.0g碘化钾（KI）和10.0g碘化汞（HgI_2），溶于水中，然后将此溶液在搅拌下，缓慢加入到上述50mL氢氧化钠溶液中，用水稀释至100mL。贮于聚乙烯瓶内，用橡皮塞或聚乙烯盖子盖紧，于暗处存放，有效期1年。

(e) 酒石酸钾钠溶液，ρ=500g/L。称取50.0g酒石酸钾钠（$KNaC_4H_6O_6 \cdot 4H_2O$）溶于100mL水中，加热煮沸以驱除氨，充分冷却后稀释至100mL。

(f) 硫代硫酸钠溶液，ρ=3.5g/L。称取3.5g硫代硫酸钠（$Na_2S_2O_3$）溶于水中，稀释至1000mL。

(g) 硫酸锌溶液，ρ=100g/L。称取10.0g硫酸锌（$ZnSO_4 \cdot 7H_2O$）溶于水中，稀释至100mL。

(h) 氢氧化钠溶液，ρ=250g/L。称取25g氢氧化钠溶于水中，稀释至100mL。

(i) 氢氧化钠溶液，c(NaOH)=1mol/L。称取4g氢氧化钠溶于水中，稀释至100mL。

(j) 盐酸溶液，c(HCl)=1mol/L。量取8.5mL盐酸［ρ（HCl）=1.18g/mL］于适量水中，用水稀释至100mL。

(k) 硼酸（H_3BO_3）溶液，ρ=20g/L。称取20g硼酸溶于水，稀释至1L。

(l) 溴百里酚蓝指示剂，ρ=0.5g/L。称取0.05g溴百里酚蓝溶于50mL水中，加入10mL无水乙醇，用水稀释至100mL。

(m) 淀粉-碘化钾试纸。称取1.5g可溶性淀粉于烧杯中，用少量水调成糊状，加入200mL沸水，搅拌混匀放冷。加0.50g碘化钾（KI）和0.50g碳酸钠（Na_2CO_3），用水稀释至250mL。将滤纸条浸渍后，取出晾干，于棕色瓶中密封保存。

(n) 氨氮标准溶液。称取3.8190g氯化铵（NH_4Cl，优级纯，在100～105℃干燥2h），溶于水中，移入1000mL容量瓶中，稀释至标线，可在2～5℃保存1个月。

(o) 氨氮标准工作溶液，ρ_N=10μg/mL。吸取5.00mL氨氮标准贮备溶液于500mL容量瓶中，稀释至刻度。临用前配制。

f. 分析步骤

(a) 标准曲线。在8个50mL比色管中，分别加入0mL、0.50mL、1.00mL、2.00mL、4.00mL、6.00mL、8.00mL和10.00mL氨氮标准工作溶液，其所对应的氨氮含量分别为0μg、5.0μg、10.0μg、20.0μg、40.0μg、60.0μg、80.0μg和100μg，加水至标线。加入1.0mL酒石酸钾钠溶液，摇匀，再加入纳氏试剂1.5mL（$HgCl_2$-KI-KOH）或1.0mL（HgI_2-KI-NaOH），摇匀。放置10min后，在波长420nm处，用20mm比色皿，以水作参比，测量吸光度。

以空白校正后的吸光度为纵坐标，以其对应的氨氮含量（μg）为横坐标，绘制校准曲线。

注：根据待测样品的质量浓度也可选用10mm比色皿。

(b) 样品测定。根据实际进行稀释（若水样中氨氮质量浓度超过2mg/L)，按与校准曲线相同的步骤测量吸光度。水中氨氮的质量浓度按下式计算。空白试验用水代替水样，按与样品相同的步骤进行前处理和测定。

$$\rho_N=(A_s-A_b)/V$$

式中 ρ_N——水样中氨氮的质量浓度（以N计），mg/L；

A_s——水样的吸光度；

A_b——空白试验的吸光度；

V——水样体积，mL。

③ 溶解性磷酸盐 钼锑抗分光光度法。

a. 方法原理。在酸性条件下，正磷酸盐与钼酸铵、酒石酸锑氧钾反应，生成磷钼杂多酸，被还原剂抗坏血酸还原，则变成蓝色络合物，通常即称磷酸钼蓝。

b. 试剂。

(a) (1+1) 硫酸。

(b) 10%抗坏血酸溶液。溶解10g抗坏血酸于水中，并稀释至100mL。该溶液贮存在棕色玻璃瓶中，在约4℃可稳定几周。如颜色变黄，则弃去重配。

(c) 钼酸盐溶液。溶解13g钼酸铵 [$(NH_4)_6Mo_7O_{24}\cdot 4H_2O$] 于100mL水中。溶解0.35g酒石酸锑氧钾，并且混合均匀。贮存在棕色的玻璃瓶中于4℃保存，至少稳定两个月。

(d) 磷酸盐贮备溶液。将磷酸二氢钾（KH_2PO_4）于110℃干燥2h，在干燥器中放冷。称取0.2197g溶于水，移入1000mL容量瓶中，加（1+1）硫酸5mL，用水稀释至标线。此溶液每毫升含50.0μg磷（以P计）。

(e) 磷酸盐标准溶液。吸取10.00mL磷酸盐贮备液于250mL容量瓶中，用水稀释至标线。此溶液每毫升含2.00μg磷。临用时现配。

c. 步骤：

(a) 校准曲线的绘制。取数支50mL具塞比色管，分别加入磷酸盐标准使用液0mL、0.50mL、1.00mL、3.00mL、5.00mL、10.0mL、15.0mL，加水至50mL。然后向比色管中加入1mL 10%抗坏血酸溶液，混匀，30s后再加2mL钼酸盐溶液充分混匀，放置15min后用10mm比色皿，在700nm波长处，以零浓度溶液为参比，测量吸光度并绘制标准曲线。

(b) 样品的测定。取适量水样，加入50mL比色管中，用蒸馏水稀释至标线。按照标准曲线的步骤进行实验，减去空白实验的吸光度，并从标准曲线上查出含磷量。磷酸盐浓度按下式计算：

$$\text{磷酸盐}(P,mg/L)=m/V$$

式中 m——由标准曲线查得的磷量，μg；

V——水样体积，mL。

(7) 实验结果

原始数据记录见表6-45。

(8) 数据处理

根据具体实验比较不同生物量、不同包埋剂对固定化微生物处理有机废水中COD_{Cr}、氨氮和正磷酸盐的能力。

表 6-45 固定化细胞处理有机废水测定数据

时间/d	海藻酸钠包埋固定法						PVA 包埋固定法					
	低生物量			高生物量			低生物量			高生物量		
	COD_{Cr}	氨氮	磷	COD_{Cr}	氨氮	磷	COD_{Cr}	氨氮	磷	COD_{Cr}	氨氮	磷
1												
2												
3												
4												
5												
6												
7												

6.17.4 实验结果的应用与讨论

按本实验方法，可以比较不同浓度废水、不同微生物、不同生物量、不同包埋剂以及水温、pH 等因素对固定化微生物处理有机废水效果的影响。从指导实际应用的角度来看，采用实际废水进行模型实验要优于人工废水，因为实际废水水质复杂多样，对于固定化小球的强度和运行稳定性是更合乎实际的考验。

固定化微生物废水处理技术要成为成熟的实用的废水处理技术，尚有许多问题要加以研究解决。首先，目前最主要的障碍在于缺乏合适的固定化载体（主要考虑成本和寿命）和大批量固定化微生物生产技术。其次还要准确描述固定化小球内传质及微生物变化的规律，开发高效固定化微生物反应器，以解决包埋载体对基质（特别是氧气）和产物存在扩散阻力的问题。再次，固定化微生物对含悬浮物质或高分子物质的废水处理效果欠佳，需预处理或结合其他工艺；出水中含少量悬浮的微生物细胞，所以仍有一定浑浊度。随着基础研究的深入，上述问题将会得到解决和改善。

对其他类型的废水，可以采用与本实验类似的方法，例如用含油废水驯化的活性污泥，进行试验。

6.17.5 注意事项

固定化小球的相对活性应大于 40%。固定化小球的寿命应大于 30d。海藻酸钠固定化小球在有高浓度磷酸盐、Mg^{2+}、K^{+} 等物质存在时，易碎、易溶解，应避免废水中含高浓度的上述物质。

6.18 抗生素对活性污泥性能的影响训练项目

6.18.1 实验目的

抗生素药物的滥用导致其在环境中的残留众所周知，但是它们并没有作为潜在的污染物引起重视。直到在 20 世纪 90 年代中期，抗生素在生态环境中的大量存在才开始成为人们关注的焦点。在地球的多种基质中都检测到了人类或兽用抗生素的残留，人类向环境中排放的大量抗生素会给海洋和陆地上的各种生物带来潜在的危害。通常人们认为药物化学物质在环境中的浓度非常低，不会引起对环境的威胁，直到现在也没有足够的有关它们在环境中的浓度、行为和效应的充足的研究数据。相应地，其对人类和环境潜在危害的数据更是缺乏。

抗生素是一种以低微浓度就能影响或抑制生物生存或机能的化学物质，多数抗生素在使用时不能被完全吸收而大量进入环境，研究检测到环境水体中存在浓度级别为 ng/L～mg/L 的抗生素。由于这些物质在污水处理厂不能得到有效降解，且在环境中具有较长的生存期，从而引起病原微生物的抗药性，或者引起污水处理设施中有效微生物的死亡，影响活性污泥中微生物群落的组成，进而影响废水中有机物的分解。

然而，作为近年来才受到关注的痕量有机污染物，目前污水处理厂还没有专门针对抗生素的去除技术，也没有污水和饮用水中抗生素类污染物的安全标准。污水处理工艺能否像处理一般污染物那样很好地去除这些残留的抗生素，抗生素是否影响污水处理厂处理污水的能力，国内外在这方面的研究报道较少。虽然抗生素类物质对目标致病微生物抑制浓度基本已知，但其对细菌群落或非目标细菌如活性污泥或污泥性能影响的研究甚少。

实验以四环素类抗生素作为研究对象，探讨了其在生物处理过程中对活性污泥性能（生物量、絮凝沉淀、脱氢酶活性、污染物去除效率）的影响，为抗生素类污染物的生物处理工艺的运行维护和合理调控提供理论依据。

6.18.2 实验条件

（1）主要仪器

①污水处理反应器；②恒温水浴锅；③紫外可见分光光度计；④微波消解仪；⑤干燥箱。

（2）主要药品

实验所用抗生素为盐酸四环素（TC）、盐酸金霉素（CTC）。测定脱氢酶活性的药品、测定 COD_{Cr} 的药品、测定氨氮和磷的药品详见方法部分。

（3）实验材料

活性污泥：实验所用活性污泥均来自大开污水处理厂的曝气池，其接纳的污水中大部分是生活污水，另有部分工业废水。

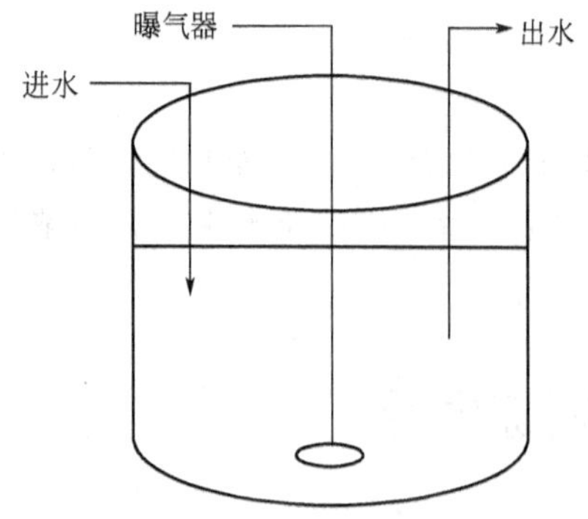

图 6-13 反应器简图

6.18.3 实验步骤

（1）实验方法

将取自污水处理厂的活性污泥，分别加入不同种类和浓度的抗生素，分置在 6 个批式反应器（圆柱形量杯，有效容积 2.5L）中，采用间歇培养方式，每日曝气 12h，控制泥龄为 7d，同时设定实验空白，进水 TOC 控制在 500～1500mg/L 浓度范围内，实验温度为室温。反应器示意图如图 6-13 所示。定期取样，测定活性污泥性能［絮凝沉淀、脱氢酶活性、污染物去除效率（COD、氨氮和磷）］。

（2）监测项目及方法

① 污泥浓度和SVI、SV。污泥浓度是指曝气池中污水和活性污泥混合后的混合液悬浮固体数量，单位：mg/L。污泥沉降比SV是指曝气池混合液在100mL量筒中，静置沉淀30min后，沉淀污泥与混合液的体积比（%）。污泥沉积指数（SVI）是指曝气池混合液经30min静沉后，1g干污泥所占的容积，以mL计。

a. 仪器。定量滤纸、烘箱、真空泵、扁嘴无齿镊子、实验室其他常用仪器。

b. 测定步骤。

(a) 滤纸准备。用扁嘴无齿镊子夹取定量滤纸放于事先恒重的称量瓶内，移入烘箱中于103～105℃烘干，半小时后取出，置于干燥器内冷却至室温，称其重量。反复烘干、冷却、称量，直至两次称量的重量差≤0.2mg，记录（W_1）。将恒重的滤纸放在玻璃漏斗内。

(b) 试样测定。用100mL量筒量取混合均匀的试样100mL，静止30min后读取沉淀后污泥所占的体积V（mL）。

倾去上述量筒中清液，用准备好的滤纸过滤量筒中的污泥，并用少量蒸馏水冲洗量筒，合并滤液。为提高过滤速度，应采用真空泵进行抽滤。将载有污泥的滤纸放在原恒重的称量瓶里，移入烘箱中于103～105℃下烘2～3h后移入干燥器中，使冷却到室温，称其重量。反复烘干、冷却、称量，直至两次称量的重量差≤0.4mg，记录（W_2）。

(c) 计算。

污泥浓度：

$$C_{污泥浓度}(\text{mg/L})=(W_2-W_1)\times 10^6/100$$

污泥沉积指数：

$$\text{SVI}(\text{mL/g})=\text{SV}\times 10^6/C_{污泥浓度}$$

污泥沉降比：

$$\text{SV}(\%)=V/100\times 100\%$$

式中 V——100mL试样在100mL量筒中，静止30min沉淀后，污泥所占的体积，mL；

W_1——过滤前，滤纸＋称量瓶重量，g；

W_2——过滤后，滤纸＋称量瓶重量，g。

(d) 注意事项。

用真空泵进行抽滤时要严格控制泵的抽力，以免滤纸被破坏。

当水样过滤结束后还要保持慢速抽滤3～5min，把水分充分除去。

用镊子夹出带污泥的滤纸，纵向折叠后放到称量瓶内（泥在下面）。当烘到2h的时候将滤纸放置的方向进行颠倒（泥在上面），继续烘烤，这样有助于水分的蒸发。

② 脱氢酶活性测定。TTC法。

a. 原理。脱氢酶是由活生物体产生的一种蛋白质。它能够促使有机物质脱氢，从而将氢原子传递给特定的受氢体而完成氧化还原反应。微生物脱氢酶是微生物降解有机污染物、获得能量的必需酶。TTC-DHA测定法是以氧化还原性染料TTC作为指示剂，使无色的TTC在活性微生物细胞内充当最终受氢体。当微生物细胞内有脱氢反应发生时，TTC便接受氢原子被还原成红色的甲臜（TF）。用特定的萃取剂提取TF，根据生成TF的量来反映脱氢酶活性。

b. 主要仪器和试剂。(a) 紫外-可见分光光度计、分析天平、容量瓶、水浴锅、三角瓶等。(b) 氯化三苯基四氮唑（TTC）-葡萄糖标准溶液。TTC（分析纯）0.1g与葡萄糖1g共溶于100mL蒸馏水中，棕色试剂瓶保存。(c) 丙酮或氯仿。(d) 三羟甲基氨基甲烷

(Tris)-HCl 缓冲溶液，pH 值为 8.6；(e) 10%硫化钠。称取 10g Na_2S（分析纯），定容到 100mL 的容量瓶中。

c. 步骤。

(a) 标准曲线。配制不同浓度（20μg/mL、40μg/mL、60μg/mL、80μg/mL、100μg/mL、120μg/mL、140μg/mL）TTC 溶液各 50mL。从 TTC 溶液中分别吸取 1mL、2mL、3mL、4mL、5mL、6mL、7mL 放入 7 个 50mL 容量瓶中，用蒸馏水稀释至 50mL。取 8 支试管，分别加入 Tris-HCl 缓冲液 2mL，蒸馏水 2mL，不同溶度的上述溶液 2mL。第 8 支为对照组，不加 TTC。每支试管加入 10%硫化钠 1mL，使 TTC 全部还原成红色的 TF。各管加入 5mL 丙酮振荡摇匀已提取 TF。完全显色后，在分光光度计上，485nm 处测定光密度（OD 值）。取 OD 值作纵坐标，TTC 浓度作横坐标绘制标准曲线。

(b) 活性污泥中脱氢酶活性测定。取活性污泥 2mL 于研磨机中研磨 10min，0.9% NaCl 离心洗 3 次，弃上清，然后定容至原体积，依次加入 Tris-HCl 缓冲液、0.1mol/L 葡萄糖液、0.5%TTC 各 2mL，置入 (37±1)℃恒温箱中培养 6h 后取出，加 2 滴浓硫酸终止反应，准确加入 5mL 丙酮振摇，在 4000r/min 下离心 5min，在上述条件下，1h 产生 1μg TF 的量为 1 个酶活力单位。

③ 污染物去除效率

COD_{Cr}的测定方法是微波快速消解-重铬酸钾法，氨氮是纳氏试剂法，溶解性磷酸盐是钼锑抗分光光度法。具体测定方法见实验 17 有机废水固定化微生物处理技术的研究中的方法部分。

6.18.4 实验结果

(1) 原始数据记录

见表 6-46。

表 6-46 抗生素对活性污泥性能的影响测定数据

时间/d	金霉素						四环素					
	低浓度			高浓度			低浓度			高浓度		
	污泥浓度和沉降能力	脱氢酶活性	污染物去除效率	污泥浓度和沉降能力	脱氢酶活性	污染物去除效率	污泥浓度和沉降能力	脱氢酶活性	污染物去除效率	污泥浓度和沉降能力	脱氢酶活性	污染物去除效率
0												
2												
4												
6												
8												
10												

(2) 数据处理

根据具体实验比较不同抗生素、不同浓度对活性污泥性能（生物量、絮凝沉淀、脱氢酶活性、污染物去除效率）的影响。

6.18.5 实验结果的应用与讨论

按本实验方法，可以比较不同种类浓度抗生素对活性污泥性能的影响。可为抗生素类污染物的生物处理工艺的运行维护和合理调控提供理论依据。

附录一　环境质量标准

1. 大气环境质量标准

(1) GB 3095—2012《环境空气质量标准》

表 1　环境空气污染物基本项目浓度限值

序号	污染物项目	平均时间	浓度限值		单位
			一级	二级	
1	二氧化硫(SO_2)	年平均	20	60	μg/m³
		24 小时平均	50	150	
		1 小时平均	150	500	
2	二氧化氮(NO_2)	年平均	40	40	
		24 小时平均	80	80	
		1 小时平均	200	200	
3	一氧化碳(CO)	24 小时平均	4	4	mg/m³
		1 小时平均	10	10	
4	臭氧(O_3)	日最大 8 小时平均	100	160	μg/m³
		1 小时平均	160	200	
5	颗粒物(粒径小于等于 10μm)	年平均	40	70	
		24 小时平均	50	150	
6	颗粒物(粒径小于等于 2.5μm)	年平均	15	35	
		24 小时平均	35	75	

表 2　环境空气污染物其他项目浓度限值

序号	污染物项目	平均时间	浓度限值		单位
			一级	二级	
1	总悬浮颗粒物(TSP)	年平均	80	200	μg/m³
		24 小时平均	120	300	
2	氮氧化物(NO_x)	年平均	50	50	
		24 小时平均	100	100	
		1 小时平均	250	250	
3	铅(Pb)	年平均	0.5	0.5	
		季平均	1	1	
4	苯并[*a*]芘(B[*a*]P)	年平均	0.001	0.001	
		24 小时平均	0.0025	0.0025	

表 3　各项污染物分析方法

序号	污染物项目	手工分析方法		自动分析方法
		分析方法	标准编号	
1	二氧化硫(SO_2)	环境空气　二氧化硫的测定　甲醛吸收-副玫瑰苯胺分光光度法	HJ 482	紫外荧光法、差分吸收光谱分析法
		环境空气　二氧化硫的测定　四氯汞盐吸收-副玫瑰苯胺分光光度法	HJ 483	
2	二氧化氮(NO_2)	环境空气　氮氧化物(一氧化氮和二氧化氮)的测定　盐酸萘乙二胺分光光度法	HJ 479	化学发光法、差分吸收光谱分析法
3	一氧化碳(CO)	空气质量　一氧化碳的测定　非分散红外法	GB 9801	气体滤波相关红外吸收法、非分散红外吸收法
4	臭氧(O_3)	环境空气　臭氧的测定　靛蓝二磺酸钠分光光度法	HJ 504	紫外荧光法、差分吸收光谱分析法
		环境空气　臭氧的测定　紫外光度法	HJ 590	
5	颗粒物(粒径小于等于10μm)	环境空气　PM_{10} 和 $PM_{2.5}$ 的测定　重量法	HJ 618	微量振荡天平法、β射线法
6	颗粒物(粒径小于等于2.5μm)	环境空气　PM_{10} 和 $PM_{2.5}$ 的测定　重量法	HJ 618	微量振荡天平法、β射线法
7	总悬浮颗粒物(TSP)	环境空气　总悬浮颗粒物的测定　重量法	GB/T 15432	—
8	氮氧化物(NO_x)	环境空气　氮氧化物(一氧化氮和二氧化氮)的测定　盐酸萘乙二胺分光光度法	HJ 479	化学发光法、差分吸收光谱分析法
9	铅(Pb)	环境空气　铅的测定　石墨炉原子吸收分光光度法(暂行)	HJ 539	—
		环境空气　铅的测定　火焰原子吸收分光光度法	GB/T 15264	—
10	苯并[a]芘(BaP)	空气质量　飘尘中苯并[a]芘的测定　乙酰化滤纸色谱荧光分光光度法	GB 8971	—
		环境空气　苯并[a]芘的测定　高效液相色谱法	GB/T 15439	—

表 4　污染物浓度数据有效性的最低要求

污染物项目	平均时间	数据有效性规定
二氧化硫(SO_2)、二氧化氮(NO_2)、颗粒物(粒径小于等于10μm)、颗粒物(粒径小于等于2.5μm)、氮氧化物(NO_x)	年平均	每年至少有324个日平均浓度值 每月至少有27个日平均浓度值(二月至少有25个日平均浓度值)
二氧化硫(SO_2)、二氧化氮(NO_2)、一氧化碳(CO)、颗粒物(粒径小于等于10μm)、颗粒物(粒径小于等于2.5μm)、氮氧化物(NO_x)	24小时平均	每日至少有20小时平均浓度值或采样时间
臭氧(O_3)	8小时平均	每8小时至少有6小时平均浓度值
二氧化硫(SO_2)、二氧化氮(NO_2)、一氧化碳(CO)、臭氧(O_3)、氮氧化物(NO_x)	1小时平均	每小时至少有45分钟的采样时间
总悬浮颗粒物(TSP)、苯并[a]芘(B[a]P)、铅(Pb)	年平均	每年至少有分布均匀的60个日平均浓度值 每月至少有分布均匀的5个日平均浓度值

续表

污染物项目	平均时间	数据有效性规定
铅(Pb)	季平均	每季至少有分布均匀的15个日平均浓度值 每月至少有分布均匀的5个日平均浓度值
总悬浮颗粒物(TSP)、苯并[a]芘(B[a]P)、铅(Pb)	24小时平均	每日应有24小时的采样时间

表5 环境空气中镉、汞、砷、六价铬和氟化物参考浓度限值

序号	污染物项目	平均时间	浓度(通量)限值		单位
			一级	二级	
1	镉(Cd)	年平均	0.005	0.005	$\mu g/m^3$
2	汞(Hg)	年平均	0.05	0.05	
3	砷(As)	年平均	0.006	0.006	
4	六价铬[Cr(Ⅵ)]	年平均	0.000025	0.000025	
5	氟化物(F)	1小时平均	20①	20①	
		24小时平均	7①	7①	
		月平均	1.8②	3.0③	$\mu g/(dm^2 \cdot d)$
		植物生长季平均	1.2②	2.0③	

① 适用于城市地区。

② 适用于牧业区和以牧业为主的半农半牧区，蚕桑区。

③ 适用于农业和林业区。

(2) GB/T 18883—2002《室内空气质量标准》

表6 室内空气质量标准

序号	参数类别	参　数	单位	标准值	备注
1	物理性	温度	℃	22～28	夏季空调
				16～24	冬季采暖
2		相对湿度	%	40～80	夏季空调
				30～60	冬季采暖
3		空气流速	m/s	0.3	夏季空调
				0.2	冬季采暖
4		新风量	$m^3/(h \cdot 人)$	30①	
5	化学性	二氧化硫 SO_2	mg/m^3	0.50	1小时均值
6		二氧化氮 NO_2	mg/m^3	0.24	1小时均值
7		一氧化碳 CO	mg/m^3	10	1小时均值
8		二氧化碳 CO_2	%	0.10	日平均值
9		氨 NH_3	mg/m^3	0.20	1小时均值
10		臭氧 O_3	mg/m^3	0.16	1小时均值
11		甲醛 HCHO	mg/m^3	0.10	1小时均值
12		苯 C_6H_6	mg/m^3	0.11	1小时均值
13		甲苯 C_7H_8	mg/m^3	0.20	1小时均值
14		二甲苯 C_8H_{10}	mg/m^3	0.20	1小时均值

续表

序号	参数类别	参　数	单位	标准值	备注
15	化学性	苯并[a]芘 B[a]P	ng/m^3	1.0	日平均值
16		可吸入颗粒物 PM_{10}	mg/m^3	0.15	日平均值
17		总挥发性有机物 TVOC	mg/m^3	0.60	8小时均值
18	生物性	菌落总数	cfu/m^3	2500	依据仪器定
19	放射性	氡 ^{222}Rn	Bq/m^3	400	年平均值(行动水平②)

① 新风量要求≥标准值，除温度、相对湿度外的其他参数要求≤标准值。

② 达到此水平建议采取干预行动以降低室内氡浓度。

表7　室内空气中各种参数的检验方法

序号	参数	检验方法	来源
1	二氧化硫 SO_2	(1)甲醛溶液吸收——盐酸副玫瑰苯胺分光光度法	(1)GB/T 16128 GB/T 15262
2	二氧化氮 NO_2	(1)改进的 Salrzaman 法	(1)GB 12372 GB/T 15435
3	一氧化碳 CO	(1)非分散红外法 (2)不分光红外线气体分析法　气相色谱法　汞置换法	(1)GB 9801 (2)GB/T 18204.23
4	二氧化碳 CO_2	(1)不分光红外线气体分析法 (2)气相色谱法 (3)容量滴定法	GB/T 18204.24
5	氨 NH_3	(1)靛酚蓝分光光度法　纳氏试剂分光光度法 (2)离子选择电极法 (3)次氯酸钠-水杨酸分光光度法	(1)GB/T 18204.25　GB/T 14668 (2)GB/T 14669 (3)GB/T 14679
6	臭氧 O_3	(1)紫外光度法 (2)靛蓝二磺酸钠分光光度法	(1)GB/T 15438 (2)GB/T 18204.27　GB/T 15437
7	甲醛 HCHO	(1)AHMT 分光光度法 (2)酚试剂分光光度法　气相色谱法 (3)乙酰丙酮分光光度法	(1)GB/T 16129 (2)GB/T 18204.26 (3)GB/T 15516
8	苯 C_6H_6	气相色谱法	(1)附录 B (2)GB 11737
9	甲苯 C_7H_8 二甲苯 C_8H_{10}	气相色谱法	(1)GB 11737 (2)GB 14677
10	苯并[a]芘 B[a]P	高效液相色谱法	GB/T 15439
11	可吸入颗粒 物 PM_{10}	撞击式——称重法	GB/T 17095
12	总挥发性有机 化合物 TVOC	气相色谱法	附录 C
13	菌落总数	撞击法	附录 D
14	温度	(1)玻璃液体温度计法 (2)数显式温度计法	GB/T 18204.13
15	相对湿度	(1)通风干湿表法 (2)氯化锂湿度计法 (3)电容式数字湿度计法	GB/T 18204.14

因篇幅所限，附录 B\C\D 没有列出，有需要者可自行查找。

2. 水环境质量标准

（1）GB 3838—2002《地表水环境质量标准》

表 8　地表水环境质量标准基本项目标准限值　　单位：mg/L

序号	标准值 项目 分类		Ⅰ类	Ⅱ类	Ⅲ类	Ⅳ类	Ⅴ类
1	水温/℃		人为造成的环境水温变化应限制在：周平均最大温升≤1 周平均最大温降≤2				
2	pH 值(无量纲)		6～9				
3	溶解氧	≥	饱和率 90%(或 7.5)	6	5	3	2
4	高锰酸盐指数	≤	2	4	6	10	15
5	化学需氧量(COD)	≤	15	15	20	30	40
6	五日生化需氧量(BOD_5)	≤	3	3	4	6	10
7	氨氮(NH_3-N)	≤	0.15	0.5	1.0	1.5	2.0
8	总磷(以 P 计)	≤	0.02(湖、库 0.01)	0.1(湖、库 0.025)	0.2(湖、库 0.05)	0.3(湖、库 0.1)	0.4(湖、库 0.2)
9	总氮(湖、库,以 N 计)	≤	0.2	0.5	1.0	1.5	2.0
10	铜	≤	0.01	1.0	1.0	1.0	1.0
11	锌	≤	0.05	1.0	1.0	2.0	2.0
12	氟化物(以 F^- 计)	≤	1.0	1.0	1.0	1.5	1.5
13	硒	≤	0.01	0.01	0.01	0.02	0.02
14	砷	≤	0.05	0.05	0.05	0.1	0.1
15	汞	≤	0.00005	0.00005	0.0001	0.001	0.001
16	镉	≤	0.001	0.005	0.005	0.005	0.01
17	铬(六价)	≤	0.01	0.05	0.05	0.05	0.1
18	铅	≤	0.01	0.01	0.05	0.05	0.1
19	氰化物	≤	0.005	0.05	0.2	0.2	0.2
20	挥发酚	≤	0.002	0.002	0.005	0.01	0.1
21	石油类	≤	0.05	0.05	0.05	0.5	1.0
22	阴离子表面活性剂	≤	0.2	0.2	0.2	0.3	0.3
23	硫化物	≤	0.05	0.1	0.2	0.5	1.0
24	粪大肠菌群/(个/L)	≤	200	2000	10000	20000	40000

表 9　集中式生活饮用水地表水源地补充项目标准限值　　单位：mg/L

序号	项　目	标准值
1	硫酸盐(以 SO_4^{2-} 计)	250
2	氯化物(以 Cl^- 计)	250
3	硝酸盐(以 N 计)	10
4	铁	0.3
5	锰	0.1

表 10 集中式生活饮用水地表水源地特定项目标准限值 单位：mg/L

序号	项目	标准值	序号	项目	标准值
1	三氯甲烷	0.06	41	丙烯酰胺	0.0005
2	四氯化碳	0.002	42	丙烯腈	0.1
3	三溴甲烷	0.1	43	邻苯二甲酸二丁酯	0.003
4	二氯甲烷	0.02	44	邻苯二甲酸二(2-乙基己基)酯	0.008
5	1,2-二氯乙烷	0.03	45	水合肼	0.01
6	环氧氯丙烷	0.02	46	四乙基铅	0.0001
7	氯乙烯	0.005	47	吡啶	0.2
8	1,1-二氯乙烯	0.03	48	松节油	0.2
9	1,2-二氯乙烯	0.05	49	苦味酸	0.5
10	三氯乙烯	0.07	50	丁基黄原酸	0.005
11	四氯乙烯	0.04	51	活性氯	0.01
12	氯丁二烯	0.002	52	滴滴涕	0.001
13	六氯丁二烯	0.0006	53	林丹	0.002
14	苯乙烯	0.02	54	环氧七氯	0.0002
15	甲醛	0.9	55	对硫磷	0.003
16	乙醛	0.05	56	甲基对硫磷	0.002
17	丙烯醛	0.1	57	马拉硫磷	0.05
18	三氯乙醛	0.01	58	乐果	0.08
19	苯	0.01	59	敌敌畏	0.05
20	甲苯	0.7	60	敌百虫	0.05
21	乙苯	0.3	61	内吸磷	0.03
22	二甲苯①	0.5	62	百菌清	0.01
23	异丙苯	0.25	63	甲萘威	0.05
24	氯苯	0.3	64	溴氰菊酯	0.02
25	1,2-二氯苯	1.0	65	阿特拉津	0.003
26	1,4-二氯苯	0.3	66	苯并[*a*]芘	2.8×10^{-6}
27	三氯苯②	0.02	67	甲基汞	1.0×10^{-6}
28	四氯苯③	0.02	68	多氯联苯⑥	2.0×10^{-5}
29	六氯苯	0.05	69	微囊藻毒素-LR	0.001
30	硝基苯	0.017	70	黄磷	0.003
31	二硝基苯④	0.5	71	钼	0.07
32	2,4-二硝基甲苯	0.0003	72	钴	1.0
33	2,4,6-三硝基甲苯	0.5	73	铍	0.002
34	硝基氯苯⑤	0.05	74	硼	0.5
35	2,4-二硝基氯苯	0.5	75	锑	0.005
36	2,4-二氯苯酚	0.093	76	镍	0.02
37	2,4,6-三氯苯酚	0.2	77	钡	0.7
38	五氯酚	0.009	78	钒	0.05
39	苯胺	0.1	79	钛	0.1
40	联苯胺	0.0002	80	铊	0.0001

① 二甲苯：指对-二甲苯、间-二甲苯、邻-二甲苯。

② 三氯苯：指 1,2,3-三氯苯、1,2,4-三氯苯、1,3,5-三氯苯。

③ 四氯苯：指 1,2,3,4-四氯苯、1,2,3,5-四氯苯、1,2,4,5-四氯苯。

④ 二硝基苯：指对-二硝基苯、间-二硝基苯、邻-二硝基苯。

⑤ 硝基氯苯，指对-硝基氯苯、间-硝基氯苯、邻-硝基氯苯。

⑥ 多氯联苯：指 PCB-1016、PCB-1221、PCB-1232，PCB-1242，PCB-1248、PCB-1254、PCB-1260。

表 11 地表水环境质量标准基本项目分析方法

序号	项目	分析方法	最低检出限/(mg/L)	方法来源
1	水温	温度计法		GB 13195—91
2	pH 值	玻璃电极法		GB 6920—86
3	溶解氧	碘量法	0.2	GB 7489—87
		电化学探头法		GB 11913—89
4	高锰酸盐指数		0.5	GB 11892—89
5	化学需氧量	重铬酸盐法	10	GB 11914—89
6	五日生化需氧量	稀释与接种法	2	GB 7488—87
7	氨氮	纳氏试剂比色法	0.05	GB 7479—87
		水杨酸分光光度法	0.01	GB 7481—87
8	总磷	钼酸铵分光光度法	0.01	GB 11893—89
9	总氮	碱性过硫酸钾消解紫外分光光度法	0.05	GB 11894—89
10	铜	2,9-二甲基-1,10-菲罗啉分光光度法	0.06	GB 7473—87
		二乙基二硫代氨基甲酸钠分光光度法	0.010	GB 7474—87
		原子吸收分光光度法(螯台萃取法)	0.001	GB 7475—87
11	锌	原子吸收分光光度法	0.05	GB 7475——87
12	氟化物	氟试剂分光光度法	0.05	GB 7483—87
		离子选择电极法	0.05	GB 7484—87
		离子色谱法	0.02	HJ/T 84—2001
13	硒	2,3-二氨基萘荧光法	0.00025	GB 11902—89
		石墨炉原子吸收分光光度法	0.003	GB/T 15505—1995
14	砷	二乙基二硫代氨基甲酸银分光光度法	0.007	GB 7485—87
		冷原子荧光法	0.00006	《水和废水监测分析方法》(第 3 版)①
15	汞	冷原子吸收分光光度法	0.00005	GB 7468—87
		冷原子荧光法	0.00005	①
16	镉	原子吸收分光光度法(螯合萃取法)	0.001	GB 7475—87
17	铬(六价)	二苯碳酰二肼分光光度法	0.004	GB 7467—87
18	铅	原子吸收分光光度法(螯合萃取法)	0.01	GB 7475—87
19	氰化物	异烟酸-吡唑啉酮比色法	0.004	GB 7487—87
		吡啶-巴比妥酸比色法	0.002	
20	挥发酚	蒸馏后 4-氨基安替比林分光光度法	0.002	GB 7490—87
21	石油类	红外分光光度法	0.01	GB/T 16488—1996
22	阴离子表面活性剂	亚甲蓝分光光度法	0.05	GB 7494—87
23	硫化物	亚甲蓝分光光度法	0.005	GB/T 16489—1996
		直接显色分光光度法	0.004	GB/T 17133—1997
24	粪大肠菌群	多管发酵法、滤膜法		①

① 中国环境科学出版社，1989 年。

注：暂采用下列分析方法，待国家方法标准发布后，执行国家标准。

表 12　集中式生活饮用水地表水源地补充项目分析方法

序号	项　目	分析方法	最低检出限/(mg/L)	方法来源
1	硫酸盐	重量法	10	GB 11899—89
		火焰原子吸收分光光度法	0.4	GB 13196—91
		铬酸钡光度法	8	《水和废水监测分析方法》(第 3 版)①
		离子色谱法	0.09	HJ/T 84—2001
2	氯化物	硝酸银滴定法	10	GB 11896—89
		硝酸汞滴定法	2.5	《水和废水监测分析方法》(第 3 版)①
		离子色谱法	0.02	HJ/T 84—2001
3	硝酸盐	酚二磺酸分光光度法	0.02	GB 7480—87
		紫外分光光度法	0.08	《水和废水监测分析方法》(第 3 版)①
		离子色谱法	0.08	HJ/T 84—2001
4	铁	火焰原子吸收分光光度法	0.03	GB 11911—89
		邻菲罗啉分光光度法	0.03	《水和废水监测分析方法》(第 3 版)①
5	锰	高碘酸钾分光光度法	0.02	GB 11906—89
		火焰原子吸收分光光度法	0.01	GB 11911—89
		甲醛肟光度法	0.01	《水和废水监测分析方法》(第 3 版)①

① 中国环境科学出版社，1989 年。

注：暂采用下列分析方法，待国家方法标准发布后，执行国家标准。

表 13　集中式生活饮用水地表水源地特定项目分析方法

序号	项　目	分析方法	最低检出限/(mg/L)	方法来源
1	三氯甲烷	顶空气相色谱法	0.0003	GB/T 17130—1997
		气相色谱法	0.0006	①
2	四氯化碳	顶空气相色谱法	0.00005	GB/T 17130—1997
		气相色谱法	0.0003	①
3	三溴甲烷	顶空气相色谱法	0.001	GB/T 17130—1997
		气相色谱法	0.006	①
4	二氯甲烷	顶空气相色谱法	0.0087	①
5	1,2-二氯乙烷	顶空气相色谱法	0.0125	①
6	环氧氯丙烷	气相色谱法	0.02	①
7	氯乙烯	气相色谱法	0.001	①
8	1,1-二氯乙烯	吹出捕集气相色谱法	0.000018	①
9	1,2-二氯乙烯	吹出捕集气相色谱法	0.000012	①
10	三氯乙烯	顶空气相色谱法	0.0005	GB/T 17130—1997
		气相色谱法	0.003	①
11	四氯乙烯	顶空气相色谱法	0.0002	GB/T 17130—1997
		气相色谱法	0.0012	①
12	氯丁二烯	顶空气相色谱法	0.002	①

续表

序号	项　目	分析方法	最低检出限/(mg/L)	方法来源
13	六氯丁二烯	气相色谱法	0.00002	①
14	苯乙烯	气相色谱法	0.01	①
15	甲醛	乙酰丙酮分光光度法	0.05	GB 13197—91
		4-氨基-3-联氨-5-巯基-1,2,4-三氮杂茂(AHMT)分光光度法	0.05	①
16	乙醛	气相色谱法	0.24	①
17	丙烯醛	气相色谱法	0.019	①
18	三氯乙醛	气相色谱法	0.001	①
19	苯	液上气相色谱法	0.005	GB 11890—89
		顶空气相色谱法	0.00042	①
20	甲苯	液上气相色谱法	0.005	GB 11890—89
		二硫化碳萃取气相色谱法	0.05	
		气相色谱法	0.01	①
21	乙苯	液上气相色谱法	0.005	GB 11890—89
		二硫化碳萃取气相色谱法	0.05	
		气相色谱法	0.01	①
22	二甲苯	液上气相色谱法	0.005	GB 11890—89
		二硫化碳萃取气相色谱法	0.05	
		气相色谱法	0.01	①
23	异丙苯	顶空气相色谱法	0.0032	①
24	氯苯	气相色谱法	0.01	HJ/T 74—2001
25	1,2-二氯苯	气相色谱法	0.002	GB/T 17131—1997
26	1,4-二氯苯	气相色谱法	0.005	GB/T 17131—1997
27	三氯苯	气相色谱法	0.00004	①
28	四氯苯	气相色谱法	0.00002	①
29	六氯苯	气相色谱法	0.00002	①
30	硝基苯	气相色谱法	0.0002	GB 13194—91
31	二硝基苯	气相色谱法	0.2	①
32	2,4-二硝基甲苯	气相色谱法	0.0003	GB 13194—91
33	2,4,6-三硝基甲苯	气相色谱法	0.1	①
34	硝基氯苯	气相色谱法	0.0002	GB 13194—91
35	2,4-二硝基氯苯	气相色谱法	0.1	①
36	2,4-二氯苯酚	电子捕获-毛细色谱法	0.0004	①
37	2,4,6-三氯苯酚	电子捕获-毛细色谱法	0.00004	①
38	五氯酚	气相色谱法	0.00004	GB 8972—88
		电子捕获-毛细色谱法	0.000024	①
39	苯胺	气相色谱法	0.002	①

续表

序号	项 目	分析方法	最低检出限/(mg/L)	方法来源
40	联苯胺	气相色谱法	0.002	②
41	丙烯酰胺	气相色谱法	0.00015	①
42	丙烯腈	气相色谱法	0.10	①
43	邻苯二甲酸二丁酯	液相色谱法	0.0001	HJ/T 72—2001
44	邻苯二甲酸二(2-乙苯己基)酯	气相色谱法	0.0004	①
45	水合肼	对二甲氨基苯甲醛直接分光光度法	0.005	①
46	四乙基铅	双硫腙比色法	0.0001	①
47	吡啶	气相色谱法	0.031	GB/T 14672—93
		巴比土酸分光光度法	0.05	①
48	松节油	气相色谱法	0.02	①
49	苦味酸	气相色谱法	0.001	①
50	丁基黄原酸	铜试剂亚铜分光光度法	0.002	①
51	活性氯	*N*,*N*-二乙基对苯二胺(DPD)分光光度法	0.01	①
		3,3′,5,5′-四甲基联苯胺比色法	0.005	①
52	滴滴涕	气相色谱法	0.0002	GB 7492—87
53	林丹	气相色谱法	4×10^{-6}	GB 7492—87
54	环氧七氯	液液萃取气相色谱法	0.000083	①
55	对硫磷	气相色谱法	0.00054	GB 13192—91
56	甲基对硫磷	气相色谱法	0.00042	GB 13192—91
57	马拉硫磷	气相色谱法	0.00064	GB 13192—91
58	乐果	气相色谱法	0.00057	GB 13192—91
59	敌敌畏	气相色谱法	0.00006	GB 13192—91
60	敌百虫	气相色谱法	0.000051	GB 13192—91
61	内吸磷	气相色谱法	0.0025	①
62	百菌清	气相色谱法	0.0004	①
63	甲萘威	高效液相色谱法	0.01	①
64	溴氰聚酯	气相色谱法	0.0002	①
		高效液相色谱法	0.002	①
65	阿特拉津	气相色谱法		②
66	苯并[*a*]芘	乙酰化滤纸色谱荧光分光光度法	4×10^{-6}	GB 11895—89
		高效液相色谱法	1×10^{-6}	GB 13196—91
67	甲基汞	气相色谱法	1×10^{-6}	GB/T 17132—1997
68	多氯联苯	气相色谱法		②
69	微囊藻毒素-LR	高效液相色谱法	0.00001	①

续表

序号	项　目	分析方法	最低检出限/(mg/L)	方法来源
70	黄磷	钼-锑-抗分光光度法	0.0025	①
71	钼	无火焰原子吸收分光光度法	0.00231	①
72	钴	无火焰原子吸收分光光度法	0.00191	①
73	铍	铬菁R分光光度法	0.0002	HJ/T 58—2000
		石墨炉原子吸收分光光度法	0.00002	HJ/T 59—2000
		桑色素荧光分光光度法	0.0002	①
74	硼	姜黄素分光光度法	0.02	HJ/T 49—1999
		甲亚胺-H分光光度法	0.2	①
75	锑	氢化原子吸收分光光度法	0.00025	①
76	镍	无火焰原子吸收分光光度法	0.00248	①
77	钡	无火焰原子吸收分光光度法	0.00618	①
78	钒	钽试剂(BPHA)萃取分光光度法	0.018	GB/T 15503—1995
		无火焰原子吸收分光光度法	0.00698	①
79	钛	催化示波极谱法	0.0004	①
		水杨基荧光酮分光光度法	0.02	①
80	铊	无火焰原子吸收分光光度法	4×10^{-6}	①

①《生活饮用水卫生规范》中华人民共和国卫生部，2001年。

②《水和废水标准检验法》(第15版)，中国建筑工业出版社，1985年。

注：暂采用下列分析方法，待国家方法标准发布后，执行国家标准。

（2）GB 3097—1997《海水水质标准》

表14　海水水质标准　　单位：mg/L

序号	项目	第一类	第二类	第三类	第四类
1	漂浮物质	海面不得出现油膜、浮沫和其他漂浮物质			海面无明显油膜、浮沫和其他漂浮物质
2	色、臭、味	海水不得有异色、异臭、异味			海水不得有令人厌恶和感到不快的色、臭、味
3	悬浮物质	人为增加的量≤10		人为增加的量≤100	人为增加的量≤150
4	大肠菌群/(个/L)　≤	10000 供人生食的贝类养殖水质≤700			—
5	粪大肠菌群/(个/L)　≤	2000 供人生食的贝类养殖水质≤140			—
6	病原体	供人生食的贝类养殖水质不得含有病原体			
7	水温/℃	人为造成的海水温升夏季不超过当时当地1℃，其他季节不超过2℃		人为造成的海水温升不超过当时当地4℃	
8	pH	7.8～8.5 同时不超出该海域正常变动范围的0.2pH单位		6.8～8.8 同时不超出该海域正常变动范围的0.5pH单位	
9	溶解氧　＞	6	5	4	3
10	化学需氧量(COD)　≤	2	3	4	5

续表

序号	项目		第一类	第二类	第三类	第四类
11	生化需氧量(BOD_5) ≤		1	3	4	5
12	无机氮(以N计) ≤		0.20	0.30	0.40	0.50
13	非离子氨(以N计) ≤		0.020			
14	活性磷酸盐(以P计) ≤		0.015	0.030		0.045
15	汞 ≤		0.00005	0.0002		0.0005
16	镉 ≤		0.001	0.005	0.010	
17	铅 ≤		0.001	0.005	0.010	0.050
18	六价铬 ≤		0.005	0.010	0.020	0.050
19	总铬 ≤		0.05	0.10	0.20	0.50
20	砷 ≤		0.020	0.030	0.050	
21	铜 ≤		0.005	0.010	0.050	
22	锌 ≤		0.020	0.050	0.10	0.50
23	硒 ≤		0.010	0.020		0.050
24	镍 ≤		0.005	0.010	0.020	0.050
25	氰化物 ≤		0.005		0.10	0.20
26	硫化物(以S计) ≤		0.02	0.05	0.10	0.25
27	挥发性酚 ≤		0.005		0.010	0.050
28	石油类 ≤		0.05		0.30	0.50
29	六六六 ≤		0.001	0.002	0.003	0.005
30	滴滴涕 ≤		0.00005	0.0001		
31	马拉硫磷 ≤		0.0005	0.001		
32	甲基对硫磷 ≤		0.0005	0.001		
33	苯并[a]芘/(μg/L) ≤		0.0025			
34	阴离子表面活性剂(以LAS计)		0.03	0.10		
35	放*射性核素/(Bq/L)	^{60}Co	0.03			
		^{90}Sr	4			
		^{106}Rn	0.2			
		^{134}Cs	0.6			
		^{137}Cs	0.7			

表15 海水水质分析方法

序号	项目	分析方法	检出限/(mg/L)	引用标准
1	漂浮物质	目测法		
2	色、臭、味	比色法 感官法		GB 12763.2—91 HY 003.4—91
3	悬浮物质	重量法	2	HY 003.4—91
4	大肠菌群	(1)发酵法(2)滤膜法		HY 003.9—91
5	粪大肠菌群	(1)发酵法(2)滤膜法		HY 003.9—91

续表

序号	项目	分析方法	检出限/(mg/L)	引用标准
6	病原体	(1)微孔滤膜吸附法 (2)沉淀病毒浓聚法(3)透析法		
7	水温	(1)水温的铅直连续观测 (2)标准层水温观测		GB 12763.2—91 GB 12763.2—91
8	pH	(1)pH 计电测法 (2)pH 比色法		GB 12763.4—91 HY 003.4—91
9	溶解氧	碘量滴定法	0.042	GB 12763.4—91
10	化学需氧量(COD)	碱性高锰酸钾法	0.15	HY 003.4—91
11	生化需氧量(BOD_5)	五日培养法		HY 003.4—91
12	无机氮(以 N 计)	氮:(1)靛酚蓝法 (2)次溴酸钠氯化法 亚硝酸盐:重氮-偶氮法 硝酸盐:(1)锌-镉还原法 (2)铜镉柱还原法	0.7×10^{-3} 0.4×10^{-3} 0.3×10^{-3} 0.7×10^{-3} 0.6×10^{-3}	GB 12763.4—91 GB 12763.4—91 GB 12763.4—91 GB 12763.4—91 GB 12763.4—91
13	非离子氨(以 N 计)	按附录 B 进行换算		
14	活性磷酸盐(以 P 计)	(1)抗坏血酸还原的磷钼兰法 (2)磷钼兰萃取分光光度法	0.62×10^{-3} 1.4×10^{-3}	GB 12763.4—91 HY 003.4—91
15	汞	(1)冷原子吸收分光光度法 (2)金捕集冷原子吸收光度法	0.0086×10^{-3} 0.002×10^{-3}	HY 003.4—91 HY 003.4—91
16	镉	(1)无火焰原子吸收分光光度法 (2)火焰原子吸收分光光度法 (3)阳极溶出伏安法 (4)双硫腙分光光度法	0.014×10^{-3} 0.34×10^{-3} 0.7×10^{-3} 1.1×10^{-3}	HY 003.4—91 HY 003.4—91 HY 003.4—91 HY 003.4—91
17	铅	(1)无火焰原子吸收分光光度法 (2)阳极溶出伏安法 (3)双硫腙分光光度法	0.19×10^{-3} 4.0×10^{-3} 2.6×10^{-3}	HY 003.4—91 HY 003.4—91 HY 003.4—91
18	六价铬	二苯碳酰二肼分光光度法	4.0×10^{-3}	GB 7467—87
19	总铬	(1)二苯碳酰二肼分光光度法 (2)无火焰原子吸收分光光度法	1.2×10^{-3} 0.91×10^{-3}	HY 003.4—91 HY 003.4—91
20	砷	(1)砷化氢-硝酸银分光光度法 (2)氢化物发生原子吸收分光光度法 (3)二乙基二硫代氨基甲酸银分光光度法	1.3×10^{-3} 1.2×10^{-3} 7.0×10^{-3}	HY 003.4—91 HY 003.4—91 GB 7485—87
21	铜	(1)无火焰原子吸收分光光度法 (2)二乙氨基二硫代甲酸钠分光光度法 (3)阳极溶出伏安法	1.4×10^{-3} 4.9×10^{-3} 3.7×10^{-3}	HY 003.4—91 HY 003.4—91 HY 003.4—91
22	锌	(1)火焰原子吸收分光光度法 (2)阳极溶出伏安法 (3)双硫腙分光光度法	16×10^{-3} 6.4×10^{-3} 9.2×10^{-3}	HY 003.4—91 HY 003.4—91 HY 003.4—91
23	硒	(1)荧光分光光度法 (2)二氨基联苯胺分光光度法 (3)催化极谱法	0.73×10^{-3} 1.5×10^{-3} 0.14×10^{-3}	HY 003.4—91 HY 003.4—91 HY 003.4—91
24	镍	(1)丁二酮肟分光光度法 (2)无火焰原子吸收分光光度法 (3)火焰原子吸收分光光度法	0.25 0.03×10^{-3} 0.05	GB 11910—89 GB 119192—89
25	氰化物	(1)异烟酸-吡唑啉酮分光光度法 (2)吡啶-巴比土酸分光光度法	2.1×10^{-3} 1.0×10^{-3}	HY 003.4—91 HY 003.4—91

续表

序号	项目		分析方法	检出限/(mg/L)	引用标准
26	硫化物(以S计)		(1)亚甲基蓝分光光度法 (2)离子选择电极法	1.7×10^{-3} 8.1×10^{-3}	HY 003.4—91 HY 003.4—91
27	挥发性酚		4-氨基安替比林分光光度法	4.8×10^{-3}	HY 003.4—91
28	石油类		(1)环己烷萃取荧光分光光度法 (2)紫外分光光度法 (3)重量法	9.2×10^{-3} 60.5×10^{-3} 0.2	HY 003.4—91 HY 003.4—91 HY 003.4—91
29	六六六		气相色谱法	1.1×10^{-6}	HY 003.4—91
30	滴滴涕		气相色谱法	3.8×10^{-6}	HY 003.4—91
31	马拉硫磷		气相色谱法	0.64×10^{-3}	GB 13192—91
32	甲基对硫磷		气相色谱法	0.42×10^{-3}	GB 13192—91
33	苯并[a]芘		乙酰化滤纸色谱-荧光分光光度法	2.5×10^{-6}	GB 11895—89
34	阴离子表面活性剂(以LAS计)		亚甲基蓝分光光度法	0.023	HY 003.4—91
35	放射性核素 Bq/L	^{60}Co	离子交换-萃取-电沉积法	2.2×10^{-3}	HY/T 003.8—91
		^{90}Sr	(1)HDEHP萃取-β计数法 (2)离子交换-β计数法	1.8×10^{-3} 2.2×10^{-3}	HY/T 003.8—91 HY/T 003.8—91
		^{106}Ru	(1)四氯化碳萃取-镁粉还原-β计数法 (2)γ能谱法	3.0×10^{-3} 4.4×10^{-3}	HY/T 003.8—91
		^{134}Cs	γ能谱法,参见^{137}Cs分析法		
		^{137}Cs	(1)亚铁氰化铜-硅胶现场富集-γ能谱法 (2)磷钼酸铵-碘铋酸铯-β计数法	1.0×10^{-3} 3.7×10^{-3}	HY/T 003.8—91 HY/T 003.8—91

附录二　污染物排放标准名录

1. 大气污染物排放标准

①《钒工业污染物排放标准》(GB 26452—2011)
②《橡胶制品工业污染物排放标准》(GB 27632—2011)
③《火电厂大气污染物排放标准》(GB 13223—2011)
④《稀土工业污染物排放标准》(GB 26451—2011)
⑤《硝酸工业污染物排放标准》(GB 26131—2010)
⑥《硫酸工业污染物排放标准》(GB 26132—2010)
⑦《镁、钛工业污染物排放标准》(GB 25468—2010)
⑧《铜、镍、钴工业污染物排放标准》(GB 25467 —2010)
⑨《铅、锌工业污染物排放标准》(GB 25466 —2010)
⑩《再生铜、铝、铅、锌工业污染物排放标准》(GB 31574—2015)
⑪《铝工业污染物排放标准》(GB 25465—2010)
⑫《陶瓷工业污染物排放标准》(GB 25464—2010)
⑬《电镀污染物排放标准》(GB 21900—2008)
⑭《合成革与人造革工业污染物排放标准》(GB 21902—2008)
⑮《汽油运输大气污染物排放标准》(GB 20951—2007)
⑯《储油库大气污染物排放标准》(GB 20950—2007)
⑰《加油站大气污染物排放标准》(GB 20952—2007)
⑱《水泥工业大气污染物排放标准》(GB 4915—2013)
⑲《饮食业油烟排放标准》(GB 18483—2001)
⑳《锅炉大气污染物排放标准》(GB 13271—2014)
㉑《恶臭污染物排放标准》(GB 14554—93)

2. 水污染物排放标准

①《钒工业污染物排放标准》(GB 26452—2011)
②《橡胶制品工业污染物排放标准》(GB 27632—2011)
③《磷肥工业水污染物排放标准》(GB 15580—2011)
④《汽车维修业水污染物排放标准》(GB 26877—2011)
⑤《发酵酒精和白酒工业水污染物排放标准》(GB 27631—2011)
⑥《弹药装药行业水污染物排放标准》(GB 14470.3—2011)
⑦《稀土工业污染物排放标准》(GB 26451—2011)
⑧《硝酸工业污染物排放标准》(GB 26131—2010)
⑨《硫酸工业污染物排放标准》(GB 26132—2010)
⑩《镁、钛工业污染物排放标准》(GB 25468—2010)

⑪《铜、镍、钴工业污染物排放标准》(GB 25467 —2010)
⑫《铅、锌工业污染物排放标准》(GB 25466 —2010)
⑬《再生铜、铝、铅、锌工业污染物排放标准》(GB 31574—2015)
⑭《铝工业污染物排放标准》(GB 25465—2010)
⑮《陶瓷工业污染物排放标准》(GB 25464—2010)
⑯《油墨工业水污染物排放标准》(GB 25463—2010)
⑰《酵母工业水污染物排放标准》(GB 25462—2010)
⑱《淀粉工业水污染物排放标准》(GB 25461—2010)
⑲《电镀污染物排放标准》(GB 21900—2008)
⑳《合成革与人造革工业污染物排放标准》(GB 21902—2008)
㉑《制浆造纸工业水污染物排放标准》(GB 3544—2008)
㉒《羽绒工业水污染物排放标准》(GB 21901—2008)
㉓《发酵类制药工业水污染物排放标准》(GB 21903—2008)
㉔《化学合成类制药工业水污染物排放标准》(GB 21904—2008)
㉕《提取类制药工业水污染物排放标准》(GB 21905—2008)
㉖《中药类制药工业水污染物排放标准》(GB 21906—2008)
㉗《生物工程类制药工业水污染物排放标准》(GB 21907—2008)
㉘《混装制剂类制药工业水污染物排放标准》(GB 21908—2008)
㉙《制糖工业水污染物排放标准》(GB 21909—2008)
㉚《杂环类农药工业水污染物排放标准》(GB 21523—2008)
㉛《皂素工业水污染物排放标准》(GB 20425—2006)
㉜《煤炭工业污染物排放标准》(GB 20426—2006)
㉝《啤酒工业污染物排放标准》(GB 19821—2005)
㉞《医疗机构水污染物排放标准》(GB 18466—2005)
㉟《柠檬酸工业污染物排放标准》(GB 19430—2004)
㊱《味精工业污染物排放标准》(GB 19431—2004)
㊲《城镇污水处理厂污染物排放标准》(GB 18918—2002)
㊳《兵器工业水污染物排放标准　火炸药》(GB 14470.1—2002)
㊴《兵器工业水污染物排放标准　火工药剂》(GB 14470.2—2002)
㊵《畜禽养殖业污染物排放标准》(GB 18596—2001)
㊶《合成氨工业水污染物排放标准》(GB 13458—2013)
㊷《污水海洋处置工程污染控制标准》(GB 18486—2001)
㊸《污水综合排放标准》(GB 8978—1996)
㊹《磷肥工业水污染物排放标准》(GB 15580—2011)
㊺《烧碱、聚氯乙烯工业水污染物排放标准》(GB 15581—95)
㊻《肉类加工工业水污染物排放标准》(GB 13457—92)
㊼《钢铁工业水污染物排放标准》(GB 13456—2012)
㊽《纺织染整工业水污染物排放标准》(GB 4287—2012)
㊾《海洋石油勘探开发污染物排放浓度限值》(GB 4914—2008)
㊿《船舶污染物排放标准》(GB 3552—83)

3. 环噪声排放标准

①《建筑施工场界环境噪声排放标准》(GB 12523—2011)

②《工业企业厂界环境噪声排放标准》(GB 12348—2008)

③《社会生活环境噪声排放标准》(GB 22337—2008)

④《铁路边界噪声限值及其测量方法》(GB 12525—90)

⑤《机场周围飞机噪声环境标准》(GB 9660—88)

4. 固体废物污染控制标准

①《生活垃圾填埋场污染控制标准》(GB 16889—2008)

②《危险废物焚烧污染控制标准》(GB 18484—2001)

③《生活垃圾焚烧污染控制标准》(GB 18485—2014)

④《危险废物贮存污染控制标准》(GB 18597—2001)

⑤《危险废物填埋污染控制标准》(GB 18598—2001)

⑥《一般工业固体废物贮存、处置场污染控制标准》(GB 18599—2001)

参 考 文 献

[1] 国家环境保护总局《水和废水监测分析方法》编委会编. 水和废水监测分析方法. 第4版增补版. 北京：中国环境科学出版社，2002.

[2] 国家环境保护总局《空气和废水监测分析方法》编委会编. 空气和废水监测分析方法. 第4版增补版. 北京：中国环境科学出版社，2007.

[3] 中国标准出版社第二编辑室编. 环境监测方法标准汇编. 水环境. 第2版. 北京：中国标准出版社，2010.

[4] 中国标准出版社第二编辑室编. 环境监测方法标准汇编. 空气环境. 第2版. 北京：中国标准出版社，2011.

[5] 中国标准出版社第二编辑室编. 环境监测方法标准汇编. 噪声与振动. 北京：中国标准出版社，2007.

[6] 中国标准出版社第二编辑室编. 环境监测方法标准汇编. 土壤环境与固体废物. 北京：中国标准出版社，2007.

[7] 奚旦立，孙裕生，刘秀英编. 环境监测. 北京：高等教育出版社，2004.

[8] 吴忠标主编. 环境监测. 北京：化学工业出版社，2003.

[9] 吴祖成主编. 注册环保工程师执业资格考试专业基础考试复习教程. 第2版. 天津：天津大学出版社，2013.

[10] HJ/T 91—2002.

[11] HJ 493—2009.

[12] HJ 597—2011.

[13] HJ/T 373—2007.

[14] HJ 664—2013，

[15] HJ 93—2013.

[16] HJ 618—2011.

[17] GB 12348—2008.

[18] HJ 661—2013.

[19] HJ 640—2012.

[20] GB 12523—2011.

[21] GB 22337—2008.

[22] GB 3096—2008.

[23] GB 15618—2008.

[24] 石碧清主编. 环境监测技能训练与考核教程. 北京：中国环境科学出版社，2011.

[25] 王英健，杨永红主编. 环境监测. 第2版. 北京：化学工业出版社，2009.

[26] 郭晓敏，张彩平主编. 环境监测. 杭州：浙江大学出版社，2011.

[27] 刘德生主编. 环境监测. 第2版. 北京：化学工业出版社，2011.

[28] 孙成主编. 环境监测实验. 北京：科学出版社，2010.

[29] 何燧源主编. 环境污染物分析检测. 北京：化学工业出版社，2001.

[30] 王怀宇，姚运先主编. 环境监测. 北京：高等教育出版社，2007.

[31] 李倦生，王怀宇主编. 环境监测实训. 北京：高等教育出版社，2008.

[32] 张青，朱华静主编. 环境分析与检测实训. 北京：高等教育出版社，2009.

[33] 季宏祥主编. 环境监测技术. 北京：化学工业出版社，2012.

[34] 崔玉波主编. 环境污染控制综合实验. 大连：大连民族大学.

[35] 中国环境检测总站. 土壤元素的近代分析方法. 北京：中国环境科学出版社，1992.